Narbikram Thapa

Bezpieczeństwo żywnościowe i środki utrzymania

Narbikram Thapa

Bezpieczeństwo żywnościowe i środki utrzymania

Jak przetrwać ludzi w Nepalu

Wydawnictwo Bezkresy Wiedzy

Imprint

Cover image: www.ingimage.com

This book is a translation from the original published under ISBN 978-620-0-11482-2.

Publisher:
Wydawnictwo Bezkresy Wiedzy
is a trademark of
Dodo Books Indian Ocean Ltd., member of the OmniScriptum S.R.L Publishing group
str. A.Russo 15, of. 61, Chisinau-2068, Republic of Moldova Europe
Printed at: see last page
ISBN: 978-620-0-81358-9

Bezpieczeństwo żywnościowe i środki utrzymania: Jak ludzie w Nepalu przetrwają?

Narbikram Thapa, PhD

DZIĘKUJĘ TOBIE

Chciałbym wyrazić moje szczególne podziękowania i uznanie dla mojego wybitnego przełożonego, profesora Dr. Pradeepa Kumara Khadki, ówczesnego kierownika Centralnego Wydziału Rozwoju Wsi, Uniwersytetu Tribhuvana, Kirtipuru, oraz eksperta badawczego, profesora Dr. Govind Nepal, Wydziału Ekonomii, Patana Multiple Campus, Uniwersytetu Tribhuvana, za ich cenne rady i komentarze podczas przygotowywania tej pracy. Chciałbym podziękować profesorowi dr Mahendrze Singhowi, profesorowi dr Uma Kant Silwalowi, profesorowi dr Chandrze Lal Shrestha i profesorowi dr Bindu Pokharelowi z Centralnego Wydziału Rozwoju Wsi, Wydziału Nauk Humanistycznych i Społecznych Uniwersytetu Tribhuvana, Kirtipur, Kathmandu, za ich konstruktywne sugestie i uwagi, które wzbogaciły jakość dokumentu. Doceniam i dziękuję pozostałym profesorom i pracownikom Centralnego Wydziału Rozwoju Obszarów Wiejskich, Wydziału Nauk Humanistycznych i Społecznych Uniwersytetu Tribhuvana, Kirtipur, Kathmandu, za ich konstruktywne sugestie i uwagi, które wzbogaciły jakość dokumentu. Dziękuję recenzentowi zewnętrznemu, profesorowi Vijaya Laxmi Shrestha, recenzentowi wewnętrznemu, profesorowi Padamowi Prasadowi Poudelowi i innym wybitnym członkom Komitetu Badawczego Wydziału Nauk Humanistycznych i Społecznych Uniwersytetu Tribhuvana.

Jestem wdzięczny profesorowi dr Chintamaniemu Pokharelowi, dziekanowi, dr Tarze Kant Pandey, asystentowi dziekana, dr Neelamowi Kumarowi Sharmie, asystentowi dziekana, panu Uttamowi Rajowi Bhattarai, asystentowi dziekana, odpowiednio pracownikom Wydziału Nauk Humanistycznych i Społecznych Uniwersytetu Tribhuvana w Kirtipur, za ich hojne wsparcie administracyjne i współpracę przez cały czas. Współpraca miejscowej ludności, nauczycieli szkolnych, respondentów i urzędników państwowych, zwłaszcza gmin, Powiatowego Komitetu Koordynacyjnego, Powiatowego Urzędu Administracji, Powiatowego Urzędu Rozwoju Rolnictwa, Stacji Badań Rolniczych, Nepalskiej Rady Badań Rolniczych i Powiatu Dailekh jest prawdziwym uznaniem dla ich życzliwej współpracy.

Chciałbym również podziękować panu Tekowi Rajowi Thapie, który wspierał mnie w pracy w terenie. Chciałbym również podziękować wszystkim członkom mojej rodziny, zwłaszcza mojemu partnerowi życiowemu Goma Thapa, synom Sudeepa i synowej Pratimie Thapie za wsparcie, które umożliwiło mi ukończenie badań na czas.

Nar Bikram Thapa

Kathmandu

29 maja 2019 r.

Wykaz akronimów i skrótów

ADB: Azjatycki Bank Rozwoju
APP: Plan perspektywiczny dla rolnictwa
APPSP: wsparcie dla planu perspektywicznego dla rolnictwa
ARS: Rolnicza Stacja Badawcza
ASC: Centrum Usług Rolniczych
CBD: Konwencja o różnorodności biologicznej
CECI: Kanadyjskie Centrum Studiów Międzynarodowych
CGIAR: Grupa Konsultacyjna ds. Międzynarodowych Badań nad Rolnictwem
CIMMYT: Międzynarodowe Centrum Doskonalenia Kukurydzy i Pszenicy
CITES: Konwencja o międzynarodowym handlu dzikimi zwierzętami i roślinami gatunków zagrożonych wyginięciem
w przypadku CLDP: projekt rozwoju hodowli zwierząt gospodarskich w gminie
CSRC: Samodzielne centrum administracyjne gminy
DADO: Powiatowy Urząd Rozwoju Rolnictwa
DDC: Okręgowy Komitet Rozwoju
DFID: Departament Rozwoju Międzynarodowego, Zjednoczone Królestwo
DLS: Departament ds. usług związanych z żywym inwentarzem
DLSO: Okręgowy urząd ds. zwierząt gospodarskich
DOA: Ministerstwo Rolnictwa
FAO: Organizacje żywnościowe i rolnicze
GATT: Układ ogólny w sprawie handlu i taryf celnych
PKB: Produkt krajowy brutto
HVA: Rolnictwo wysokiej jakości
ICIMOD: Międzynarodowe Centrum Zintegrowanego Rozwoju Górskiego
MFW: Międzynarodowy Fundusz Walutowy
INSEC: Nieformalne Centrum Usług Sektorowych
IPCC: Międzyrządowy Zespół do spraw Zmian Klimatu
IRRI: Międzynarodowy Instytut Badań nad Ryżem
ISRC: Centrum Studiów i Badań Intensywnych
KII: Wywiad z kluczowym informatorem
LSGA: Ustawa o samorządzie terytorialnym
w przypadku LSC: centrum usług w zakresie hodowli zwierząt gospodarskich
w przypadku LSSC: podcentrum hodowli zwierząt gospodarskich
Masl: metry nad poziomem morza
MOAC: Ministerstwo Rolnictwa i Spółdzielczości (Ministry of Agriculture and Cooperatives)
MFSC: Ministerstwo Leśnictwa i Ochrony Gleb
MOLD: Ministerstwo Rozwoju Lokalnego
NLFS: Nepalskie badanie siły roboczej
NFC: Nepalese Food Company
NPC: Krajowa Komisja Planowania
NLSS: Badanie dotyczące poziomu życia w Nepalu
w przypadku przedsiębiorstwa NTFP: produkty leśne inne niż drewno
OPHI: Oxfordzka Inicjatywa na rzecz Ubóstwa i Rozwoju Społecznego
w przypadku SNV: współpraca na rzecz rozwoju Niderlandów
TLDP: Trzeci projekt rozwoju hodowli

TRIPS: Prawa własności intelektualnej związane z handlem
WB: Bank Światowy
WFP: Światowy Program Żywnościowy
WDR: World Development Report

Rozdział 1
Wprowadzenie

1.1 Tło

Ważną kwestią jest bezpieczeństwo żywnościowe i środki utrzymania ludności wiejskiej. Światowy Szczyt Żywnościowy zdefiniował bezpieczeństwo żywnościowe jako "sytuację, w której wszyscy ludzie przez cały czas mają fizyczny i ekonomiczny dostęp do wystarczającej ilości bezpiecznej i pożywnej żywności, która zaspokaja ich potrzeby żywieniowe i preferencje żywieniowe umożliwiające aktywne i zdrowe życie" (FAO, 2008). Bezpieczeństwo żywnościowe i źródła utrzymania pozostają problemem na szczeblu globalnym, regionalnym, krajowym i lokalnym.

SAARC zwrócił uwagę, że scenariusz produkcji żywności w Azji Południowej uległ w ostatnich dziesięcioleciach znacznym zmianom. Indie, największa z gospodarek południowoazjatyckich, są obecnie samowystarczalne w zakresie zbóż spożywczych. Podczas gdy inne kraje w regionie pozostają zależne od przywozu zboża, dostępność zboża na mieszkańca wzrosła w każdym kraju od lat 80. W Azji Południowej kwestia braku bezpieczeństwa żywnościowego jest problemem politycznym i gospodarczym, który jest bardziej związany z dystrybucją niż z samą produkcją. Południowoazjatyckie Stowarzyszenie Współpracy Regionalnej (SAARC) jest jedynie instytucjonalnym mechanizmem zapewniającym bezpieczeństwo żywnościowe w regionie w sytuacjach kryzysowych (SAARC, 2010).

Krajowe bezpieczeństwo żywnościowe to zdolność narodu do wyżywienia swojej ludności albo poprzez produkcję niezbędnej żywności, albo poprzez przywóz brakującej żywności. Bezpieczeństwo żywnościowe to zdolność do uzyskania niezbędnej ilości żywności, a nie zdolność do wyprodukowania całej potrzebnej żywności.

Nepal miał nadwyżkę zboża spożywczego. Chociaż Nepal ma nadwyżkę żywności na poziomie kraju, dostępność żywności nie była taka sama w różnych strefach ekologicznych. Niezależnie od krajowej sytuacji w zakresie dostępności żywności, wzgórza i góry były na ogół narażone na niedobory żywności. Brak bezpieczeństwa żywnościowego pozostał poważnym problemem, gdy w 1972 r. i ponownie w czasie suszy w 1980 r. panowały niekorzystne warunki klimatyczne.

Nie tylko deficyt w produkcji żywności, ale także nierównomierne rozmieszczenie przestrzenne żywności ma istotny wpływ na zdrowie człowieka. Komitet Zarządzający ds. Żywności rozpoczął prace nad dystrybucją żywności w 1965 r., a w 1974 r. w tym samym celu utworzono Nepal Food Corporation.

Brak bezpieczeństwa żywnościowego jest złożoną kwestią społeczną, gospodarczą i polityczną. Jest ona bardziej związana z zarządzaniem, skuteczną administracją, sprawiedliwością społeczną i zaangażowaniem politycznym. Problemy związane z bezpieczeństwem żywnościowym w Nepalu pogarszają się i dotyczy to dużej części ludności, zwłaszcza dzieci i kobiet. Region Środkowego i Dalekiego Zachodu od dawna uważany jest za wrażliwy i obszar niedoboru żywności. Dzielnica Dailekh jest jednym z takich obszarów.

Jednakże obszar ten charakteryzuje się dużą różnorodnością środowisk biofizycznych i społeczno-gospodarczych, z potencjałem do produkcji zbóż, warzyw i owoców. W obszarze tym istniał kontekst podatności na zagrożenia, który zagrażał żywności i bezpieczeństwu żywnościowemu, w tym również tym, które miały wpływ na zdolność radzenia sobie z problemami.

AAN i SAWTEE zauważyły, że na poziomie gospodarstwa domowego bezpieczeństwo żywnościowe oznacza, że gospodarstwo domowe ma dostęp do odpowiedniej żywności poprzez produkcję lub zakup. Na tym poziomie bezpieczeństwo żywnościowe zależy od dostępności, dostępu i przystępności cenowej gospodarstwa domowego za wymaganą ilość żywności (AAN i SAWTEE, 2004).

Subedi, Subedi, Dawadi i Pandey stwierdzili, że głównym źródłem utrzymania prawie 80% całkowitej populacji Nepalu jest rolnictwo (Subedi, Subedi, Dawadi i Pandey, 2007). Sharma argumentowała, że sektor rolny cierpi na brak wystarczających inwestycji. Bez wystarczających inwestycji nie może się ona rozwijać i rozwijać, nie mówiąc już o przyczynianiu się do łagodzenia ubóstwa. Badany jest stopień, w jakim nadwyżka produkcji rolnej jest zwracana do ziemi w stosunku do zapotrzebowania na środki produkcji. Zyski z rolnictwa trafiają do kieszeni właścicieli ziemskich mieszkających w miastach, a zatem działalność rolnicza wymaga jedynie nieznacznych inwestycji (Sharma, 2009, s. 11).

Dhakal argumentował, że zatrudnienie w rolnictwie kurczy się; nie będzie w stanie stworzyć więcej miejsc pracy, jeśli nie będzie systematycznej interwencji w sektorze rolnictwa. W związku z tym wkład rolnictwa w gospodarkę krajową maleje. W roku 2005/2006 stopa wzrostu PKB wynosiła 3,3 %, podczas gdy udział rolnictwa wynosił tylko 1,1 %. W 1980 r. udział sektora rolnego wynosił 50,9 % PKB, który zmniejszył się do 38,3 % w 2004 r. i 36 % w 2008 r. W rezultacie wkład rolnictwa w PKB zmniejsza się o 1 proc. rocznie (Dhakal, 2011, s. 11-12).

Thapa zauważył, że działalność rolnicza i zrównoważone rolnictwo mają potencjał do tworzenia samozatrudnienia, zwiększenia bezpieczeństwa żywnościowego gospodarstw domowych i generowania dochodów na poziomie lokalnym. Potrzebna jest dobra sieć dróg, dostęp do rynku, systemy nawadniania, ulepszone nasiona i technologie adaptacyjne. Podejście do środków utrzymania na obszarach wiejskich powinno koncentrować się na promowaniu rynków w celu zwiększenia bezpieczeństwa żywnościowego i dochodów gospodarstw domowych oraz poprawy dostępu do podstawowych usług socjalnych, edukacji i opieki zdrowotnej dla najuboższych i najbardziej narażonych kobiet i mężczyzn, z ogólnym celem poprawy jakości życia (Thapa, 2011, s. 50).

Jaishi wyjaśnił, że długoterminowe bezpieczeństwo żywnościowe jest szerokim problemem rozwojowym. Głód i brak bezpieczeństwa egzystencji muszą być rozpatrywane w szerszych ramach podejścia opartego na źródłach utrzymania, aby zapewnić ochronę zagrożonych grup. Bezpieczeństwo żywnościowe nie może być osiągnięte bez poprawy możliwości utrzymania się (Jaishi, 2011, s. 51).

Chhetri i Maharjan wskazali, że podział zasobów jest bardzo korzystny dla wyższych kast i ma bezpośredni wpływ na bezpieczeństwo żywnościowe gospodarstw domowych. Zakres i dotkliwość braku bezpieczeństwa żywnościowego różni się w zależności od społeczno-ekonomicznych cech gospodarstw domowych. Zarówno głębokość, jak i surowość są wyższe w kastach zawodowych, małych właścicielach ziemskich, mniejszej liczbie hodowców zwierząt, robotników i gospodarstw domowych o niższych wydatkach konsumpcyjnych. W celu zwiększenia bezpieczeństwa żywnościowego oraz w odpowiedzi na stan deficytu żywnościowego, gospodarstwa domowe przyjęły zarówno ex-ante, jak i ex-post strategie radzenia sobie z nim, takie jak praca dorywcza, praca zawodowa, sprzedaż produktów rolnych i zwierzęcych, zbieranie dzikiej żywności, pożyczanie żywności lub pieniędzy, korzystanie z oszczędności, sezonowa migracja do miejsc położonych poza okręgiem, w kraju lub za granicą, małe przedsiębiorstwa, korzystanie z emerytur itd.

1.2 Określenie problemu

Brak bezpieczeństwa żywnościowego jest problemem ludności wiejskiej w Nepalu i innych częściach świata. Prawo do pożywienia jest jedną z podstawowych potrzeb każdego obywatela. Jedzenie, schronienie i odzież to bardzo podstawowe potrzeby. Wśród nich najważniejsze są kwestie związane z bezpieczeństwem żywnościowym i źródłami utrzymania. Brak takich podstawowych potrzeb prowadzi nie tylko do niedożywienia, ale także wywiera presję psychospołeczną na rodzinę, a to z kolei zagraża ludzkiej kreatywności i dynamizmowi społecznemu w celu wykorzystania lepszych możliwości społeczno-ekonomicznych do poprawy życia i środków do życia ludzi. Jednak organizacja Least Developed Countries Watch (2008) wskazała, że żywność jest postrzegana jako towar, a nie jako niezbędny towar. To jest odmowa prawa człowieka do żywności. Regiony na Środkowym i Dalekim Zachodzie stanowią obszar deficytu żywnościowego Nepalu, w tym obszar objęty dochodzeniem.

WFP wskazał, że większość ludności wiejskiej w regionach Środkowego i Dalekiego Zachodu stoi w obliczu niepewnej sytuacji w zakresie bezpieczeństwa żywnościowego. Główne okręgi Achham, Bajura, **Dailekh**, Dolpa, Humla, Jajarkot, Kalikot, Mugu i Rukum itp. borykają się z poważnym brakiem bezpieczeństwa żywnościowego z powodu braku zbiorów (Światowy Program Żywnościowy, 2008). Prawo do pożywienia jest podstawowym prawem człowieka przysługującym obywatelom. Za odpowiednie zaopatrzenie w żywność po niższych cenach odpowiada państwo. Thapa zaznaczył, że ponad 350 osób w regionie Środkowego i Dalekiego Zachodu, w tym Dailekh, zmarło podobno na biegunkę. W sierpniu 2009 roku w Dailekh (Thapa, 2009) zginęło łącznie 30 osób. Szacuje się, że od 20 do 30 % ludności w środkowych i daleko zachodnich okręgach rozwijających się zużywa mniej niż 1600 Kcal/dzień (FAO i WFP, 2007). Nie jest zatem zaskakujące, że wskaźniki ostrego niedożywienia wśród dzieci poniżej 5 roku życia nadal wzrastały w ciągu ostatniej dekady, osiągając nawet 17% w niektórych odizolowanych społecznościach.

Niepewne zaopatrzenie w wodę i warunki sanitarne, brak higieny i żywienia oraz brak świadomości zdrowotnej wśród ludności są bezpośrednio związane z pojawieniem się biegunki w społecznościach. Kwestie te są ze sobą powiązane (Thapa, 2009). Ludzie nie rodzą się na marginesie. W jaki sposób są one niepewne żywieniowo i nie mają możliwości zarabiania na życie? Kto kontroluje środki bezpieczeństwa żywnościowego i źródła utrzymania, system dystrybucji i konsumpcji? Kto kontroluje rynek i ustala ceny żywności i produktów rolnych w analizowanym obszarze?

Dlaczego część populacji jest bezsilna i uboga w zasoby ekonomiczne? Jak udało im się zapewnić bezpieczeństwo żywnościowe? Te istotne kwestie są związane z bezpieczeństwem żywnościowym i strategiami utrzymania ludności wiejskiej.

Krótkie spojrzenie, które jest powierzchownym badaniem tego, jak to wygląda, może nie być rzeczywistością społeczną; może być raczej konsekwencją niż przyczyną. Bardzo trudno jest zrozumieć społeczeństwo poprzez powierzchowne badanie. Mówi się, że "nie widzimy rzeczy takimi, jakimi są; widzimy rzeczy takimi, jakimi jesteśmy". Brak bezpieczeństwa żywnościowego, niedożywienie itp. mogą być przyczyną ubóstwa, które jest zdeterminowane przez różne czynniki. Potrzebna jest głębsza analiza w celu ustalenia podstawowych przyczyn. Ludzie mają inne rozumienie i myślenie niż społeczeństwo, oparte na zawodzie, charakterystyce klasowej, płci i rodzaju pracy, co prowadzi do trudności w zrozumieniu rzeczywistości społeczeństwa, w tym bezpieczeństwa żywnościowego i strategii radzenia sobie z nim.

Tradycyjnie najbardziej krytycznym okresem na tych terenach jest okres od połowy czerwca do sierpnia, kiedy przechowywana żywność jest zwykle wyczerpana, a kolejne zbiory nie są jeszcze dostępne. W jaki sposób osoby ubogie stają się zależne od rynku zaopatrzenia w żywność w tym okresie niedoboru? Dlaczego społeczności wiejskie na badanych obszarach są bardzo wrażliwe na zagrożenia klimatyczne, takie jak susze, powodzie i wzrost temperatury, które powodują powszechny brak bezpieczeństwa żywnościowego / głód? Dlaczego wrażliwość społeczności wynika z własności ziemi, zależności od płac i ich stawek, wahań klimatycznych, konfliktów zbrojnych, migracji, chorób/szkodników roślin uprawnych i zwierząt gospodarskich, zadłużenia, wzrostu cen żywności itp. Jak polityka rządowa i długoterminowa perspektywa rolnictwa mogą nie być skuteczne w osiąganiu zrównoważonego bezpieczeństwa żywnościowego i tworzeniu możliwości życiowych na obszarach wiejskich takich jak Dailekh?

Kwestie te mają kluczowe znaczenie dla określenia strukturalnych przyczyn braku bezpieczeństwa żywnościowego i głodu na wzgórzach Nepalu, zwłaszcza w dystrykcie Dailekh, gdzie ubodzy żyją z głodu, ubóstwa i zaprzeczania prawom człowieka. Ponadto, dyskryminacja ze względu na płeć i kastę jako odwieczna tradycja w społeczeństwie. Dailekh to dzielnica z niedoborem jedzenia. Dlaczego jest to jedna z dzielnic, w których brakuje żywności? Kwestia ta nie została jeszcze poruszona przez instytucje badawcze w dziedzinie rolnictwa. NARC (2008) skupił się tylko na sześciu głównych uprawach zbóż, takich jak ryż, kukurydza, pszenica, proso lisogonowe, gryka i jęczmień w celu przeprowadzenia badań nad produkcją żywności (NARC, 2008).

Strategia bezpieczeństwa żywnościowego i środków utrzymania jest powiązana z działalnością rolniczą i pozarolniczą, a nie z oddzielnym czynnikiem, jakim jest produkcja zbóż. Możliwości zabezpieczenia środków do życia mogą być ograniczone nie tylko w obszarze produkcji zbóż. Ludność wiejska przyjęła różne strategie utrzymania w celu zapewnienia bezpieczeństwa żywnościowego. Potrzebne są szczegółowe badania w celu określenia podstawowych przyczyn braku bezpieczeństwa żywnościowego poprzez analizę czynników, które mają wpływ na brak bezpieczeństwa żywnościowego. Różne strategie utrzymania ludności wiejskiej powinny być badane i analizowane z punktu widzenia zrównoważonego bezpieczeństwa żywnościowego. Kwestie związane z wkładem zwierząt gospodarskich, warzyw, owoców, roślin okopowych, takich jak ziemniaki, kolokazja i zasoby leśne w bezpieczeństwo żywnościowe nie są odpowiednio uwzględnione w planach i programach na szczeblu krajowym. Może to być kolejnym przedmiotem badań.

Ważnymi tematami badań są również powiązania między produkcją żywności a innymi źródłami utrzymania, takimi jak płace, migracja i pożyczki od kredytodawców, edukacja, woda, warunki sanitarne i higiena, własność ziemi itp. Kluczowym aspektem badania jest związek między kontekstem podatności na zagrożenia, prawem gospodarstw domowych do sprzętu, transformacją struktur i procesów oraz brakiem bezpieczeństwa żywnościowego opartego na zasobach naturalnych i nie tylko (gospodarka przekazów pieniężnych) a strategiami bezpieczeństwa środków do życia.

Skuteczność zmieniających się struktur (rządu, organizacji pozarządowych i sektora prywatnego) i procesów, tj. polityki i strategii rolnej na poziomie lokalnym, jest kolejnym tematem badań. Badania koncentrują się również na luce między polityką a praktyką. Kolejnym istotnym tematem badań jest pytanie, w jaki sposób różne podmioty wspierają rolników w zakresie zrównoważonej produkcji żywności i bezpieczeństwa środków do życia. Kluczowe znaczenie dla badania ma pytanie o to, na ile skuteczne są usługi w zakresie upowszechniania wiedzy rolniczej na poziomie wsi w odniesieniu do bezpieczeństwa żywnościowego i bezpieczeństwa środków do życia. Jakie są najlepsze praktyki i umiejętności w społecznościach wiejskich? Przedmiotem badań jest sposób, w jaki wykorzystują oni tę wiedzę i umiejętności dla zapewnienia bezpieczeństwa żywnościowego i bezpieczeństwa środków do życia. W jaki sposób produkcja rolna i pozarolnicza działalność gospodarcza są równie ważne dla bezpieczeństwa żywnościowego i bezpieczeństwa środków do życia ludności wiejskiej? Jakie są zrównoważone praktyki wspólnotowe w zakresie bezpieczeństwa żywnościowego, bezpieczeństwa środków do życia itp. W ramach badań zostaną również zbadane możliwe sposoby zapewnienia bezpieczeństwa żywnościowego i bezpieczeństwa środków do życia oraz działania w zakresie generowania dochodów poprzez studia przypadków. Wreszcie, studium badawcze skoncentruje się na wynikach, tj. stanie bezpieczeństwa żywnościowego i braku bezpieczeństwa żywnościowego w analizowanym obszarze.

1.2.1 Pytania badawcze

Konkretne pytania badawcze są następujące:

-Nie znali przyczyn braku bezpieczeństwa żywnościowego i niepewnych warunków życia w Dailekh.

- W jaki sposób ludzie są odżywczo niepewni? Kto kontroluje środki utrzymania i system dystrybucji żywności? Kto kontroluje ceny rynkowe żywności i produktów rolnych w obszarach objętych dochodzeniem?

-Jakie są strategie na rzecz bezpieczeństwa żywnościowego i środków do życia na wsi?

-Jak różne podmioty wspierają rolników w produkcji żywności i bezpieczeństwie życia jest ważnym tematem badań.

-Jak skuteczne są usługi w zakresie rozszerzania działalności rolniczej na poziomie wsi pod względem bezpieczeństwa żywnościowego i bezpieczeństwa środków do życia w regionie?

- Jakie są najlepsze praktyki, zrównoważone technologie i umiejętności w społecznościach wiejskich?

- wykorzystanie wiedzy i umiejętności w zakresie produkcji roślinnej dla zapewnienia bezpieczeństwa żywnościowego i bezpieczeństwa środków do życia w badanej dziedzinie?

1.3 Cele

Ogólnym celem badania jest ocena sytuacji w zakresie bezpieczeństwa żywnościowego i strategii utrzymania w Dystrykcie Dailekh w Nepalu.

Szczegółowe cele badania są następujące:

1. ocenić geograficzny i aktualny stan środowiska społeczno-gospodarczego oraz przyczyny braku bezpieczeństwa żywnościowego w gospodarstwach domowych
2. Analiza kontekstu podatności na zagrożenia, wniosków gospodarstw domowych o dofinansowanie, obejmujących kapitał naturalny, ludzki, finansowy, fizyczny i społeczny, oraz zmieniających się struktur i procesów bezpieczeństwa żywnościowego i środków utrzymania na obszarach wiejskich.
3. określenie strategii w zakresie bezpieczeństwa żywnościowego i środków utrzymania rolników w odniesieniu do zasobów naturalnych i aspektów niezwiązanych z zasobami naturalnymi

1.4 Uzasadnienie

Brak bezpieczeństwa żywnościowego jest chronicznym problemem na Wzgórzach i w górach, zwłaszcza w środkowo-zachodniej i dalekiej części Nepalu. W przeszłości niedobory żywności zgłaszano począwszy od roku 1972/73, a w odpowiedzi rząd Nepalu powołał w 1974 r. Nepalską Korporację ds. Żywności (NFC) w celu zapewnienia subsydiowanej żywności. Powstaje pytanie, dlaczego Nepal cierpi na chroniczne niedobory żywności, mimo że jest krajem zdominowanym przez rolnictwo. Bezpieczeństwo żywnościowe jest nie tylko kwestią techniczną, ale także społeczną, gospodarczą i polityczną. Bezpieczeństwo żywnościowe jest podstawowym prawem człowieka i podstawową potrzebą ludzi do przetrwania. Dlatego też temat ten wydaje się mieć kluczowe znaczenie dla badań naukowych w zakresie rozwoju obszarów wiejskich. Zakres i znaczenie badań ma ogromne znaczenie na poziomie gospodarstw domowych, społeczności, krajowym i międzynarodowym. Niedobór żywności jest bezpośrednio związany ze wzrostem liczby ludności i wydajnością upraw na jednostkę powierzchni. Odnośne ustalenia przyczyniłyby się do poszerzenia wiedzy na temat bezpieczeństwa żywnościowego i kwestii związanych ze środkami utrzymania na poziomie gospodarstw domowych, społeczności lokalnych i krajowym. Wyniki badań mogą przyczynić się do rozwoju obszarów wiejskich w Nepalu jako atut akademicki.

Badania te są przydatne dla naukowców zajmujących się bezpieczeństwem żywnościowym i środkami utrzymania, profesorów, studentów, decydentów rządowych, donatorów, agencji wdrażających i organizacji pozarządowych itp. Może to pomóc w zrozumieniu rzeczywistych problemów związanych z brakiem bezpieczeństwa żywnościowego w górach i na wzgórzach, w sformułowaniu polityki i opracowaniu strategii bezpieczeństwa żywnościowego i wiejskich środków utrzymania w dystrykcie Dailekh w Nepalu.

Każdy świadomy obywatel zastanawiał się nad znaczeniem dostępności i dystrybucji żywności, a także nad dostępnością i wzorcami konsumpcji w domu, we wspólnocie i na rynku krajowym. Przez ostatnie trzy dekady darczyńcy i rządy krajowe nadawały mniejszy priorytet inwestycjom w produkcję żywności, co doprowadziło do niedoborów żywności i gwałtownego wzrostu cen na rynkach lokalnych i międzynarodowych. Do tej pory agronomowie rozważali kwestię techniczną technologii produkcji żywności, a badania nad społecznymi, gospodarczymi i politycznymi aspektami bezpieczeństwa żywnościowego i głodu na szczeblu lokalnym, krajowym i międzynarodowym były niewystarczające. To studium badawcze przyczyniło się do powstania społecznego, gospodarczego i politycznego wymiaru bezpieczeństwa żywnościowego, w którym pogardza się kwestiami technicznymi.

1.5 Ograniczenie

Badanie skupiło się bardziej na dwóch komitetach rozwoju wsi i powiązało je z kontekstem na poziomie powiatu i kraju. Kwestia bezpieczeństwa żywnościowego i głodu jest złożona i zależy od położenia geograficznego, strefy rolno-klimatycznej, dobrego zarządzania, usług w zakresie upowszechniania wiedzy rolniczej, klęski żywiołowej, dostępu do rynku, wiejskiego transportu drogowego, świadomości ludności, ognisk występowania owadów, szkodników itp. w uprawach. Dlatego też wyniki badania powinny być ostrożnie wykorzystywane w innych warunkach geograficznych, społecznych, gospodarczych i kulturowych. Dlatego wyniki tego badania mogą nie być w równym stopniu możliwe do przeniesienia na inne dzielnice Nepalu.

1.6 Organizacja książki

Książka jest podzielona na siedem rozdziałów. Rozdział pierwszy składa się z części wprowadzającej, która zawiera informacje na temat, wprowadzenia, opisu problemu, celów, uzasadnienia badania, ograniczeń badania i organizacji raportu.

Drugi rozdział poświęcony jest przeglądowi literatury istotnej dla bezpieczeństwa żywnościowego, źródeł utrzymania i strategii radzenia sobie z problemami ludności wiejskiej. Niniejszy rozdział koncentruje się w szczególności na definicjach, pojęciach i rodzajach bezpieczeństwa żywnościowego, przeglądzie podstawowych teorii/modeli związanych z bezpieczeństwem żywnościowym, problemach globalnych i reakcjach na bezpieczeństwo żywnościowe, problemach regionalnych i reakcjach na bezpieczeństwo żywnościowe. Opisuje się w nim również i analizuje krajowe problemy związane z bezpieczeństwem żywnościowym, rozwiązania polityczne, programy rządowe, ich krytyczny przegląd, lokalne problemy związane z bezpieczeństwem żywnościowym, wysiłki instytucjonalne i strategie radzenia sobie ze społecznościami lokalnymi. Dokonano w nim również przeglądu modelu DFID dotyczącego ram zrównoważonego życia na obszarach wiejskich oraz luk w metodologii.

W rozdziale trzecim omówiono strategie przygotowania raportu na temat metodologii badań. Wyjaśnia on teoretyczne ramy badań, sposób, w jaki definicja próby i metody gromadzenia danych wynikają z definicji celu i celów. Bada również, jak pisać o analizie danych i etyce badań. W końcu, w podrozdziale poświęconym metodologii, mowa jest o innowacyjnej sile badań.

W rozdziale czwartym przedstawiono środowisko geograficzne i społeczno-gospodarcze badanego obszaru, w tym okręgu Dailekh. Z geograficznego punktu widzenia przeanalizowano rozkład opadów, klimat i strukturę upraw na badanym obszarze. W przypadku kluczowych cech społeczno-ekonomicznych, takich jak wiek, skład płci, stosunek płci, skład kastowy/etniczny, wielkość rodziny, stan cywilny, wskaźnik obciążenia demograficznego oraz mapowanie zamożności klasy społecznej. Opisano w nim również zboża, warzywa i owoce, ogólne bezpieczeństwo żywnościowe, ewolucję źródeł utrzymania w czasie oraz wyciągnięte wnioski.

Rozdział piąty analizuje kontekst podatności na zagrożenia, który obejmuje własność ziemi, zależność od płac, zmiany klimatyczne, klęski żywiołowe oraz choroby ludzi, upraw i zwierząt gospodarskich oraz plagę szkodników, ceny żywności i konflikty zbrojne. Szczegółowo wyjaśniono również kapitał ludzki, finansowy, fizyczny, społeczny i naturalny. W ostatniej części opisano i przeanalizowano również zmieniające się struktury i procesy rządu, sektora prywatnego, rynku, organizacji społeczeństwa obywatelskiego, polityki i praktyk instytucjonalnych, a na koniec zakończono ten rozdział.

W rozdziale szóstym szeroko omówiono strategie bezpieczeństwa żywnościowego/ochrony życia oparte zarówno na zasobach naturalnych, jak i innych niż zasoby naturalne. Podrozdział oparty na zasobach naturalnych opisywał uprawę zbóż i roślin strączkowych, produkcję warzyw i owoców, ranking środków produkcji rolnej w produkcji żywności, ochronę różnorodności biologicznej, wspólnotowy etos ochrony i wspólnotowe strategie produkcji żywności. Te, które nie są oparte na zasobach naturalnych, wyjaśniają wyniki przekazów pieniężnych i bezpieczeństwo żywnościowe. Analizowane wyniki dotyczące bezpieczeństwa żywnościowego obejmowały samowystarczalność żywnościową, czasową tendencję w zakresie braku bezpieczeństwa żywnościowego, wzorce konsumpcji zbóż, wkład upraw i przekazów pieniężnych w bezpieczeństwo żywnościowe, hierarchię ważności zbóż spożywczych, strategie radzenia sobie przez rolników, dobrobyt gospodarstw domowych, zmiany statusu społecznego i zmieniającą się tendencję w produkcji rolnej. Na koniec omówiono wnioski z tego rozdziału.

Ostatni rozdział siódmy koncentruje się na podsumowaniu, wnioskach, zaleceniach i propozycjach dotyczących dalszych badań. Podsumowując, krótki opis został podany rozdział po rozdziale, a na koniec zaprezentowano główne wyniki badań. W przypadku zaleceń zaproponowano strategie krótko- i długoterminowe. Dalsze prace badawcze wyjaśniły nietknięte jeszcze kwestie badawcze.

Rozdział 2
Bezpieczeństwo żywnościowe i źródła utrzymania na poziomie globalnym i lokalnym

2.1 Tło

W tym rozdziale dokonano przeglądu koncepcji, definicji, współczesnych teorii, modeli i podejść do bezpieczeństwa żywnościowego i strategii życiowych. Nacisk położony jest na określenie globalnych, regionalnych, krajowych i lokalnych problemów i rozwiązań w zakresie bezpieczeństwa żywnościowego i bezpieczeństwa środków do życia, od międzynarodowych do lokalnych instytucji i społeczności, a także na przegląd dostępnej literatury opracowanej przez wiodących naukowców i pracowników naukowych. Zbadano również obecne luki metodologiczne w badaniach nad bezpieczeństwem żywnościowym i środkami utrzymania.

2.2 Koncepcje bezpieczeństwa żywnościowego

2.2.1 Definicja bezpieczeństwa żywnościowego

Bezpieczeństwo żywnościowe to złożona kwestia. Różne organizacje zdefiniowały pojęcie bezpieczeństwa żywnościowego na różne sposoby, aby zrozumieć jego znaczenie na poziomie globalnym, krajowym, lokalnym i domowym. Pojęcie bezpieczeństwa żywnościowego miałoby większe znaczenie, gdyby było rozumiane zgodnie z prawnymi zobowiązaniami Organizacji Narodów Zjednoczonych: **Powszechną Deklaracją Praw Człowieka (1948), która przyjmuje "prawo do odpowiedniego poziomu życia", w tym żywności;** oraz Powszechną Deklaracją o Zwalczaniu Głodu i Niedożywienia (1974), która stwierdza, że "każdy mężczyzna, kobieta i dziecko ma niezbywalne prawo do bycia wolnym od głodu i niedożywienia".

Bank Światowy zdefiniował bezpieczeństwo żywnościowe jako **"dostęp wszystkich ludzi przez cały czas do żywności wystarczającej do prowadzenia aktywnego i zdrowego życia".** Definicja ta obejmuje wiele aspektów. Zajmuje się **produkcją w** kontekście **dostępności żywności**; **dystrybucją** w tym sensie, że **produkty** powinny być dostępne dla wszystkich; **konsumpcją w tym** sensie, że indywidualne potrzeby żywnościowe są zaspokajane tak, aby jednostki mogły być aktywne i zdrowe. **Dostępność i dostępność** żywności w celu zaspokojenia indywidualnych potrzeb żywnościowych powinna **być** również zrównoważona (Bank Światowy, 1986).

Amerykańska Agencja Rozwoju Międzynarodowego (USAID) definiuje bezpieczeństwo żywnościowe jako sytuację, w której "wszyscy ludzie przez cały czas mają dostęp, zarówno fizycznie, jak i ekonomicznie, do żywności wystarczającej do zaspokojenia ich potrzeb żywieniowych w celu prowadzenia produktywnego i zdrowego życia" (USAID, 1992).

Światowy Szczyt Żywnościowy zdefiniował bezpieczeństwo żywnościowe jako "sytuację, w której wszyscy ludzie przez cały czas mają fizyczny i ekonomiczny dostęp do wystarczająco bezpiecznej i pożywnej żywności, która zaspokaja ich potrzeby i preferencje żywieniowe w celu prowadzenia aktywnego i zdrowego życia" (WFS, 2009). Definicja ta wyraźnie łączy w sobie cztery powiązane ze sobą czynniki - dostępność żywności, dostęp do żywności, biologiczne wykorzystanie żywności i stabilność żywności. Dokładniej mówiąc, definicja wprowadza następujące wymiary bezpieczeństwa żywnościowego:

1. Fizyczna dostępność żywności;
2. Ekonomiczny i fizyczny dostęp do żywności;
3. Akceptowalność
4. korzystanie z jedzenia;
5. Stabilność wszystkich tych wymiarów w czasie.

Powyższe punkty zostały pokrótce opisane w następujący sposób:

Fizyczna dostępność żywności: Odnosi się to do zdolności do odpowiedniego wyżywienia się (osoby fizyczne, gospodarstwa domowe lub inne kwalifikujące się jednostki), albo bezpośrednio z własnych zasobów produkcyjnych będących pod ich kontrolą, albo poprzez systemy dystrybucji, przetwarzania i wprowadzania do obrotu, które mogą dostarczyć żywność z miejsca produkcji tam, gdzie jest ona potrzebna. Niezbędne są zatem odpowiednie strategie produkcji, dystrybucji, przetwarzania i wprowadzania do obrotu, aby zapewnić odpowiednią dostępność potrzebnej żywności.

Ekonomiczny i fizyczny dostęp do żywności: Odnosi się to do ekonomicznego i fizycznego dostępu do żywności lub, innymi słowy, do siły nabywczej ludzi. Analiza dostępu obejmuje ceny żywności w odniesieniu do stawek płac, możliwości uzyskania dochodu i sieci bezpieczeństwa socjalnego, która zapewnia żywność w nagłych wypadkach, tradycyjne sieci bezpieczeństwa itp. (FAO, 2008).

Sen zauważył, że koncepcja uprawnień i świadczeń wyjaśniających, w jaki sposób dana osoba lub gospodarstwo domowe może mieć dostęp do żywności. Jego zdaniem sama dostępność żywności nie gwarantuje ludziom dostępu do żywności przeznaczonej do spożycia. Osoby fizyczne i gospodarstwa domowe mogą legalnie posiadać żywność, jeśli mają prawo do "wiązki zasobów", takich jak ziemia, kapitał, technologia, umiejętności, zaopatrzenie i dochody. Później użył terminu "rozszerzone uprawnienia", aby objąć nim sieci społeczne, krewnych itp., którzy mogą pomóc w zdobyciu żywności, zwłaszcza w potrzebie.

Akceptowalność: Żywność jest nie tylko podstawowym wymogiem życia, ale ma także wartości społeczno-kulturowe dla ludzi. Dlatego też podaż żywności powinna być zgodna z wymaganiami społeczno-kulturowymi i żywieniowymi, jak również z gustami i preferencjami danej ludności.

Wykorzystanie: Odnosi się do prawidłowego wykorzystania żywności do żywienia fizycznego. Odnosi się to do sposobu, w jaki organizm wykorzystuje większość składników odżywczych w spożywanej przez siebie żywności. Wymiar ten jest zdeterminowany przede wszystkim przez stan zdrowia ludzi. Ogólna higiena i warunki sanitarne, jakość wody, praktyki w zakresie ochrony zdrowia oraz bezpieczeństwo i jakość żywności decydują o prawidłowym stosowaniu żywności przez organizm. Ponadto właściwa pielęgnacja, zdrowe praktyki żywieniowe, techniki przygotowywania żywności, jej różnorodność itp. są innymi ważnymi czynnikami warunkującymi dobre wykorzystanie biologiczne żywności i ogólny stan odżywienia jednostki.

Stabilność lub zrównoważony rozwój: Pojęcie bezpieczeństwa żywnościowego obejmuje wymiar zrównoważonego systemu żywnościowego (produkcja, dystrybucja, konsumpcja i gospodarka odpadami) na wszystkich poziomach - od gospodarstw domowych po poziom krajowy i międzynarodowy. Stabilność oznacza, że system żywnościowy powinien być w stanie zaspokoić podstawowe potrzeby żywnościowe obecnego pokolenia bez uszczerbku dla zdolności przyszłych pokoleń do zapewnienia bezpieczeństwa żywnościowego z dostępnych zasobów (Sen, 1981).

Mukherjee wskazała na dwa bardzo ważne wymiary wyżej wymienionych koncepcji bezpieczeństwa żywnościowego. "Żywność, która jest systemowo dostępna, jest również akceptowalna kulturowo. Ludzie nie będą jedli żywności, która jest kulturowo (w najszerszym znaczeniu) nie do przyjęcia. Na przykład, hinduista nie może jeść wołowiny, nawet jeśli jest ona dostępna. Muzułmanin nie może jeść wieprzowiny, nawet, jeśli wieprzowina idzie żebrać. Po drugie, w kontekście bezpieczeństwa żywnościowego i bezpieczeństwa żywnościowego istotne jest, aby ludzie mieli dostęp do wody pitnej, tak aby organizm mógł ją wchłonąć. *Niebezpieczna woda pitna* uniemożliwia wchłanianie pokarmów do organizmu, ponieważ niebezpieczna woda pitna prowadzi do chorób i innych form ubytku" (Mukherjee, 2007, s. 2).

Bezpieczeństwo żywnościowe na poziomie gospodarstw domowych zostało zdefiniowane przez Eide (cytowane w Maxwell i Franken Berger, 1992) jako "dostęp gospodarstw domowych do odpowiedniej żywności w czasie". Oznacza to, że każdy członek gospodarstwa domowego jest bezpieczny, gdy gospodarstwo domowe w ogóle ma dostęp do żywności. Zakłada się, że silne więzi rodzinne członków gospodarstwa domowego zapewniłyby równą dystrybucję żywności dla wszystkich. Podstawą do wczesnego ostrzegania o braku bezpieczeństwa żywnościowego (głód i głód) byłoby wówczas określenie braku bezpieczeństwa żywnościowego na poziomie gospodarstw domowych. Nacisk zostałby położony na monitorowanie zapasów żywności w gospodarstwach domowych oraz na dystrybucję pod względem płci.

Menezes twierdzi, że suwerenność żywnościowa potwierdza prawo narodów do ich autonomii, pozwalając im na samodzielne decydowanie o tym, co chcą produkować i spożywać. Nie wystarczy to jednak do zagwarantowania bezpieczeństwa żywnościowego, które powinno być zawsze powiązane ze sprawiedliwością społeczną, poprzez zagwarantowanie wszystkim dostępu do żywności wysokiej jakości, odpowiedniej pod względem odżywczym i kulturowym (Menezes, 2001). Koncepcja ta pojawia się również w dyskursie rozwojowym, w tym w Nepalu.

Akhter wyjaśnił, że bezpieczeństwo żywnościowe to nie tylko sprawa Południa, ale także ważna kwestia dla Północy. Solidarność kobiet na całym świecie ma kluczowe znaczenie dla zakwestionowania ogólnej polityki w zakresie wolnego handlu, biotechnologii i inżynierii genetycznej. Kobiety na Południu zachowują i dbają o nasiona i zasoby genetyczne. Wierzą w swoją siłę, trzymając nasiona w swoich rękach. To przesłanie jest bardzo ważne dla kobiet na całym świecie, aby utrzymać kontrolę nad produkcją żywności (Akhter, 2001). Ten pogląd jest również istotny w kontekście Nepalu.

Pojęcie bezpieczeństwa żywnościowego ewoluowało z czasem. Do końca lat 70. bezpieczeństwo żywnościowe w ogóle oznaczało zdolność narodu do stałego zaspokajania wszystkich jego potrzeb żywnościowych. W związku z tym Światowa Konferencja Żywnościowa w 1974 r. podkreśliła potrzebę produkowania wystarczającej ilości żywności, zapewnienia niezawodności dostaw i stabilizacji cen żywności w celu zapewnienia bezpieczeństwa żywnościowego. W związku z tym dla zapewnienia bezpieczeństwa żywnościowego w krajach rozwijających się promowano takie technologie, jak zielona rewolucja, która przyczyniłaby się do zwiększenia produkcji rolnej.

W latach 80. ubiegłego wieku laureatka Nagrody Nobla, Amartya Kumar, ogłosiła podejście do analizy bezpieczeństwa żywnościowego, które kładło nacisk na dostęp do żywności, a nie tylko na jej dostępność. Praca Sena jest postrzegana jako duży przełom w koncepcji bezpieczeństwa żywnościowego, ponieważ przed nim dostępność żywności była postrzegana jako główny wyznacznik głodu i głodu. Przełomowa praca Sena nie tylko zmieniła fundamentalne podejście do bezpieczeństwa żywnościowego, ale również przyniosła wiele definicji bezpieczeństwa żywnościowego.

2.2.2 Rodzaje bezpieczeństwa żywnościowego

NPC, WFP i NDRI ustanowiły klasyfikację fazy bezpieczeństwa żywnościowego w Nepalu, którą przedstawiono poniżej.

Faza 1 Bezpieczeństwo żywnościowe: Gospodarstwo domowe ma bezpieczny dostęp do żywności.

Faza 2 Umiarkowany brak bezpieczeństwa żywnościowego: członkowie gospodarstwa domowego ograniczyli swoje spożycie, spożycie kalorii i składników odżywczych przez członków gospodarstwa domowego jest wystarczające na granicy.

Ponadto gospodarstwo domowe podejmuje się mechanizmów zaradczych, takich jak przyjmowanie pieniędzy i sprzedaż aktywów nieprodukcyjnych.

Faza 3 Wysoce niepewna żywność: Członkowie gospodarstwa domowego znacznie ograniczyli swoje spożycie, spożycie kalorii i składników odżywczych jest poważnie ograniczone. Ponadto gospodarstwo domowe podejmuje nieodwracalne mechanizmy zaradcze, takie jak sprzedaż środków produkcji i usuwanie dzieci ze szkoły.

Faza 4 Poważny brak bezpieczeństwa żywnościowego: członkowie gospodarstw domowych znacznie ograniczyli swoje spożycie, spożycie kalorii i składników odżywczych jest poważnie ograniczone. Gospodarstwo domowe ma ograniczone mechanizmy radzenia sobie z tym problemem i prawdopodobnie sprzedaje wartości końcowe/grunt.

Faza 5 Nadzwyczajna pomoc humanitarna: Nie ma możliwości uzyskania przez gospodarstwo domowe dostępu do żywności, co prowadzi do głodu, jeśli nie podejmie się interwencji (NPC, WFP i NDRI, 2010, s. 3).

Bezpieczeństwo żywnościowe z jednej strony oraz głód i głód z drugiej strony to pojęcia odwrotnie powiązane. Zapewnienie bezpieczeństwa żywnościowego jest równoznaczne z zapobieganiem głodowi i głodowi. Od samego początku należy podkreślić, że bezpieczeństwo żywnościowe oraz głód i głód to różne pojęcia, choć dotyczą one tych samych, najbardziej podstawowych potrzeb życiowych: jedzenie. Bezpieczeństwo żywnościowe odnosi się do dostępności żywności, podczas gdy głód i głód odnoszą się do skutków braku dostępności żywności. Innymi słowy, głód i głód są wynikiem braku bezpieczeństwa żywnościowego. Głód i głód są zakorzenione w braku bezpieczeństwa żywnościowego.

Brak bezpieczeństwa żywnościowego można podzielić na dwa aspekty, które można opisać w następujący sposób:

Przewlekły: Przewlekły brak bezpieczeństwa żywnościowego prowadzi do wysokiego stopnia podatności na głód i głód; zapewnienie bezpieczeństwa żywnościowego wymaga wyeliminowania tej podatności. Wrażliwe grupy ludności mogą osiągnąć stadium głodu, jeżeli proces produkcji, dystrybucji i konsumpcji żywności zostanie nieznacznie zakłócony. Dlatego w warunkach chronicznego braku bezpieczeństwa żywnościowego zawsze istnieje bezpośrednie zagrożenie głodem.

Tymczasowy: Tymczasowy brak bezpieczeństwa żywnościowego to tymczasowy lub sezonowy niedobór żywności spowodowany nieoczekiwanymi czynnikami przez ograniczony okres czasu. W społeczeństwie chronicznie zagrożonym brakiem bezpieczeństwa żywnościowego lub w sytuacjach chronicznego głodu może wystąpić głód, podczas gdy w populacjach normalnie zagrożonych brakiem bezpieczeństwa żywnościowego, głód nie występuje ze względu na odporność populacji. Jednakże powtarzający się sezonowy brak bezpieczeństwa żywnościowego może uszczuplić aktywa nawet pozornie bezpiecznych społeczeństw i sprawić, że będą one bardziej narażone na głód.

2.3 Przegląd podstawowych teorii, modeli i podejść do bezpieczeństwa zaopatrzenia w żywność

Podstawowe teorie i modele związane z bezpieczeństwem żywnościowym zostały opisane i przeanalizowane w następujący sposób

2.3.1 Teoria uprawnień w zakresie bezpieczeństwa żywnościowego

Teoria Sena o roszczeniach dotyczących żywności i środków do życia stała się ostatnio bardzo popularna. Podejście do oświadczeń dotyczących żywności ocenia zdolność ludzi do pozyskiwania żywności za pomocą dostępnych w społeczeństwie środków prawnych, w tym za pomocą całej dostępnej produkcji, handlu, dziedziczenia, przekazywania i innych metod pozyskiwania żywności (Sen, 1981). Sen twierdzi, że głód może pojawić się nawet wtedy, gdy jest wystarczająco dużo żywności, aby wyżywić całą społeczność, a ci, którzy cierpią z powodu głodu, to ci, którzy nie zamieniają swoich "roszczeń barterowych" na żywność. Sen dzieli takie roszczenia na cztery podstawowe typy:

1. wymagania oparte na produkcji - rośliny i zwierzęta
2. Prawa pracownicze - płatna praca i zawody
3. Uprawnienia handlowe - handel różnymi towarami
4. Roszczenia spadkowe i transferowe - wsparcie państwa, prywatne darowizny i pożyczki.

Badanie dotyczące źródeł utrzymania w zakresie bezpieczeństwa żywnościowego uznaje zasoby kapitałowe za aktywa, które tworzą **fundament** umożliwiający ludziom uzyskanie znaczącego źródła utrzymania. Te zasoby kapitałowe obejmują zasoby fizyczne, naturalne, ludzkie, finansowe i społeczne. Podejście to pomaga w analizie następujących aspektów:

1. ***Fundamenty kwalifikowalności*** - zdolność gospodarstw domowych lub osób fizycznych do dysponowania aktywami produkcyjnymi - kapitałem fizycznym, naturalnym, finansowym, społecznym i ludzkim.
2. ***przekształcać struktury i procesy*** - państwo, rynek i społeczeństwo obywatelskie (struktury), praktyki i polityki prawne i instytucjonalne (procesy) - które określają sposób, w jaki ludzie łączą i przekształcają te zasoby w celu zbudowania swoich środków do życia; oraz
3. ***Kontekst podatności na zagrożenia***, który może prowadzić do braku bezpieczeństwa żywnościowego i zagrożenia środków do życia
4. ***Strategie utrzymania*** - działania, które gospodarstwo domowe podejmuje w celu zapewnienia sobie utrzymania w związku z powyższymi czynnikami.

Podejście oparte na źródłach utrzymania jest zatem pomocne w ocenie bezpieczeństwa żywnościowego w celu określenia zarówno powagi braku bezpieczeństwa żywnościowego, tj. bezpośredniego kryzysu żywnościowego, jak i procesów, które mogą powodować brak bezpieczeństwa żywnościowego o długoterminowych skutkach dla źródeł utrzymania, tj. podatności gospodarstw domowych na zagrożenia i strategii radzenia sobie z nim (Sen, 1991).

Indyjski laureat Nagrody Nobla w dziedzinie ekonomii, Amartya (1999), napisał: "W historii świata nigdy nie było głodu w funkcjonującej demokracji. Sen zaznaczył, że od czasu uzyskania niepodległości w 1947 r. w Indiach nie odnotowano ani jednego głodu, nawet w obliczu poważnych nieudanych zbiorów. Kiedy podczas suszy w Maharasztrze w 1973 r. poważnie ucierpiała produkcja żywności, wybrani politycy zareagowali programami robót publicznych dla pięciu milionów ludzi, zapobiegając głodowi. Sen doszedł do wniosku, że "rzeczywiście tak łatwo jest zapobiec głodowi, że zadziwiające jest to, że w ogóle można do niego dopuścić".

Głód może być raczej owocem autokracji niż demokracji, ale jak przyznaje Sen, demokracja ma o wiele mniej imponujące osiągnięcia w radzeniu sobie z endemicznym głodem i niedożywieniem. Ponad 6000 indyjskich dzieci umiera każdego dnia z powodu niedożywienia lub braku podstawowych mikroelementów. Poza zmianami politycznymi potrzebnymi do zmniejszenia dystansu między gubernatorami a rządzonymi, Sen zaproponował szereg propozycji mających na celu zapobieganie głodowi i głodowi:

Należy skoncentrować się na sile gospodarczej i wolności jednostek i rodzin do kupowania wystarczającej ilości żywności, a nie tylko na zapewnieniu wystarczających dostaw żywności w kraju.

Prowadzone przez rząd programy tworzenia tymczasowych miejsc pracy (takie jak te stosowane w Indiach) są jednym z najlepszych sposobów, aby pomóc ludziom zarobić wystarczająco dużo na zakup żywności.

Duża część śmiertelności związanej z głodem jest rzeczywiście spowodowana chorobami, które mogą być opanowane przez zdrowe systemy zdrowia publicznego.

Wolna prasa i aktywna opozycja polityczna to najlepszy system wczesnego ostrzegania.

Ponieważ głód rzadko dotyka więcej niż 10 procent ludności, rządy zazwyczaj mają środki, aby na niego zareagować (Sen, 1999).

Sen zwraca również uwagę na znaczenie wzrostu gospodarczego i dywersyfikacji dochodów na obszarach wiejskich. Wzrost gospodarczy tworzy miejsca pracy i dochody podatkowe oraz umożliwia rządom finansowanie ochrony socjalnej i programów pomocowych, podczas gdy dywersyfikacja umożliwia ubogim rodzinom zarządzanie ryzykiem poprzez zmniejszenie ich zależności od jednego źródła dochodu (Sen, 1999, cytowany w Green, 2008).

Zieloni zwrócili uwagę, że ograniczenie głodu, a także złagodzenie skutków klęsk żywiołowych wymaga działań rządu i samopomocy głodujących ludzi. Państwo może interweniować w celu poprawy warunków życia lub zapobieżenia kryzysowi, może stworzyć systemy wczesnego ostrzegania w celu wykrycia sygnałów takich jak rosnące ceny żywności, a w razie potrzeby może zapewnić żywność lub inne formy ochrony socjalnej. Biedni ludzie są sami w stanie najlepiej przewidzieć problemy z wyżywieniem swoich rodzin i wezwać władze do działania (Green, 2008).

Rosset kwestionuje konwencjonalną mądrość, że małe gospodarstwa rolne są zacofane i nieproduktywne. Wykorzystując dowody z krajów Południa i Północy, pokazuje, że małe gospodarstwa rolne są "wielofunkcyjne" - bardziej wydajne, wydajne i zdolne do większego wkładu w rozwój gospodarczy niż duże gospodarstwa. Analizuje zagrożenia, jakie dzisiejsza liberalizacja handlu stwarza drobnym rolnikom, kończąc wezwaniem do sprzymierzeńców przeciwko porozumieniu w sprawie rolnictwa, które mogłoby uniemożliwić jego przetrwanie (Rosset, 2000). Argument ten potwierdza obecny kontekst, w którym Nepal jest zdominowany przez drobnych rolników i rolnictwo na własne potrzeby.

Francisco zaznaczył, że musi zająć się wpływem globalizacji na krajowe bezpieczeństwo żywnościowe. Przede wszystkim musi on zrozumieć, w jaki sposób rolnictwo zorientowane na eksport i liberalizacja handlu przyczyniają się do ogólnego wzrostu gospodarczego oraz w jaki sposób zapewniają one odpowiednie dochody, aby umożliwić ubogim uzyskanie podstawowych potrzeb. I po drugie, poprzez poważniejszą ocenę wpływu światowego rynku handlowego na reprodukcję społeczną i pracę kobiet (Francisco, 2000). Podobnie, Andersen określa kluczowe czynniki, które będą miały wpływ na perspektywy zrównoważonego bezpieczeństwa żywnościowego w nadchodzących latach i proponuje zestaw polityk o wysokim priorytecie, które opierają się na trzech filarach: wzrost gospodarczy sprzyjający ubogim, wzmocnienie pozycji osób ubogich i skuteczne dostarczanie dóbr publicznych (Andersen, 2002).

2.3.2 Teoria konfliktu

Perspektywa konfliktu jest jednym z najważniejszych teoretycznych podejść do społecznego i ekonomicznego myślenia i analizy. Wróciła ona do twórczości Karola Marksa i jego krytyki kapitalizmu; od tego czasu teoria konfliktów rozwinęła się w różnych kierunkach, od polityki światowej po stosunki i interakcje międzynarodowe (Johnson, 1995, s. 52). Teoria konfliktu zakłada, że życie społeczne jest kształtowane przez grupy i jednostki, które walczą lub konkurują ze sobą o różne zasoby i nagrody, co prowadzi do szczególnego podziału bogactwa, władzy i prestiżu w społeczeństwach i innych systemach społecznych. Konflikty społeczne opierają się na wielu różnych aspektach życia społecznego.

Marks argumentował na przykład, że większość konfliktów ma charakter gospodarczy i opiera się na nierównej własności i nierównej kontroli własności, zwłaszcza środków produkcji. Max Weber przekonywał do szerszego spojrzenia, które obejmuje stosunki gospodarcze, a także czynniki takie jak rasa, pochodzenie etniczne i religia.

Seddon i Adhikari zaznaczyli, że konflikt wynikający z powstania politycznego, którego deklarowanym celem jest wywołanie rewolucji społecznej i politycznej w imieniu mas, może mieć istotny wpływ na życie lokalne, źródła utrzymania i bezpieczeństwo żywnościowe (Seddon i Adhikari, 2003, s. 10-11). Seddon et.al. wyjaśnili dalej, że wśród 20 proc. najlepszych znajdują się bogaci właściciele ziemscy i rolnicy: ci, którzy mają wystarczającą ilość dobrej ziemi i bezpieczeństwo żywnościowe z własnej produkcji; gospodarstwa domowe z jednym lub kilkoma członkami w bezpiecznym i rozsądnie dobrze płatnym zatrudnieniu, zazwyczaj w sektorze publicznym; wiejscy monterzy i handlowcy. Zdecydowana większość z 40 procent "dość bezpiecznych" gospodarstw domowych i wielu ubogich ma również zróżnicowane źródła utrzymania, a wrażenie, jakie wywarła większość badań statystycznych i raportów, że ci wiejscy Nepalczycy w przeważającej mierze zajmują się rolnictwem, jest mylące. Bardzo biedni mają małe pole manewru i niewiele możliwości wyboru. Są oni w dużym stopniu zależni od sprzedaży swojej pracy, aby przetrwać; gospodarstwa domowe są zazwyczaj mniejsze i często tylko "fragmenty" zepsutych domów; choroby są powszechne, a życie jest często bardzo niepewne. Należą oni do ubogich klas wiejskich i "pracujących" (Seddon & Adhikary, 2003; s. 40-41).

Zawsze istnieje konflikt między "tymi, którzy mają, a tymi, którzy nie mają", gdy w społeczeństwie nie ma sprawiedliwości społecznej i równowagi społecznej. Podczas gwałtownego wzrostu ce n ryżu, pszenicy i kukurydzy w 2008 r. w wielu krajach rozwijających się, takich jak Meksyk, Egipt, Tanzania, Jemen, Maroko, Senegal, Kamerun i Burkina Faso, doszło do zamieszek na tle żywnościowym (Kathmandu Post, 6 maja 2008 r.). Na całym świecie narastają obawy.

2.3.3 Teoria zależności

Najważniejszym wkładem do teorii zależności był wkład Franka, niemieckiego ekonomisty rozwoju, który wymyślił i spopularyzował termin "rozwój niedorozwoju", opisując to, co uważał za zdeformowanego i zależnego ekonomistę krajów peryferyjnych (Marshall, 1994, s. 150-151).

Teoria zależności to koncepcja wyjaśniająca niepowodzenie rozwoju gospodarczego w krajach Trzeciego Świata pomimo inwestycji poczynionych przez kraje uprzemysłowione. W dziesięcioleciach po drugiej wojnie światowej kapitalistyczne kraje uprzemysłowione, takie jak Wielka Brytania i Stany Zjednoczone, powszechnie uważały, że kluczem do rozwoju gospodarczego Trzeciego Świata jest MODERNISATION, wprowadzenie technologii, formalnej edukacji oraz "nowoczesnych wartości, takich jak nacisk na długoterminowe planowanie oraz otwartość na innowacje i zmiany". Teoria zależności rozwinęła się jako krytyczna odpowiedź na niepowodzenie tezy modernizacyjnej, która przyniosła więcej niż rozproszony sukces. Głównym argumentem przemawiającym za teorią zależności jest to, że światowy system gospodarczy jest bardzo nierówny pod względem podziału władzy i zasobów i stawia większość narodów w pozycji zależnej od potęg przemysłowych.

Ta zależność ogranicza rozwój w Trzecim Świecie, zwłaszcza że wymaga, aby wszystkie infuzje technologiczne i inne podobne inwestycje były dokonywane w taki sposób, aby zapewnić utrzymanie dominacji krajów bogatych. Na przykład, gdy korporacje transnarodowe budują fabryki w krajach Trzeciego Świata, zyski są zazwyczaj usuwane, a nie ponownie inwestowane w kraju przyjmującym. Rolnictwo odchodzi od upraw na własne potrzeby, które żywią lokalną ludność, na rzecz upraw gotówkowych (takich jak owoce, warzywa, kawa i cukier), które sprawiają, że kraje-producenci są bardzo zależne od bogatszych krajów, które kupują ich produkty. To, co kiedyś było stosunkowo samowystarczalne, aczkolwiek ubogie gospodarki, w których lokalne potrzeby były zaspokajane lokalnie, obecnie staje się zależne od gospodarek, w których zdolność do zarabiania pieniędzy na rynkach międzynarodowych - gdzie popyt i ceny mogą ulegać znacznym wahaniom - jest kluczowa dla przetrwania.

Teoria zależności dowodzi, że nie możemy zrozumieć przebiegu rozwoju gospodarczego w Trzecim Świecie bez uwzględnienia zasadniczo zależnej relacji, jaka istnieje między tymi krajami, a interesem własnym potęg przemysłowych w utrzymaniu i rozszerzaniu ich dominującej pozycji w gospodarce światowej. Krytycy twierdzą, że teoria zależności jest zbyt ogólna i ignoruje wpływ warunków wewnętrznych na lokalne gospodarki (Johnson, 1995, s. 76).

2.3.4 Modele związane z bezpieczeństwem żywnościowym

Według Shivy, zdecentralizowany, skoncentrowany na ludziach i demokratycznie kontrolowany model jest odpowiedni dla zrównoważonego bezpieczeństwa żywnościowego. Jest to prawdziwie zorientowany na ludzi demokratyczny model zamówień i dystrybucji żywności, który gwarantuje bezpieczeństwo żywności na szczeblu gospodarstw domowych, lokalnym, regionalnym i krajowym. Modele porównawcze rolnictwa dla bezpieczeństwa żywnościowego zostały przedstawione w (załącznik 2.1).

Opisany powyżej kryzys żywnościowy przejawia się w pękaniu sponsorów i głodowaniu ludzi - jest to odzwierciedlenie całkowitego braku bezpieczeństwa żywnościowego na poziomie gospodarstw domowych, lokalnym i regionalnym. Prawdziwie zdecentralizowany model demokratyczny postawi w rękach kobiet podstawę krajowego bezpieczeństwa żywnościowego - bezpieczeństwo żywnościowe gospodarstw domowych (Shiva, 2002, s. 470).

Sen argumentował, że "z pewnością prawdą jest, że nigdy nie było głodu w funkcjonującej wielopartyjnej demokracji". W rzeczywistości kraje demokratyczne doświadczyły niekiedy znacznie większego spadku produkcji i podaży żywności, a także ostrzejszego spadku siły nabywczej znacznej części ludności niż niektóre kraje niedemokratyczne. Jednakże, podczas gdy kraje dyktatorskie doświadczyły wielkiego głodu, kraje demokratyczne były w stanie całkowicie zapobiec głodowi, pomimo gorszej sytuacji żywnościowej" (Sen, 1999). Niektórzy badacze społeczni wyrażają krytykę w tej kwestii.

2.3.5 Podejście do bezpieczeństwa zaopatrzenia w żywność

Poniżej przedstawiono podejścia do badań nad bezpieczeństwem żywnościowym.

2.3.5.1 Podejście polityczno-gospodarcze

Konflikty i kryzysy polityczne będą miały różny wpływ na życie i źródła utrzymania ludzi, tworząc nowe formy i wzorce wrażliwości gospodarczej, politycznej i społecznej. Zgodnie z podejściem polityczno-gospodarczym, bezbronność należy rozumieć jako bezsilność, a nie tylko jako materialną deprywację lub brak podstawowych "uprawnień" (Keen, 1994, De Waal, 1997b ;). Siła i bezsilność decydują o podziale dostępu do żywności i innych podstawowych dóbr i aktywów pomiędzy różnymi grupami i w ich obrębie. Ci, którzy nie mają władzy, nie mogą chronić swoich podstawowych praw politycznych, gospodarczych i społecznych i mogą nie być w stanie chronić się przed przemocą. Podatność i władza są zatem analizowane jako proces polityczny i gospodarczy, np. w kategoriach zaniedbania, wykluczenia lub wyzysku, w którym rolę odgrywają różne grupy i podmioty (Le Billon, 2000). Ludzie są najbardziej bezbronni, gdy ich środki do życia i strategie radzenia sobie z nimi są celowo blokowane lub podważane, lub gdy są narażeni na przemoc ze względu na ich tożsamość grupową, pozycję polityczną i/lub okoliczności materialne (w niektórych przypadkach ich majątek).

Swaminathan twierdzi, że świat, w którym 20 procent populacji korzysta z 84 procent rocznego dochodu, podczas gdy kolejne 20 procent walczy o przetrwanie z zaledwie 1,4 procent światowego dochodu... nigdy nie może zapewnić bezpiecznego i zrównoważonego sposobu życia dla ludzkości (Swaminathan, 1994).

Dlatego też analiza polityczno-ekonomiczna zajmuje się zasadniczo interakcją procesów politycznych i gospodarczych w społeczeństwie. Koncentruje się on na podziale władzy i bogactwa pomiędzy różnymi grupami i jednostkami oraz na procesach, które tworzą, utrzymują i przekształcają te relacje w czasie. Analiza polityczno-ekonomiczna, stosowana w sytuacjach konfliktowych i kryzysowych, ma na celu zrozumienie zarówno politycznych, jak i gospodarczych aspektów konfliktów oraz tego, jak wpływają one wspólnie na wzorce władzy i podatności na zagrożenia.

2.3.5.2 Perspektywy modernistyczne

Teoria modernizacji pojawiła się w latach 50. jako wyjaśnienie rozwoju społeczeństw przemysłowych w Ameryce Północnej i Europie Zachodniej. Zakłada się, że rozwój zależy przede wszystkim od znaczenia technologii i wiedzy niezbędnej do jej wykorzystania, a także od różnych zmian politycznych i innych zmian społecznych (Johnson, 1995, s. 182-183). Perspektywa modernistyczna rozwinęła się w rolnictwie w oparciu o teorię modernizacji, w której masowe wykorzystanie środków zewnętrznych, wprowadzonych do upraw jako technologia Zielonej Rewolucji, zostało wykorzystane do zwiększenia produkcji żywności.

FAO zauważyła, że wpływ nowoczesnego rolnictwa jest niezwykły. Około połowa powierzchni upraw ryżu, pszenicy i kukurydzy w krajach Trzeciego Świata jest obsadzana nowoczesnymi odmianami, a zużycie nawozów i pestycydów gwałtownie wzrosło. Na przykład zużycie azotu wzrosło z 2 do 75 milionów ton w ciągu ostatnich 45 lat, a zużycie pestycydów w wielu poszczególnych krajach wzrosło o 10 do 30 procent tylko w latach 80-tych. Rolnicy zintensyfikowali wykorzystanie zasobów zewnętrznych i rozszerzyli swoją działalność na wcześniej nieuprawiane grunty. W rezultacie produkcja żywności na głowę mieszkańca wzrosła w skali globalnej o 7 procent od połowy lat 60. ubiegłego wieku, przy czym największy wzrost nastąpił w

Azji, gdzie produkcja żywności na głowę mieszkańca wzrosła o około 40 procent (FAO, Passim, 1993).

Od 70-90 procent niedawnego wzrostu produkcji wynika bardziej z wyższych plonów niż ze zwiększenia powierzchni gruntów rolnych (Bank Światowy, 1993). Plunkett (1993), doradca naukowy CGIAR, opisał to jako "największą transformację rolniczą w historii ludzkości, której większość miała miejsce w naszym życiu. Transformacja ta została spowodowana przez rozwój rolnictwa opartego na nauce, które umożliwiło wyższą i bardziej stabilną produkcję żywności, gwarantując tym samym stabilność i bezpieczeństwo żywnościowe dla stale rosnącej populacji światowej".

Głównym problemem jest słaba dystrybucja świadczeń. Wielu ludzi coś przeoczyło, a w wielu częściach świata nadal panuje głód. W Afryce, na przykład, produkcja żywności w przeliczeniu na mieszkańca spadła o 20 procent w latach 1964-1992. FAO i WHO (1992) oraz The Hunger Project (1991) szacują, że około 1 miliarda ludzi na świecie ma dietę, która "nie zapewnia wystarczającej ilości energii do pracy", z czego 480 milionów żyje w gospodarstwach domowych, które są "zbyt biedne, aby zapewnić energię potrzebną do zdrowego wzrostu dzieci i minimalnej aktywności dorosłych" (The Hunger Project, 1991). Przyczyny są złożone i nie jest to wyłącznie wina technologii Zielonej Rewolucji. Niewątpliwie miały one pozytywny wpływ na ogólną dostępność żywności. Niemniej jednak proces modernizacji rolnictwa w znacznym stopniu przyczynił się do tego, że technologia stała się łatwiej dostępna dla osób w lepszej sytuacji.

Pretty argumentował, że nowoczesne rolnictwo zaczyna się na stacji badawczej, gdzie naukowcy mają dostęp do wszystkich niezbędnych nakładów nawozów, pestycydów i pracy w każdej chwili. Jeśli jednak pakiet zostanie rozszerzony o rolników, nawet najbardziej wydajne gospodarstwa nie będą w stanie produkować plonów, jakie osiągają naukowcy. Aby osiągnąć wysoką wydajność na hektar, rolnicy potrzebują dostępu do całego pakietu: nowoczesnych nasion, wody, siły roboczej, kapitału lub kredytu, nawozów i pestycydów. Wiele uboższych gospodarstw rolnych po prostu nie może zaakceptować całego pakietu. Jeśli brakuje jednego elementu, system dostarczania materiału siewnego zawodzi lub nawóz dociera z opóźnieniem, lub woda do nawadniania jest niewystarczająca, plony nie mogą być dużo lepsze niż w przypadku tradycyjnych odmian. Nawet jeśli rolnicy chcą korzystać z zasobów zewnętrznych, systemy dostaw często nie są w stanie dostarczyć ich na czas. Tam, gdzie produkcja została usprawniona przez te nowoczesne technologie, zbyt często dochodziło do negatywnych skutków dla środowiska i społeczeństwa. Wiele problemów środowiskowych wzrosło dramatycznie w ostatnich latach (Pretty, 1995).

Dość wyjaśniono również, że modernizacja rolnictwa przyczyniła się do przekształcenia wielu społeczności wiejskich, zarówno w Trzecim Świecie, jak i w krajach uprzemysłowionych. Proces ten miał wiele skutków. Należą do nich: utrata miejsc pracy, dalsza niekorzystna sytuacja ekonomiczna kobiet, które nie mają dostępu do korzystania z nowych technologii i korzyści z nich płynących, rosnąca specjalizacja środków do życia, pogłębiająca się przepaść między bogatymi a biednymi, a także kooperacja instytucji wiejskich przez państwo.

Pomimo tych problemów wielu naukowców i decydentów politycznych nadal twierdzi, że nowoczesne rolnictwo, charakteryzujące się opracowanymi zewnętrznie pakietami technologicznymi, które opierają się na zewnętrznych środkach produkcji, jest najlepszą, a zatem jedyną drogą rozwoju rolnictwa. Wpływowe instytucje międzynarodowe, takie jak Bank Światowy, FAO i niektóre instytucje Grupy Konsultacyjnej Międzynarodowych Badań nad Rolnictwem od dawna sugerują, że najbezpieczniejszym sposobem wyżywienia świata jest dalsza modernizacja rolnictwa poprzez zwiększone wykorzystanie nowoczesnych odmian i ras roślin uprawnych i zwierzęcych, nawozów, pestycydów i maszyn. Co ciekawe, na szczeblu politycznym te międzynarodowe instytucje często nie zdają sobie sprawy, co można osiągnąć poprzez bardziej zrównoważone rolnictwo. Istnieją jednak pewne oznaki zmian, zazwyczaj ograniczające się do małych grup osób, oraz pewne niewielkie zmiany w polityce (Pretty, 1995).

Bank Światowy wskazał, że tradycyjne rolnictwo jest przedstawiane jako szkodliwe dla środowiska i dlatego wymaga modernizacji; lub jako efektywnie zarządzane systemy, które osiągnęły granicę wydajności, a zatem wymagają nowoczesnych technologii. Nawet tam, gdzie ostatnio nastąpiło przesunięcie akcentów zarówno w retoryce, jak i w treści polityki, model Zielonej Rewolucji jest powszechnie uważany za "jedyny sposób na tworzenie produktywnych miejsc pracy i łagodzenie ubóstwa" (Bank Światowy, 1993). Oczywiście, cytaty te nie muszą przedstawiać dokładnej pozycji tych osób lub instytucji. Ludzie i instytucje zmieniają się i dostosowują, i są wyraźne oznaki zmian.

Cytaty te pokazują jednak, jak bardzo debata ta jest wartościowa. Prawdą jest również, że nie tylko perspektywa modernistyczna jest wartością dodaną. Ci, którzy promują alternatywne lub zrównoważone rolnictwo, są równie wartościowi (Bank Światowy, 1994a).

Systemy rolnictwa wysokonakładowego miałyby oczywiście nadal ogromne znaczenie dla wielu rolników i wielu gospodarek. Istnieje jednak znaczna niepewność co do możliwości dalszej znaczącej poprawy plonów zbóż i ich trwałości. We wszystkich krajach, w których zielona rewolucja miała znaczący wpływ, średnie roczne stopy wzrostu w sektorze rolnym spadły w latach 80. w porównaniu z okresem po rewolucji z lat 1965-1980 (Bank Światowy, 1994a).

Dlaczego tak się dzieje, jest to niejasne, chociaż szkodniki, choroby i braki chemiczne są możliwymi wyjaśnieniami. Jednak wynikiem zmieniającego się mikrośrodowiska dla produkcji zbóż jest potrzeba zwiększenia nakładów w celu utrzymania obecnych plonów przy jednoczesnym spadku rentowności monokultur. Jak ujął to Peter Kenmore (1991): "Pogorszenie się środowiska ryżu niełuskanego, czy to poprzez degradację mikroelementów, zanieczyszczenie powietrza, presję szkodników czy nagromadzone zmiany toksyczne w chemii gleby, jest większe niż zdolność do genetycznej poprawy potencjału plonów, które plantatorzy mogą wybrać do wykorzystania".

Niemniej jednak jest możliwe, że nowe technologie, takie jak biotechnologia i inżynieria genetyczna, otworzą nowe granice. Naukowcy mają nadzieję, że doprowadzą one do tego, że rośliny i zwierzęta będą bardziej wydajne w przetwarzaniu składników odżywczych, bardziej odporne na suszę i choroby oraz bardziej odporne na szkodniki i choroby. Jednym z marzeń było włączenie bulw wiążących azot do korzeni zbóż, aby te rośliny mogły być dostarczane z azotem niezależnie (Hobbelink, 1990). Jest to wyzwanie dla agronomów i przywódców politycznych w obecnej sytuacji.

2.4 Problemy i rozwiązania w zakresie globalnego bezpieczeństwa żywnościowego:

2.4.1 Problemy światowego bezpieczeństwa zaopatrzenia w żywność

Na szczeblu globalnym bezpieczeństwo żywnościowe jest omawiane w kontekście produkcji żywności w odniesieniu do ludności świata. W tym kontekście brak bezpieczeństwa żywnościowego pojawi się, gdy podstawowe potrzeby żywnościowe ludności świata przekroczą światową produkcję żywności.

Ceny trzech najważniejszych światowych upraw - ryżu, pszenicy i kukurydzy - poszybowały w górę.

Od marca 2007 do marca 2008 roku ceny kukurydzy wzrosły o 31 procent, ryżu o 71 procent, soi o 87 procent, a pszenicy o zdumiewające 130 procent (Bloomberg, 2008: Nowy Jork). Podobnie, według Banku Światowego, w krajach o niskich i średnich dochodach ceny produktów rolnych wzrosły w tym samym okresie o 73%, tłuszczów i olejów o 71%, zbóż o 105% i żywności o 88% (Kathmandu Post, 2008).

Bank Światowy wskazał, że świat ma więcej niż wystarczającą ilość żywności, aby wyżywić wszystkich, ale 850 milionów ludzi cierpi z powodu braku żywności. Aby osiągnąć bezpieczeństwo żywnościowe, dostępność, dostęp i wykorzystanie żywności muszą być odpowiednie. Rolnictwo odgrywa kluczową rolę w produkcji (1) żywności dostępnej na całym świecie (oraz na poziomie krajowym i lokalnym w niektórych krajach, w których rolnictwo odgrywa ważną rolę), (2) ważnego źródła dochodu przy zakupie żywności oraz (3) żywności o wysokim statusie odżywczym. W związku z tym pierwszy milenijny cel rozwoju obejmuje cel zmniejszenia głodu o połowę, do którego dąży poziom niedożywienia ustalony przez Organizację Narodów Zjednoczonych ds. Najwięcej przypadków niedożywienia występuje w Afryce Subsaharyjskiej, gdzie co trzecia osoba cierpi z powodu chronicznego głodu. Największa liczba niedożywionych osób znajduje się w Azji Południowej (299 mln), następnie w Azji Wschodniej - 225 mln (Bank Światowy, 2008, s. 95).

Harcourt i Mancusi-Materi doszli do wniosku, że z naciskiem na bezpieczeństwo żywnościowe i środki utrzymania. Po otwarciu z naciskiem na zdrowie i ubóstwo, prawa kobiet i dzieci oraz przemoc wobec kobiet, przechodzimy do najbardziej podstawowej kwestii polityki ciała - potrzeby wyżywienia i utrzymania bezpieczeństwa żywnościowego. Podobnie jak w przypadku zdrowia, praw dzieci i przemocy ze względu na płeć, prawie bezzasadne wydaje się stwierdzenie, że bezpieczeństwo żywnościowe i środki utrzymania niezbędne do samowystarczalności żywieniowej jednostki i społeczności powinny znajdować się w centrum wszelkich działań na rzecz sprawiedliwości społecznej. Niestety, po raz kolejny musimy stwierdzić, że bezpieczeństwo żywnościowe, podstawowe prawo do życia, nie jest priorytetem dla dzisiejszych globalnych aktorów. Bezpieczeństwo żywnościowe rzadko jest postrzegane jako istotna kwestia polityczna, kwestia "gorąca", ale jest marginalizowane jako troska o malejące źródła pomocy rozwojowej, jako troska o dobroczynność, a nie o solidarność, a nie o prawdziwą walkę. Przesłanie w tej sprawie jest głośne i wyraźne. Bezpieczeństwo żywnościowe i środki utrzymania są kwestią polityczną i częścią istotnej walki dla tysięcy milionów ludzi.

Podobnie jak zdrowie, prawa i bezpieczeństwo płci, jest to kwestia kluczowa dla strategii transformacji społecznej i gospodarczej ubogich społeczności na całym świecie. Jest to problem, który jest silnie odczuwany przez społeczeństwo obywatelskie, często pomimo bardziej technicznego, tradycyjnego podejścia. W ich podejściu bezpieczeństwo żywnościowe i źródła utrzymania są głęboko osadzone w złożonej sieci politycznych, gospodarczych i instytucjonalnych problemów dzisiejszej zglobalizowanej areny rozwoju. Społeczeństwo obywatelskie coraz częściej łączy tę kwestię z międzynarodowymi tendencjami i rozważaniami na temat handlu, praw własności intelektualnej, płci, środowiska i zadłużenia (Harcourt i Mancusi-Materi, 2001).

Zieloni zaznaczyli, że niestety w większości międzynarodowych dyskusji bezpieczeństwo nie jest obecnie rozumiane w ten sposób. Głównymi przyczynami śmierci - ostatecznym przejawem braku bezpieczeństwa - w dzisiejszym świecie. Podkreśla to rozdźwięk między agendą polityczną w bogatych krajach, gdzie terroryzm jest często przedstawiany jako największe zagrożenie dla bezpieczeństwa, a rzeczywistością życia ludzi biednych, którzy każdego dnia borykają się z dużo większym brakiem bezpieczeństwa z powodu bardziej prozaicznych, ale znacznie bardziej śmiertelnych zagrożeń chorobami i przemocą "niskiej technologii" (Green, 2008).

2.4.2 Reakcja na globalne bezpieczeństwo żywnościowe

W czasie kryzysu żywnościowego w jakimkolwiek kraju, globalna reakcja byłaby zapewniona poprzez pomoc żywnościową. W Deklaracji Milenijnych Celów Rozwoju ONZ za jeden z najważniejszych celów uznano nawet likwidację skrajnego ubóstwa i głodu, a drugim celem tych celów rozwojowych jest zmniejszenie o połowę liczby głodujących do 2015 r. Zauważono, że pomoc żywnościowa odgrywa ważną rolę w łagodzeniu przejściowych niedoborów żywności i sytuacji kryzysowych w krajach. Webb twierdzi również, że pomoc żywnościowa może uratować niezliczone ilości osób w sytuacjach kryzysowych i poprawić zdolność najuboższych do budowania trwałych źródeł utrzymania. Ukierunkowana pomoc żywnościowa ma zatem wpływ na zmniejszenie liczby osób cierpiących głód (Munyanyi, 2005).

Karta Narodów Zjednoczonych w sprawie międzynarodowej konwencji praw gospodarczych, społecznych i kulturalnych (art. 11) stanowi, że wszystkie państwa członkowskie, które przystępują do konwencji, mają mandat do "uznawania prawa do odpowiedniej żywności (...) poprzez (częściowy) rozwój lub reformę systemów rolnych w sposób zapewniający osiągnięcie najbardziej efektywnego rozwoju i sprawiedliwego podziału światowych dostaw żywności w stosunku do potrzeb" (FAO, 2005). Dystrybucja pomocy żywnościowej była prowadzona głównie przez realizatorów lub sponsorów programów pomocy żywnościowej.

Clapp wyjaśnił, że współczesna era pomocy żywnościowej w USA rozpoczęła się w 1954 roku wraz z przyjęciem amerykańskiego prawa publicznego (PL) 480. Od tego czasu pomoc żywnościowa jest ważną cechą pomocy USA dla krajów rozwijających się, choć jej rola z czasem uległa zmianie. W latach 50. pomoc żywnościowa stanowiła prawie jedną trzecią eksportu rolnego USA, podczas gdy w połowie lat 90. najprawdopodobniej wynosiła ona 6 procent. Światowy Program Żywnościowy Narodów Zjednoczonych (WFP) został utworzony w 1963 r. jako wielostronny kanał pomocy żywnościowej z krajów-darczyńców. W pierwszych latach istnienia WFP rozprowadzał około 10 procent pomocy żywnościowej, podczas gdy obecnie prawie 50 procent całej pomocy żywnościowej jest przekazywane za pośrednictwem WFP (Clapp, 2004).

Zmiana istniejącej technologii mogłaby zwiększyć bezpieczeństwo żywnościowe i wydajność rolnictwa (ramka 1).

Box : 1 System Intensyfikacji Ryżu (SRI)

System intensyfikacji produkcji ryżu (SRI) przetestowany w Terai wykazał przewagę wydajności 28% przy wymiarach 20x20 cm i 33% przy wymiarach 30x30 cm, bez uwzględnienia kosztów zwalczania chwastów, w porównaniu z praktyką rolników polegającą na ręcznym zwalczaniu chwastów. Plon zbóż (8,80 t/ha) był o 49% wyższy niż w praktyce rolników. Na niektórych wzgórzach zaobserwowano do 60 skutecznych rumpli. SRI byłby potencjalną praktyką mającą na celu zwiększenie produkcji ryżu, ale terminowe zwalczanie chwastów zostało uznane za poważny problem. Może być również bardziej użyteczny w systemach nawadniania o niskiej wydajności. Przy tym systemie, który ma tylko 7-10 dni, wystarczy przesadzić tylko jedną sadzonkę w jednym miejscu na mniej podmokłym polu. Został on po raz pierwszy opracowany ponad dwie dekady temu na Madagaskarze.

Źródło: NARC, 2008, Nepal

Technologia SRI była popularna na Madagaskarze (lata 80.), w Chinach, Indiach, Indonezji, Kambodży, Wietnamie, Tajlandii, na Kubie, Sri Lance i Bangladeszu, itd. W Andhra Pradesh, w Indiach, rolnicy wyprodukowali 10-15 ton ryżu na hektar przy użyciu tej technologii SRI. W Chinach zgłoszono całkowitą wydajność w wysokości 20 ton/ha (NARC, 2008). Technologia SRI stała się skutecznym narzędziem zapewniającym bezpieczeństwo żywnościowe i zwiększającym dochody z rolnictwa.

Modernizacja rolnictwa wraz z dostępem do rynku, biotechnologia rolnicza, komercjalizacja gospodarstw warzywnych, owocowych i mlecznych przyczyniły się do bezpieczeństwa żywnościowego, stworzyły lokalne miejsca pracy i zwiększyły dochody z rolnictwa w wielu krajach, takich jak Chiny, Indie, Tajlandia, Korea Południowa, Holandia, Brazylia, Argentyna, Japonia itd.

Dość zauważyć, że przypadek zintegrowanego rolnictwa - systemu Azolla, bogatego w ryby - jest powszechny w wielu częściach Azji. Azolla jest paprocią, która rośnie w wodzie paddies ryżu i na jej liściach rosną żywe glony wiążące azot. W samej tylko chińskiej prowincji Fidżian istnieje około 36 000 ha, na których wszystkie trzy składniki funkcjonują lepiej niż gdyby były używane osobno (Pretty, 1995). Bank Światowy wskazał, że największy wpływ na wydajność ma podejście do ekologii produkcji, które łączy w sobie ulepszone odmiany i różne technologie zarządzania, integrację roślin i zwierząt oraz technologie mechaniczne w celu wykorzystania ich efektów synergii. W Ghanie, na przykład, uprawa zerowa jest połączona z ulepszonymi odmianami roślin strączkowych i kukurydzy (Bank Światowy, 2008, s. 164-165). Technologie wsadowe i oszczędzające zasoby są stosowane w celu ulepszenia roślin strączkowych w systemie uprawy, aby osiągnąć kilka korzyści, w szczególności biologiczne wiązanie azotu, które zmniejsza zapotrzebowanie na nawozy chemiczne (zwłaszcza jeśli rośliny strączkowe są zaszczepione wiążącym azotem *kizobem*). Znaczna część wzrostu plonów w australijskiej produkcji zbóż w ciągu ostatnich 60 lat wynikała z systemów rotacji obejmujących rośliny strączkowe (World Development Report, 2008, s. 164).

2.4.3 Globalna reakcja instytucjonalna na bezpieczeństwo zaopatrzenia w żywność

FAO Organizacji Narodów Zjednoczonych była jedną z pierwszych światowych instytucji utworzonych pod koniec drugiej wojny światowej, uznając potrzebę zapewnienia wszystkim odpowiedniej żywności jako warunek konieczny dla bezpieczeństwa i pokoju. W latach dziewięćdziesiątych XX wieku na scenę światową wkroczyły nowe podmioty, w szczególności tętniąca życiem międzynarodowa społeczność organizacji pozarządowych, naciskając na rządy, aby posunęły się naprzód w kwestii globalnego programu rozwoju i uzupełniły inicjatywy publiczne o własne interwencje, w szczególności w dziedzinie bezpieczeństwa żywnościowego, środowiska naturalnego oraz sprawiedliwości i równości na świecie (załącznik 2.2). Budżety niektórych z najbardziej wpływowych z tych organizacji - Oxfam, World Wide Fund for Nature (WWF) i CARE - są porównywalne z budżetem FAO, a nawet go przekraczają (Bank Światowy, 2008, s. 260).

Bank Światowy odkrył, że choć świat rolnictwa jest ogromny, różnorodny i szybko się zmienia, z właściwą polityką i wspierającymi inwestycjami na poziomie lokalnym, krajowym i globalnym, to jednak dzisiejsze rolnictwo oferuje setkom milionów ubogich obszarów wiejskich nowe możliwości wyjścia z ubóstwa. Wśród dróg wyjścia z ubóstwa, jakie oferuje im rolnictwo, znajdują się małe gospodarstwa rolne i hodowla zwierząt, zatrudnienie w "nowym rolnictwie" o wysokiej jakości produktów oraz przedsiębiorczość i miejsca pracy w powstającej gospodarce wiejskiej, pozarolniczej.

Nawet w XXI wieku rolnictwo pozostaje podstawowym instrumentem zrównoważonego rozwoju i ograniczania ubóstwa. Trzy na cztery osoby ubogie w krajach rozwijających się mieszkają na obszarach wiejskich - 2,1 miliarda ludzi żyje za mniej niż 2 dolary dziennie, a 880 milionów za mniej niż 1 dolara dziennie - a większość z nich utrzymuje się z rolnictwa. Wykorzystanie rolnictwa jako podstawy wzrostu gospodarczego w krajach agrarnych wymaga rewolucji produktywności w rolnictwie na małą skalę. Przeciwdziałanie różnicom w dochodach w krajach przechodzących transformację wymaga kompleksowego podejścia, które podąża kilkoma drogami wyjścia z ubóstwa i przejścia do rolnictwa wysokiej jakości, decentralizacji pozarolniczej działalności gospodarczej na obszarach wiejskich i pomocy ludziom w migracji z rolnictwa (Bank Światowy, 2008).

2.5 Regionalne problemy i rozwiązania w zakresie bezpieczeństwa zaopatrzenia w żywność

2.5.1 Problemy związane z bezpieczeństwem żywnościowym w Azji Południowej

W ostatnich dziesięcioleciach scenariusz produkcji żywności w Azji Południowej uległ drastycznej zmianie. Indie, największa z gospodarek południowoazjatyckich, są obecnie w dużej mierze samowystarczalne w zakresie zbóż spożywczych i są wschodzącym eksporterem. Podczas gdy inne kraje w regionie są nadal uzależnione od przywozu zboża, dostępność zboża na mieszkańca w każdym kraju (z wyjątkiem Malediwów) wzrosła od lat 80. do około 2002 r. (FAO 2002, cytowana w Ramachandranie, 2008).

Niemniej jednak nadal występują głody endemiczne, sezonowe awarie są oczywiste, a niedożywienie jest powszechne w całym regionie, przy czym najbardziej dotknięte są kobiety i dzieci. Azjatycka zagadka", jak to się nazywa, niedoborów żywności i niedożywienia w obfitości, zakwestionowała wszystkie próby rozwiązania. Strategie ograniczania ubóstwa, programy utrzymania i bezpośrednie interwencje żywnościowe zostały wypróbowane, ale z niewielkim powodzeniem. Naukowcy zajmujący się bezpieczeństwem żywnościowym często komentowali fakt, że chociaż większość krajów Azji Południowej posiada zapasy żywności i lepsze usługi w zakresie zdrowia i edukacji, osiągają one lepsze wyniki pod względem stanu odżywienia swoich kobiet i dzieci niż wiele innych krajów rozwijających się, nawet większość krajów, w których występują niedobory żywności w Afryce Subsaharyjskiej (Ramachandran, 2008).

Sprawozdanie z ogólnej konferencji poświęconej badaniom naukowym w dziedzinie rolnictwa na rzecz rozwoju (GCARD) w ramach GCARD 2010, która odbędzie się w dniach 28-31 marca 2010 r. W marcu 2010 r. w Montpellier we Francji, podkreślając znaczenie regionu Azji i Pacyfiku dla światowej gospodarki rolnej, odnotowano, że region ten jest "głównym dostawcą większości głównych artykułów żywnościowych i rolnych, odpowiedzialnym za produkcję i konsumpcję ponad 90 procent ryżu na świecie, 70 procent warzyw, 60 procent nasion bawełny i 45-50 procent zbóż, nasion oleistych i roślin strączkowych. Region ten, zamieszkały przez 3,5 miliarda ludzi, stanowi około 58 procent ludności świata. Spośród nich 2,45 mld żyje na obszarach wiejskich, co stanowi 70 proc. ludności regionu. Rolnictwo (uprawa, inwentarz żywy, rybołówstwo, leśnictwo i związane z nim urządzenia i systemy dystrybucji zasobów naturalnych) stanowi źródło utrzymania dla prawie 2 miliardów ludzi, około 80 procent ludności wiejskiej w regionie Azji i Pacyfiku. Region ten stanowi zatem 74 procent ludności rolniczej na świecie" (Singh, 2009, s. 2).

Problemy związane z bezpieczeństwem żywnościowym pogłębia spadek wydajności, o czym świadczy roczna stopa wzrostu plonów zbóż oraz przekierowanie gruntów pod produkcję produktów nieziarnistych, na które popyt wzrósł wraz ze zmianami w strukturze konsumpcji. W większości krajów, a także w niektórych, takich jak Afganistan i Bhutan, plony zbóż stale spadały, a ostatnio wzrost był nawet ujemny. Towarzyszyły temu rosnące ceny ryżu i pszenicy, które stanowią zagrożenie dla ubogich i słabszych grup społecznych (Mittal i Sethi, 2009). Nie jest jednak pewne, w jakim stopniu jest to prawdą. W Indiach tempo wzrostu rolnictwa jest wyższe od tempa wzrostu liczby ludności (Mukherjee, 2007), podczas gdy w Bangladeszu (najbardziej zaludnionym kraju regionu po Indiach) całkowita produkcja netto zbóż spożywczych jest wyższa od popytu. Wyjaśnienie może częściowo polegać na wykorzystaniu różnych zbiorów danych, które wykorzystują różne definicje i metody. W Azji Południowej kwestia braku bezpieczeństwa żywnościowego jest problemem polityczno-gospodarczym związanym z dystrybucją, a nie tylko z produkcją.

Agroekologiczna, wielkość, zróżnicowanie społeczno-gospodarcze, kulturowe i demograficzne jest cechą charakterystyczną regionu. Azja Południowa, do której należą Afganistan, Bangladesz, Bhutan, Indie, Malediwy, Nepal, Pakistan i Sri Lanka, dzięki polityce sprzyjającej wzrostowi gospodarczemu zanotowała w latach 2001-2006 imponujące stopy wzrostu produktu krajowego brutto (PKB) w wysokości około 6,5 % rocznie. Jednak Azja Południowa jest nadal krajem o największej biedzie na świecie, gdzie około 400 milionów ludzi żyje poniżej granicy ubóstwa. Liczba dzieci niedożywionych, z niedowagą, z niedowagą i niską masą urodzeniową w regionie Azji Południowej jest znaczna. Nierówności w krajach regionu i pomiędzy nimi wzrosły.

Rolnictwo jest głównym źródłem utrzymania ludzi w tych krajach. Pomimo imponującego wzrostu PKB w rolnictwie w ostatnich latach, zależność ludzi od rolnictwa jako głównego źródła dochodów zmniejszyła się w bardzo niewielkim stopniu. Różnica w dochodach między sektorem rolnym a nierolniczym w przeliczeniu na jednego pracownika jest głównym źródłem nierówności dochodów w krajach Azji Południowej.

Pojawiają się nowe możliwości w postaci korzyści demograficznych (większa liczba młodych ludzi), nowych technologii (biotechnologia, nanotechnologia, technologie informacyjne), rewolucji w zakresie żywności i zmieniających się wymagań, powstających łańcuchów wartości i supermarketów oraz wejścia sektora prywatnego. Niedawny wzrost cen podstawowych produktów żywnościowych wywołał falę uderzeniową w społeczności światowej, zwłaszcza wśród ludzi biednych, która poruszyła osoby i instytucje od lat samozadowolenia ze stanu sektora rolnego. Inwestycje w badania w dziedzinie rolnictwa zwykle zajmują pierwsze lub drugie miejsce, jeśli chodzi o zwrot ze wzrostu gospodarczego i ograniczenie ubóstwa, wraz z inwestycjami w infrastrukturę i edukację. Na szczęście w krajach tych istnieje konsensus, a także środki mające na celu zwiększenie inwestycji w rolnictwie i sektorach pokrewnych. Oczywistym pytaniem w tym kontekście jest, jak wysokie powinny być te inwestycje i na czym powinny się one koncentrować (Singh, 2009).

OPHI stwierdziła, że połowa ubogich na świecie, mierzona wskaźnikiem MPI, mieszka w Azji Południowej (51%, czyli 844 miliony ludzi), a jedna czwarta w Afryce (28%, czyli 458 milionów). Niger charakteryzuje się największą intensywnością i częstotliwością występowania ubóstwa we wszystkich krajach, przy czym 93 procent ludności sklasyfikowano jako ubogą przez MPI. Indie są tego ważnym przykładem. W osiem indyjski stan samotnie (421 milion w Bihar, Chhattisgarh, Jharkhand, Madhya Pradesh, Orissa, Rajasthan, Uttar Pradesh i Zachodni Bengal), tam być więcej biedny ludzie w MPI w the 26 biedny Afrykański kraj łączyć, 410 milion (OPHI i UNDP, 2010)".

Balakrishnan wyjaśnił, że kobiety w sektorze rolnictwa są mocno zaangażowane we wszystkie ogniwa łańcucha żywnościowego, w tym w ochronę, uprawę, konsumpcję i komercjalizację. W Indiach badania w wybranych stanach pokazują, że podczas gdy ponad 60 procent działalności rolniczej jest wykonywana przez kobiety, żaden stanowy protokół ani program nie odzwierciedla tego faktu. Chociaż kobiety stanowią 34 procent podstawowej siły roboczej w rolnictwie i 89 procent siły roboczej na poziomie średnim, często pozbawione są narzędzi takich jak własność ziemi, kredyty i powiązania rynkowe oraz alternatywnych źródeł utrzymania. Feminizacja rolnictwa gwałtownie wzrasta w regionie, szczególnie na obszarach górskich i plemiennych, z powodu migracji mężczyzn, choć brak jest dokładnych danych (Balakrishnan, 2005).

Analizy genderowe instytucji własności ziemi ujawniły złożoność praw, zwyczajów, norm społecznych, relacji społecznych i praktyk, które w wielu regionach wykluczają kobiety z posiadania i kontrolowania własności (ziemi uprawnej), co było najszerzej badane w Azji Południowej (Agarwal, 1994). Jednak Agarwal (1994) wypracował dość uproszczony pogląd w niektórych kręgach politycznych i rzeczniczych, który przypisuje ubóstwo kobiet na wsi brakowi dostępu do ziemi (Bank Światowy, 2001, Razavi, 2009).

2.5.2 Instytucjonalna odpowiedź na bezpieczeństwo żywnościowe

Południowoazjatycka Współpraca Regionalna (SAARC) jest jedynie instytucjonalnym mechanizmem zapewniającym bezpieczeństwo żywnościowe w regionie w sytuacjach kryzysowych. Porozumienie ustanawiające rezerwę na bezpieczeństwo żywnościowe SAARC weszło w życie 12 sierpnia 1988 roku. Posiadał on rezerwę w wysokości 241,580 ton ziaren spożywczych (połączenie ryżu i pszenicy). Rezerwa ta nie została jednak wykorzystana, chociaż państwa członkowskie SAARC ucierpiały z powodu kryzysów żywnościowych. W związku z tym kwestia nieoperacyjności rezerwy pozostawała przedmiotem troski Stowarzyszenia. Uznano zatem za konieczne opracowanie mechanizmów umożliwiających uruchomienie rezerwy SAARC na bezpieczeństwo żywnościowe (SAARC, 2010).

Mitra i Rahman zwrócili uwagę na to, jak biedni sobie z tym radzą. Wydaje się, że jest to poważna luka w badaniach. Niewiele zrobiono w zakresie różnych strategii radzenia sobie z ludźmi, którzy w Azji Południowej są niepewni przestrzennie i czasowo. Jedynym wyjątkiem jest rosnąca literatura dotycząca migracji. Po pierwsze, należy powiedzieć, że strategie radzenia sobie z biednymi są bardzo napięte, o czym świadczy rosnąca liczba samobójstw wśród rolników, spadek standardów żywności (w tym proteinowych diet energetycznych) oraz wzrost braków żywieniowych, w tym wielolekoopornej gruźlicy.

Bardzo tragiczna strategia radzenia sobie z tym problemem polega na tym, by jeść mniej, do tego stopnia, że zmniejsza się lub poważnie pogarsza wskaźnik masy ciała. Ludzie zmniejszają ilość spożywanego jedzenia, jedząc mniej posiłków dziennie lub zmniejszając ich ilość na jeden posiłek (Mitra i Rahman, 2002). Jak podano w Zug, 2006, dla Bangladeszu, "wywiady z różnymi rodzinami pokazały, że spożycie żywności jest zredukowane do jednego lub dwóch posiłków dziennie i że czasami nie jedzą nic w ogóle. Większość z nich je dwa lub trzy posiłki w normalnym czasie. Jakość żywności jest obniżana na różne sposoby. Ludzie przestają kupować stosunkowo drogie rzeczy na swoje posiłki. Spożywają mniej mleka, jaj i 35 warzyw. Mięso jest poza zasięgiem większości wiejskich biedaków, nawet w dobrych czasach. Ludzie obniżają jakość swojej żywności i kupują nieoczyszczony łamany ryż, który jest o około 25 procent tańszy na lokalnym rynku. Jedna z rodzin zgłosiła, że uporządkowała małe kawałki połamanego ryżu z plew używanych jako paliwo przez ich bogatego sąsiada. Niektóre rodziny przestawiają się również na pszenicę, gdy cena ryżu przewyższa jej cenę. Ludzie spożywają także żywność, której nie spożywają w normalnych warunkach. Zbierają dzikie odmiany taro i zjadają części bananowca" (Zug, 2006). Podczas gdy powyższe pochodzi z Bangladeszu, podobne strategie są stosowane praktycznie w całych Indiach i Nepalu. Najbardziej dotknięte są dzieci kobiet i dziewczynek (Mukherjee, 2007; Zug, 2006).

Innym wspólnym mechanizmem jest pożyczanie aktywów należących do gospodarstw domowych. Obejmują one bydło i inne zwierzęta gospodarskie, grunty rolne, owoce i inne drzewa, a nawet dachówki (Zug, 2006). Pogarsza to bezpieczeństwo żywnościowe gospodarstw domowych, ponieważ zadłużenie ma wysoką stopę procentową, a sytuacja stopniowo pogarsza się w miarę uruchamiania się chronicznego cyklu zadłużeniowego. Istnieje również praca dzieci (powszechna w Jharkhand, gdzie dzieci są obciążane hipoteką na rok wcześniej, czasami w zamian za jedzenie, a także dodatkowa zachęta do karmienia jednym ustem mniej). Okazjonalne przykłady sprzedaży dzieci są podawane w mediach. Praca seksualna w niepełnym wymiarze godzin była zgłaszana w sezonie szczupłym, w tym w Bangladeszu (Mitra i Rahman, 2002). Praca dzieci jest poważnym problemem w całym regionie. Gospodarstwa domowe żyjące w ubóstwie nie widzą wielkiej wartości w wychowaniu dzieci i często mówią, że nie będą miały dość jedzenia, jeśli nie pozwolą swoim dzieciom pracować (Mitra i Rahman, 2002, Mitra 2008a; http://www.globalmarch.org/events/sarccla.php---last dostęp 3/7/2011). Poniżej przedstawiono strategie zabezpieczenia środków do życia ubogich w Bangladeszu (załącznik 2.3):

Ważnym mechanizmem jest próba zróżnicowania ich zawodów. Obejmuje to podejmowanie działalności na małą skalę, kupowanie ryżu niełuskanego na rynku i młócenie go w celu sprzedaży, bicie lub dmuchanie ryżu, hodowlę i sprzedaż drobiu/jagniąt, hodowlę zwierząt gospodarskich i sprzedaż kóz, itp. według badań z 2002 r. (Mitra i Rahman, 2002) w trzech okręgach Bangladeszu.

2.6 Problemy i rozwiązania w zakresie bezpieczeństwa zaopatrzenia w żywność na szczeblu krajowym

2.6.1 Problemy związane z brakiem bezpieczeństwa zaopatrzenia w żywność w Nepalu

Krajowe bezpieczeństwo żywnościowe to zdolność narodu do wyżywienia swojej ludności albo poprzez produkcję niezbędnej żywności, albo poprzez przywóz brakującej żywności. Bezpieczeństwo żywnościowe nie jest zatem tym samym, co samowystarczalność żywnościowa. Bezpieczeństwo żywnościowe to zdolność do uzyskania niezbędnej ilości żywności, a nie zdolność do wyprodukowania całej potrzebnej żywności. Do jury należy decyzja, czy dany kraj powinien dążyć do osiągnięcia celów samowystarczalności żywnościowej czy bezpieczeństwa żywnościowego. Wiele krajów uważa samowystarczalność żywnościową za konieczność i prowadzi politykę w tym kierunku. Jest jednak wiele krajów, które podkreślają bezpieczeństwo żywnościowe, a nie potrzebę samowystarczalności żywnościowej (Action Aid and SAWTEE, 2004, s. 6).

W ciągu ostatnich dwudziestu lat (od 1975 r.) Nepal przekształcił się z eksportera netto w importera netto żywności (Cameron 1995, s. 3). Bilanse żywności FAO dla Nepalu pokazują, że wszystkie lata od 1991/92 r. są deficytowe i że deficyt ten wzrasta z roku na rok (CBS, 1995). Szacunek bilansu żywnościowego, oparty na powierzchni gruntów pod uprawą, fizycznej produkcji zboża i liczbie ludności w latach 1970-1971, wykazał, że kraj ten posiadał 294 051 Mt nadwyżek zboża. Wykazał on jednak również, że 34 okręgi miały deficyt żywności - 6 w górach, 26 w górach i 2 w wewnętrznych Terai - podczas gdy 18 okręgów Terai miało nadwyżkę żywności (Gurung 1989, s. 203). Większość rejonów górskich okazała się być obszarami chronicznego niedoboru żywności. Okazało się, że niedobory żywności wynosiły 15-19% w 1976 r. i 18-22% w 1977 r. (tamże, s. 214). Brak bezpieczeństwa żywnościowego był poważnym problemem, gdy niekorzystne warunki klimatyczne panowały w 1972 r. i ponownie podczas suszy w 1980 r. Żywność musiała być importowana w dużych ilościach, aby uzupełnić deficyt. Krajowe bezpieczeństwo żywnościowe nie zostało osiągnięte w ciągu ostatnich 28 lat.

Tempo wzrostu liczby ludności przez ostatnie trzy dekady utrzymywało się znacznie powyżej 2,0 procent rocznie. Chodzi o to, że wzrost wydajności został wyprzedzony przez wzrost liczby ludności. Nie tylko deficyt w produkcji żywności, ale także nierównomierne rozmieszczenie przestrzenne żywności ma duży wpływ na zdrowie ludzi. Komitet Zarządzający ds. Żywności rozpoczął prace nad dystrybucją żywności w 1965 r., a w 1974 r. w tym samym celu powstała Nepal Food Corporation (NFC).

Seddon i Adhikari zwrócili uwagę, że sytuacja w zakresie bezpieczeństwa żywnościowego w niektórych obszarach górskich jest najwyraźniej gorsza. W 1975 r. w strefie Karnali wystąpił poważny głód. W tym roku rząd dostarczył regionowi dotowaną żywność i od tamtej pory nadal to robi. Ta dobrze przemyślana strategia stopniowo stworzyła sytuację uzależnienia od rządu w zakresie dostaw żywności. W rezultacie znaczna część środków rządowych dla regionu została przeznaczona na transport lotniczy i dotowanie żywności, chociaż nieoficjalnie wiadomo było, że znaczna część tej żywności nie dotarła do potrzebujących, ale trafiła w ręce urzędników państwowych i lokalnych wpływowych osób (Seddon i Adhikari, 2003, s. 21).

Thapa wspomniał, że do braku bezpieczeństwa żywnościowego w Nepalu przyczyniają się w dużej mierze klęski żywiołowe (powodzie, susze, zalania, osunięcia ziemi, gradobicie, trzęsienia ziemi, wybuchy epidemii itp.) oraz przyczyny strukturalne. Problemy strukturalne obejmują Niedoinwestowanie w rolnictwo, feudalny system własności gruntów, słaba infrastruktura (dostęp do dróg wiejskich, rynków, infrastruktury komunikacyjnej i irygacyjnej), konflikty zbrojne i dominacja przedsiębiorstw wielonarodowych w łańcuchach dostaw, zakaz przywozu ryżu pochodzącego z Indii i złe zarządzanie dostawami żywności (wykorzystywanie ziarna do produkcji alkoholu i jako paszy dla zwierząt), słaby system dystrybucji, złe zarządzanie, rosnące ceny paliw i polityka rolna również powodują brak bezpieczeństwa żywnościowego w Nepalu.

Brak bezpieczeństwa żywnościowego jest złożoną kwestią społeczną, gospodarczą i polityczną. Jest ona bardziej związana z zarządzaniem, skuteczną administracją, sprawiedliwością społeczną i zaangażowaniem politycznym. Uważa się, że "ludzie nie umierają z głodu w prawdziwej demokracji", gdzie istnieje ochrona, promocja i praktyka praw człowieka jako podstawowych wartości społeczeństwa i mechanizmu państwowego. W demokratycznym systemie politycznym większą rolę w wywieraniu presji na rząd mają do odegrania partia opozycyjna w parlamencie, organizacje praw człowieka, stowarzyszenie konsumentów i niezależne media. Ponieważ problemy związane z bezpieczeństwem żywnościowym w Nepalu pogarszają się, a duża część ludności, zwłaszcza dzieci i kobiety, jest dotknięta tymi problemami, kluczowe znaczenie ma zrozumienie i określenie głównych czynników decydujących o podatności na zagrożenia (Thapa, 2009).

RRN i CECI twierdzą, że bezpieczeństwo żywnościowe jest związane ze zmieniającymi się wzorcami popytu i uprawnień do żywności, którym zawsze towarzyszą zmieniające się struktury władzy i definicje kwalifikowalności. Jedno z badań (RRN i AAN, 2002) odnosi się do braku bezpieczeństwa żywnościowego głównie do: a) nierównego dostępu osób ubogich do zasobów produkcyjnych i dóbr wspólnych oraz b) nierównej siły nabywczej na rynku wynikającej z niskich płac i dochodów. Inne czynniki, takie jak polityka rządu (i agencji rozwoju) wobec sektora rolnego i pomocy żywnościowej, a także czynniki środowiskowe i oczywiście wszechobecne nierówności oparte na kastach, płci i klasie. Na szczeblu krajowym główną bezpośrednią przyczyną braku bezpieczeństwa żywnościowego w Nepalu jest niedostateczna produkcja i nieodpowiednie systemy transportu i wymiany handlowej; decydującą rolę odgrywają jednak czynniki leżące u podstaw nierównego dostępu do zasobów i dochodów. Zgodnie z Planem Perspektywy Rolnej (APROSC & JMA, 1995), Nepal dysponuje wystarczającymi zasobami, aby zapewnić bezpieczeństwo żywnościowe na początku XXI wieku. Brak bezpieczeństwa żywnościowego nie jest zasadniczo problemem braku żywności, ale braku dostępu do niej. Gdyby na 1,5 mln hektarów nawadnianych gruntów przewidzianych w APP wyprodukowano tylko cztery tony na hektar, tylko to mogłoby wyżywić ludność Nepalu w liczbie 33 mln, prognozowanej na 2015 r., gdyby dostęp do nich był zagwarantowany.

W rzeczywistości jednak Nepal nadal boryka się z poważnym brakiem bezpieczeństwa żywnościowego, zwłaszcza w bardziej odległych obszarach górskich i wszędzie tam, gdzie panują biedne społeczności. Chociaż programy takie jak subsydiowane programy dotyczące ryżu w Karnali oraz projekty pomocowe, takie jak Food-for-Work, wspierane przez organizacje takie jak WFP, są nadal wspierane przez agencje "rozwoju", prawdopodobnie wyrządzają one więcej szkody niż pożytku, zwiększając zależność od tych zewnętrznych źródeł, ograniczając lokalną produkcję żywności i tworząc nieefektywne i nieekonomiczne metody zapewnienia dostępu do żywności. Należy zwrócić większą uwagę na cały system produkcji, dystrybucji i spożycia żywności na szczeblu krajowym, regionalnym i lokalnym, aby promować solidniejsze lokalne i regionalne systemy produkcji i dystrybucji oraz skuteczniejsze rynki. Należy skupić się na prawie ludzi do żywności i niezależności żywnościowej (RRN i CECI, 2007, s. 20).

Sytuację pogarsza wysoki przyrost ludności, feudalna struktura społeczna, nierównomierne rozmieszczenie dostępnych gruntów ornych, słaba koordynacja między władzami, nieodpowiednie zarządzanie wiedzą rolniczą wśród rolników, złe zarządzanie, mniejsze zaangażowanie polityczne, słabe monitorowanie i ocena, brak ukierunkowania na obszary o przewagach komparatywnych w zakresie generowania dochodów i ograniczone usługi doradcze itp. Rząd skopiował technologie rolnicze z innych krajów, zamiast przyjąć je z najlepszych praktyk nepalskich rolników. Nie jest to dobra praktyka dla osiągnięcia bezpieczeństwa żywnościowego i zrównoważonych dochodów w rolnictwie.

NNGOC wskazał, że kobiety zajmują się produkcją żywności, począwszy od selekcji nasion, ich konserwacji i sadzenia, aż do zbiorów i przechowywania. Kobiety zajmują się do 80 % wtórnej produkcji roślinnej i do 90 % produkcji zwierzęcej. Nie wspomniano jednak o udziale kobiet w PKB. Większość kobiet nie posiada ziemi, a dziewczęta nie mają żadnych praktycznych praw do własności rodzicielskiej. Nie mogą wykorzystywać majątku rodzinnego do celów kredytowych. Kobiety są zniechęcane do udziału w szkoleniach i innych działaniach na rzecz rozwoju umiejętności. Wszystkie te czynniki utrudniają ich wkład w działania rozwojowe. Pakiet dotyczący edukacji nieformalnej powinien zostać opracowany dla różnych kategorii kobiet. Kobiety powinny być angażowane w polityczne organy decyzyjne, a decyzje powinny być podejmowane z ich efektywnym udziałem (NNGOAC, 1996, s. 24-25).

Rozszerzanie działalności rolniczej, szkolenia i badania naukowe nadal leżą w interesie agronomów i starszych doradców, a nie potrzeb i priorytetów drobnych rolników, aby zwiększyć bezpieczeństwo żywnościowe i zmienić życie ubogich kobiet i mężczyzn. Bista argumentował, że "szanse na to, że praca będzie rzeczywiście wykonywana przez osobę, która posiada formalne kwalifikacje do jej wykonywania, są niewielkie. Widać to wyraźnie na przykładzie próby wprowadzenia nowoczesnych technologii do rolnictwa. Budowane są rolnicze ośrodki szkoleniowe, ale to nie rolnicy są szkoleni. Tymi, którzy nie interesują się glebą, są ci, którzy otrzymują stopień naukowy z zakresu nauk rolniczych. Stopień ten jest postrzegany jako ostatnia przeszkoda w ustalaniu praw do płatnych stanowisk w rządzie. Dyplom uniwersytecki jest uważany za licencję na osiągnięcie szczytu społecznej hierarchii, a ci ludzie nie chcą się obniżyć do poziomu *Shudry* poprzez brudzenie sobie rąk; rzeczywistą pracę rolniczą wykonują ludzie, którzy nigdy nie otrzymują wykształcenia" (Bista, 1990). Thapa zaznaczył, że programowanie w dziedzinie rolnictwa nie uwzględnia równości płci i integracji społecznej (biednych, dalitów, grup etnicznych i grup społecznie wykluczonych). Istniejący feudalny system podziału gruntów musi zostać zmieniony. Własność ziemi oraz rozbudowa i badania w dziedzinie rolnictwa powinny zostać przekształcone w oparciu o sprawiedliwość społeczną i równowagę społeczną w celu doprowadzenia do rewolucji gospodarczej w ramach Federalnej Republiki Demokratycznej, "nowego Nepalu". Postawa i zachowanie biurokracji muszą zostać przekierowane na kierowane przez rolników podejście do rozszerzania działalności rolniczej i badań naukowych, które obejmuje partycypacyjne planowanie, monitorowanie i ocenę, a nie polityki i strategie odgórne. Rolnicy są najwyższymi obywatelami Nepalu. Ubodzy rolnicy muszą znaleźć się w centrum prac nad rozwojem rolnictwa na rzecz transformacji społeczno-gospodarczej Nepalu. Rolnictwo jest podstawą nepalskiej gospodarki. Nie mogliśmy jednak patrzeć na rozwój rolnictwa w izolacji. Jest ona integralną częścią systemu społecznego, gospodarczego i politycznego oraz struktury społeczeństwa i kultury Nepalu. Przy planowaniu, wdrażaniu i ocenie programów rolnych należy również uwzględnić lokalną wiedzę techniczną na temat rolnictwa, aby osiągnąć opłacalność, chronić tradycyjną lokalną mądrość, chronić prawa patentowe rolników i zachować różnorodność biologiczną w kontekście członkostwa Nepalu w WTO (Thapa, 2009).

Adhikari wskazał, że na sektor rolny wpływ miały nie tylko wewnętrzne problemy społeczne, gospodarcze i polityczne, ale także czynniki zewnętrzne. Po globalizacji, a zwłaszcza po przystąpieniu do WTO w 2004 r., nepalski sektor rolny był lub jest uzależniony od czynników międzynarodowych lub zewnętrznych. Na sektor rolny negatywny wpływ ma obecnie rosnąca kontrola sektora wielonarodowego lub korporacyjnego. Obecnie granice państwowe nie mogą już tworzyć barier dla ochrony krajowego rolnictwa. Rośnie problem napływu taniej żywności na rynek i wpływu nowej kultury na konsumpcję produktów firm międzynarodowych. Z drugiej strony, środki produkcji, takie jak nasiona, nawozy, know-how i tym podobne, są coraz częściej kontrolowane przez międzynarodowe firmy. Biorąc pod uwagę tę utratę kontroli w rolnictwie, rośnie pojęcie suwerenności żywnościowej. Dlatego obecnie należy skupić się nie tylko na rozwiązywaniu lokalnych problemów w rolnictwie, ale także na czynnikach zewnętrznych. Jest to możliwe, jeśli reforma rolna lub gruntowa może zostać przeprowadzona w ramach "suwerenności żywnościowej" (Adhikari, 2008, s. 105-106).

IPCC zauważył, że istnieje światowy konsensus co do tego, że globalne ocieplenie jest szybko postępującym i powszechnym zagrożeniem dla ludzi w tym stuleciu. W Nepalu zmienia się klimat. Wahania klimatyczne są uważane za proces naturalny. Jednak obecny wzorzec zmian nie jest naturalny z powodu nadmiernej interwencji człowieka. Średnia temperatura i wzorce opadów zmieniały się w czasie. Nepal ociepla się znacznie szybciej niż średnia światowa wynosząca 0,740°C odnotowana w XX wieku (IPCC, 2007).

Sytuacja Nepalu w odniesieniu do zmian klimatycznych jest tak samo ponura jak wielu innych krajów rozwijających się na całym świecie. Regiony położone na dużych wysokościach i szerokościach geograficznych mogą doświadczać wyższego wzrostu temperatury niż inne regiony (Beniston, Diaz, & Bradley, 1999, Shrestha, Wake, Mayewski & Dibb, 1999, IPCC 2001), przy czym kraje himalajskie takie jak Nepal nie są tu wyjątkiem. W latach 1977-1994 średnia roczna temperatura maksymalna w Nepalu wzrosła o 0,060°C (Shrestha, Wake, Mayewski & Dibb, 1999, UNEP 2002, Ebi, Woodruff, Von Hildebrand & Corvalan, 2007). Obecnie szacuje się, że średni wzrost temperatury wynosi 0,^{50C} dekadę, co jest bardzo wysokie w porównaniu z kilkoma innymi krajami rozwijającymi się. Opady deszczu stają się również nieprzewidywalne i bardziej nieregularne niż kiedykolwiek, z większą ilością susz i krótszymi okresami silnych opadów (Shrestha, Cameron, Paul & Jack, 2000). Kilka regionów kraju już teraz jest narażonych na nierównomierne rozłożenie i nieregularne warunki pogodowe. ***Zagrożenia dla życia:*** Rolnictwo - największa część sektora rolno-spożywczego i gospodarczego na wsi, na który przypada ok. 96% całkowitego zużycia wody w kraju - bardzo cierpi z powodu nieregularnych warunków pogodowych, takich jak stres cieplny, przedłużające się pory suche i niepewne opady, ponieważ 64% powierzchni upraw jest całkowicie zależne od deszczu monsunowego (CBS 2006).Spadek plonów spowodowany niekorzystnymi warunkami pogodowymi i klimatycznymi doprowadzi do podatności na zagrożenia w postaci braku bezpieczeństwa żywnościowego, głodu i krótszej średniej długości życia (Ebi, Woodruff, Von Hildebrand & Corvalan, 2007), a najsilniej ucierpi ludność wiejska. Ponieważ stanowi ona około 91 procent całkowitej produkcji energii w kraju, ludzie będą mieli problemy z eksploatacją elektrowni wodnych ze względu na osady przenoszone przez powodzie. Efekty będą bardziej widoczne na wyższych wysokościach (Diaz i Bradley 1997, Shrestha, Wake, Mayewski & Dibb, 1999). ***Adaptacja do zmian klimatycznych w rolnictwie:*** Bank Światowy poinformował, że zmiany klimatyczne będą miały daleko idące konsekwencje dla rolnictwa. Nastąpiły pewne zmiany, które mają wpływ na osoby ubogie, większe ryzyko niepowodzenia w uprawach, a śmierć zwierząt gospodarskich już powoduje straty gospodarcze i zagraża bezpieczeństwu żywnościowemu i prawdopodobnie stanie się znacznie poważniejsze, jeśli globalne ocieplenie będzie się utrzymywać. Pilnie potrzebne są środki dostosowawcze w celu ograniczenia negatywnych skutków zmian klimatycznych, ułatwione przez wspólne działania międzynarodowe i strategiczne planowanie krajowe. Jako główne źródło emisji gazów cieplarnianych (GHG), rolnictwo ma również duży niewykorzystany potencjał redukcji emisji poprzez ograniczenie wylesiania oraz zmiany w użytkowaniu gruntów i praktykach rolniczych. Aby to jednak osiągnąć, należy zmienić obecny światowy mechanizm finansowania emisji dwutlenku węgla, aby odzwierciedlić zmiany klimatyczne i ich wpływ na życie i źródła utrzymania ludzi (Bank Światowy, 2008). Thakur wspomniał, że plony roślin powinny wzrosnąć na dużych wysokościach i szerokościach geograficznych, ponieważ nastąpi spadek szkód spowodowanych mrozem i zimnem. Możliwe będzie uprawianie ryżu i pszenicy na wyższych szerokościach geograficznych niż obecnie w Nepalu (Thakur, Phulara & Rana, 2009, s. 63).

Ramy adaptacyjne: Ze względu na zróżnicowane warunki klimatyczne i związany z nimi wpływ na rolnictwo, planowanie adaptacji nie może opierać się wyłącznie na wiedzy globalnej (WE, 2008). Dahal i Khanal podkreśliły znaczenie badań lokalnych dla generowania wiedzy na temat zagrożeń związanych ze zmianami klimatycznymi oraz dla określenia opłacalnych wariantów łagodzenia skutków i adaptacji. Badania i rozwój w dziedzinie rolnictwa muszą odgrywać kluczową rolę w rozwoju technologii adaptacyjnych i rozpowszechnianiu innowacji w kontekście zmian klimatu. Oczekuje się również, że usługi doradcze będą bardziej skuteczne w promowaniu praktyk adaptacyjnych, wiedzy i budowania potencjału rolników w celu utrzymania rolnictwa i bezpieczeństwa żywnościowego na poziomie gospodarstw domowych i regionalnym. Oprócz badań naukowych, zakres środków stosowanych w celu dostosowania do zmian klimatu jest zróżnicowany i może obejmować działania w zakresie polityki, technologii i zarządzania (Dahal i Khanal, 2010). Rada FAO (2004) zaleciła następujące przykłady środków dostosowawczych mających zastosowanie do nepalskiego sektora rolnego (załącznik 2.4)

2.6.2 Reakcje rządu na bezpieczeństwo żywnościowe

Rolnictwo, stanowiące trzon nepalskiej gospodarki, zatrudnia 65% ogółu ludności i tym samym stanowi 33% krajowego PKB. W latach 50. rząd rozpoczął planowane interwencje w sektorze rolnym. Sektor rolny otrzymał najwyższy priorytet w większości planów rozwoju; jego wyniki były słabe. W pierwszym krajowym planie pięcioletnim (1956-61) 27 procent budżetu przeznaczono na rozwój rolnictwa i obszarów wiejskich (rząd Nepalu, 1956). Rekultywacja i przesiedlenie Doliny Chitwan było głównym osiągnięciem tego planu. W drugim (1962-65), trzecim (1966-70), czwartym (1970-75) i piątym (1975-80) planie 15%, 21,7%, 33,1% i 34,8% budżetu zostało przeznaczone odpowiednio na rolnictwo (HMG, 1962; NPC, 1965; NPC 1970 i 1975). Celem inwestycji w rolnictwie było zwiększenie produkcji rolnej i produktywności. W szóstym planie pięcioletnim (1980-85) 31,1% budżetu zostało przeznaczone na rolnictwo w celu zwiększenia produkcji żywności o 3% rocznie (NPC, 1980). W siódmym planie (1985-1990) rząd przeznaczył 24,5% budżetu na rolnictwo i dążył do zwiększenia produkcji o 4,3% rocznie (NPC, 1985). W ósmym planie (1992-1997) na ten sektor przeznaczono 25,8 % budżetu (NPC, 1992). Na sektor docelowy przeznaczono 25,8% budżetu (NPC, 1992). Celem w tym planie było zwiększenie produkcji zbóż o 5,4%, a upraw gotówkowych o 9,1% rocznie. Pomimo wątpliwych danych na temat rzeczywistych wyników sektora rolnego, bilansu żywnościowego i sytuacji w zakresie spożycia żywności, skorygowane szacunki produkcji żywności pokazują, że w latach 80. wzrost produkcji zbóż spożywczych na mieszkańca wynosił średnio -0,20% rocznie (APROSC, 1995). W planie dziewiątym (1997-2001) i dziesiątym (2002-2007), zgodnie ze strategią ograniczania ubóstwa, przewidywano, że wydatki na rozwój sektora publicznego będą koncentrować się głównie na rolnictwie, nawadnianiu i leśnictwie, a na te sektory przeznaczono odpowiednio 27,1 % i 24 % budżetu.

Rząd Nepalu opracował w 1995 r. Plan Promocji Rolnictwa (APP). Celem APP było zmniejszenie odsetka ludności żyjącej poniżej progu ubóstwa oraz zaangażowanie w ten proces w szczególności kobiet wiejskich poprzez interwencje w zakresie rolnictwa. Był to plan działania, w którym określono cztery obszary priorytetowe w zakresie nakładów i wyników. Priorytetowe nakłady obejmowały nawadnianie, nawozy, technologię, drogi i energię elektryczną, natomiast produkty priorytetowe obejmowały zwierzęta gospodarskie, uprawy wysokiej jakości, rolnictwo i leśnictwo (APP 1995; JMA i APROSC 1998). Zgodnie z APP, jedynym celem dziesiątego planu Nepalu (2002-2007) było "osiągnięcie znaczącego i trwałego zmniejszenia granicy ubóstwa" (NPC, 2002).

Trzyletni plan przejściowy (2007/2008-2009/2010) został sformułowany po drugim ruchu społecznym w 2006 roku. Według NPC (2007), plan ten ma również na celu zmniejszenie odsetka osób ubogich poniżej granicy ubóstwa z obecnych 31% do 24% w trzyletnim okresie realizacji projektu. Integracja społeczna jest również jednym z obszarów priorytetowych. Oznacza to, że rozwój rolnictwa i włączenie do niego osób ubogich, kobiet, *dalitów* i grup etnicznych nadal będzie priorytetem (NPC, 2007).

Rząd przyjął agendę bezpieczeństwa żywnościowego w dziewiątym planie (1997-2002). Zgodnie z deklaracją rzymską rząd podjął decyzję o wdrożeniu mandatu do osiągnięcia trwałego bezpieczeństwa żywnościowego w celu wyeliminowania ubóstwa i poprawy dostępu do żywności dla wszystkich. Plan Perspektywy dla rolnictwa (1997-2002), wdrożony w 1997 r., określa długoterminową wizję i strategię rządu na rzecz rozwoju i wzrostu sektora rolnego w Nepalu.

W 2002 r. przeprowadzono przegląd wyników sektora rolnego (ASPR) w celu uzyskania dostępu i informacji na temat polityk i programów sektorowych. W ocenie tej podkreślono braki sektorowe i zalecono szereg strategii mających na celu wzmocnienie rozwoju rolnictwa w Nepalu, w tym

I) zmniejszenie podatności rolników na zagrożenia;

II) wzmocnienie zdolności Nepalu w zakresie badań i rozwoju oraz ekspansji;

III) Zwiększenie udziału zainteresowanych stron w rozwoju rolnictwa;

IV) wzmocnienie zarządzania po zbiorach, oraz

V) Poprawa systemu wprowadzania do obrotu produktów rolnych (MOAC, Agricultural Sector Performance Review, 2002).

Poniższe strategie średnioterminowe uwzględniają te zalecenia ASPR i są dostosowane do długoterminowej wizji i strategii APP. Dziesiąty plan (2002-2007) ma na celu zmniejszenie ubóstwa poprzez upodmiotowienie, rozwój społeczny, bezpieczeństwo i ukierunkowane programy. Głównym celem dziesiątego planu w sektorze rolnictwa jest szeroko zakrojony wzrost poprzez poprawę produkcji i wydajności. Jedną z głównych cech strategii bezpieczeństwa żywnościowego Planu jest powiązanie pomocy żywnościowej z programami rozwoju lokalnego i rozwoju społecznego.

W 2004 r. rząd przyjął Krajową Politykę Rolną (KPRU) Ministerstwa Rolnictwa i Spółdzielczości (MOAC), której głównym celem jest osiągnięcie bezpieczeństwa żywnościowego i poprawa warunków życia poprzez przekształcenie rolnictwa na własne potrzeby w system skomercjalizowany i konkurencyjny. Ustawa o decentralizacji i samorządzie terytorialnym 2055 (1999) (LSGA) została opracowana zgodnie z KPRU, aby ułatwić jej wdrożenie na szczeblu lokalnym. Do formułowania, wdrażania i zasobów strategii, programów i działań związanych z rolnictwem i rozwojem obszarów wiejskich upoważnione zostały m.in. lokalne organy władzy LSGA, takie jak Komitety Rozwoju Wsi (VDC), Komitety Rozwoju Obszarów Wiejskich (DDC) i gminy. LSGA podkreśla również rolę samorządu terytorialnego w funkcjonowaniu rynków rolnych, czyniąc lokalne komitety odpowiedzialnymi za identyfikację potencjalnych miejsc rozwoju i funkcjonowania rynku.

Rolnictwo nadal stanowi podstawę nepalskiej gospodarki i było częścią kultury, systemu wiedzy i sposobu życia społeczeństwa nepalskiego. Wkład technologiczny, w szczególności wprowadzenie ulepszonych odmian roślin i ich badań, był pierwszym zewnętrznym programem w rolnictwie. Koncentracja na produkcji roślinnej pod wpływem dominującego dyskursu nauki i technologii stworzyła nieodłączny konflikt między naukowymi i rodzimymi systemami wiedzy.

Krajowa produkcja żywności: Dahal i Khanal wspominają, że główne uprawy żywności w Nepalu to ryż, kukurydza, pszenica, proso i jęczmień, które łącznie stanowiły 77 % powierzchni upraw w latach 2008/09. Wśród pól zbożowych, ryż obejmuje około 46 procent całkowitej powierzchni gruntów ornych i wytwarza około 56 procent całkowitej produkcji zbóż, następnie kukurydzy (24 procent), pszenicy (17 procent), prosa (3,61 procent) i jęczmienia (0,29 procent). Produkcja ziarna zbóż spożywczych w ciągu ostatnich dziesięciu lat (1999/2000-2008/09) wykazywała stałą pozytywną tendencję wzrostową, z wyjątkiem dwóch lat (2005/06 do 2006/07). Tendencja wzrostowa jest jednak powolna i niemalże stagnacja, z wyjątkiem silnego wzrostu w kolejnych latach, osiągając w latach 2008-2009 rekordowy poziom produkcji zbóż w wysokości 8114131 mln ton. Patrząc na dostępność żywności w stosunku do zapotrzebowania na żywność w oparciu o spożycie kalorii na mieszkańca w ciągu ostatnich dwunastu lat, wydaje się, że w ośmiu z dwunastu lat kraj ten posiada dość dużą nadwyżkę żywności (załącznik 2.5).

Trzyletnie niedobory żywności (od 0,44 do 3,6 procent całkowitego zapotrzebowania) wynikają głównie z nieprzewidywalności warunków pogodowych, ponieważ wahania klimatyczne z roku na rok są jedną z głównych przyczyn braku stabilności w zakresie plonów i produkcji żywności w kraju. W latach 2008-2009 całkowity deficyt zbóż spożywczych wyniósł 132 916 mln ton, co dotknęło 695 895 osób w całym kraju. Sytuacja w zakresie dostępności żywności jest bardzo zróżnicowana w poszczególnych regionach i okręgach. W ujęciu regionalnym największy deficyt występuje w regionie górskim (19%), następnie w górach (14%), podczas gdy Terai ma nadwyżkę w wysokości 11% (Dahal i Khanal, 2010).

Według Agriculture Business Promotion and Marketing Development Directorate (2010), łącznie 43 z 75 okręgów zgłosiło deficyt żywności, w tym Sankhuwasabha, Panchthar, Okhaldhungha, Udayapur, ***Sunsari*** (Terai), ***Saptari*** *(*Terai), ***Siraha*** (Terai), Dolakha, Rasuwa, Sindhuli, Kavre, Bhaktapur, Lalitpur, Kathmandu, Dhading, Makwanpur, ***Dhanusha*** (Terai), ***Mahotari*** (Terai), ***Sarlahi*** (Terai), ***Rautahat*** (Terai), ***Chitwan*** (Terai), Manang, Mustang, Kaski, Palpa, Gulmi, Dolpa, Mugu, Humla, Jumla,

Kalikot, Rolpa, Phythan, Jajarkot, Dailekh, ***Dang*** (Terai), Bajura, Bajhang, Darchula, Achham, Doti, Baitadi i Dadeldhura (Dyrekcja ds. Promocji Gospodarczej Rolnictwa i Rozwoju Rynku, 2010, s. 1. 241-243). Dziewięć okręgów Terai, wcześniej odpowiedzialnych za bezpieczeństwo żywnościowe, zostało obecnie przekształconych w okręg z brakiem bezpieczeństwa żywnościowego. Ogólna dostępność i zapotrzebowanie na żywność w Nepalu jest przedstawiona w załączniku 2.6.

Firma Dahal & Khanal przeanalizowała dalej, że bilans bezpieczeństwa żywnościowego obejmuje pięć upraw żywności, a mianowicie ryż, kukurydzę, pszenicę, proso i jęczmień. Inne ważne uprawy i towary, takie jak produkty zwierzęce, drób, ryby, warzywa, owoce, gryka, fasola, owies, bulwy (pochrzyn, taro, słodkie ziemniaki itp.) oraz ziemniaki nie są uwzględnione w bilansie żywnościowym. Te uprawy i surowce w coraz większym stopniu przyczyniają się do zapewnienia żywności i bezpieczeństwa żywnościowego poprzez dostarczanie ludziom kalorii, składników odżywczych i dochodów pieniężnych, ale nie są one uwzględniane w obliczeniach dotyczących bezpieczeństwa żywnościowego. Na przykład ziemniak jest używany głównie jako warzywo w terai i na obszarach miejskich, ale w regionach górskich i górskich jest on spożywany jako podstawowy pokarm. W latach 2008-2009 łączna produkcja ziemniaków w kraju wynosiła 2083283 mln ton. Gdyby uwzględnić je w bilansie żywnościowym, średnia dostępność żywności w przeliczeniu na mieszkańca i rok wyniosłaby 248 kg, czyli znacznie więcej niż zapotrzebowanie krajowe wynoszące 191 kg. Po dodaniu samych ziemniaków kraj ten miałby nadwyżkę w wysokości 1594040 Mt i nie ma dowodów na niedobór żywności w kraju, przynajmniej nie na poziomie krajowym. Zaskakująco, dostępność żywności wydaje się być najwyższa w górach, na poziomie 312 kg na mieszkańca rocznie (Dahal & Khanal, 2010).

WE i INSEC stwierdziły, że wspólne strategie radzenia sobie w gospodarstwie domowym zostały przyjęte w przypadku głodu, wstrząsów, takich jak choroby członków gospodarstwa domowego, klęsk żywiołowych i innych podobnych tendencji i potrzeb. W czasach wstrząsów i stresu większość gospodarstw domowych w regionie korzysta z pracy zarobkowej. Odsetek gospodarstw domowych zgłaszających tę strategię wynosi 55 procent. Drugą wspólną strategią stosowaną przez gospodarstwa domowe jest uzyskiwanie pożyczek (20 procent), które są na ogół udzielane przez lokalnych kredytodawców. Inną strategią stosowaną przez 9 procent gospodarstw domowych jest migracja zewnętrzna do Indii w celu podjęcia pracy jako siła robocza. Około 7 procent sprzedało zwierzęta gospodarskie i drób w czasie kryzysu lub gdy pieniądze były niewystarczające na pokrycie kosztów nadzwyczajnych. Jedno na dziesięć gospodarstw domowych zgłosiło pożyczanie pieniędzy od przyjaciół lub krewnych w czasie kryzysu lub stresu. Pożyczka od przyjaciół jest zazwyczaj krótkoterminową, nieoprocentowaną pożyczką. Tylko mniej niż 1% gospodarstw domowych w regionie sprzedawało swoją biżuterię i/lub złoto, aby poradzić sobie z kryzysami z nieoczekiwanymi wydatkami.

Strategie zgłaszane przez różne gospodarstwa domowe nie są bezwzględne, jak wspomniano powyżej. Zależą one w dużym stopniu od stopnia podatności na zagrożenia i puli aktywów gospodarstwa domowego (aktywów, które mają wspierać jego środki utrzymania/kapitał). Ponadto dominująca polityka, instytucje i procesy, które decydują o dostępności różnych opcji, mają duży wpływ na strategie radzenia sobie przez gospodarstwa domowe. Podobnie, stopień dostępu gospodarstw domowych do dóbr służących ich utrzymaniu (zasoby ludzkie, społeczne, finansowe, fizyczne i naturalne) determinuje stopień ich wrażliwości. Dlatego też strategie takie jak sprzedaż aktywów (gruntów, inwentarza żywego i złota/żelaza) są zazwyczaj związane ze stosunkowo lepszymi gospodarstwami domowymi. Praca w charakterze pracownika, zaciąganie pożyczek i wyjazd do Indii w celu zarobienia pieniędzy (zazwyczaj jako pracownik) to strategie dostępne dla stosunkowo biednych gospodarstw domowych. Kryzys żywnościowy jest poważny - w niektórych miesiącach, np. na przełomie lutego i marca, nawet dwie trzecie gospodarstw domowych w górach cierpi na niedobory żywności. Nawet Terai nie jest wyjątkiem (EC & INSEC, 2007).

Gauchan wyjaśnił, że sektor rolniczy, który wytwarza ponad jedną trzecią produktu krajowego brutto (PKB) kraju i zatrudnia dwie trzecie jego siły roboczej, ma kluczowe znaczenie dla utrzymania każdego Nepalczyka. Sektor rolniczy ma zasadnicze znaczenie dla zwiększania dochodów, łagodzenia ubóstwa i podnoszenia poziomu życia ludności Nepalu. Jednak wyniki tego sektora nie były wystarczające, aby zaspokoić rosnące zapotrzebowanie na żywność i wesprzeć rosnącą populację kraju. W kontekście niedawnego światowego i krajowego kryzysu żywnościowego, bezprecedensowego wzrostu cen żywności w ostatnim czasie, rolnictwo nadal odgrywa ważną rolę w łagodzeniu kryzysu żywnościowego itp. Celem krajów najsłabiej rozwiniętych, które opierają się na rolnictwie, jest zmniejszenie ubóstwa i rozwiązanie problemów gospodarczych (Gauchan, 2008).

Według danych Departamentu Monitoringu i Ewaluacji, sektor rolny Ministerstwa Rolnictwa (2010) stanowił 33,55 proc. krajowego PKB. Różne podsektory, takie jak zboża i inne rośliny uprawne, warzywa i szkółki, uprawy owoców i przypraw, zwierzęta gospodarskie i leśnictwo, stanowiły odpowiednio 49,49 procent, 9,71 procent, 7,04 procent, 25,68 procent i 8,07 procent PKB rolnictwa (sekcja M & E, DOA, 2010). Udział podsektora upraw zbóż i zwierząt gospodarskich ma duże znaczenie dla PKB rolnictwa w Nepalu. Jednakże inne podsektory, takie jak sektor warzyw, owoców i leśnictwa, mają duże możliwości pobudzenia krajowej gospodarki Nepalu ze względu na korzystne warunki klimatyczne.

2.7 Lokalne problemy związane z bezpieczeństwem żywnościowym i reagowanie na nie

2.7.1 Lokalne problemy związane z bezpieczeństwem żywnościowym

Na poziomie gospodarstwa domowego bezpieczeństwo żywnościowe wymaga, aby gospodarstwo domowe miało dostęp do odpowiedniej żywności poprzez produkcję lub zakup. Na tym poziomie bezpieczeństwo żywnościowe zależy od dostępności, dostępu i przystępności cenowej żywności potrzebnej gospodarstwu domowemu (AAN, 2004).

WFP i NDRI zauważyły, że Środkowy Zachód i Daleki Zachód od dawna uważane są za obszary wrażliwe i ubogie w żywność. Dzielnica Dailekh jest jednym z takich obszarów. Dystrykt Dailekh znajduje się w Mid Hills (Region Środkowo-Zachodni) i zajmuje powierzchnię 1502 kilometrów kwadratowych. Graniczy z Jajarkot East, Achham West, Kalikot North i Surkhet South. Z ekologicznego punktu widzenia, 80 procent wzgórz i 20 procent obszarów to góry. Pod względem politycznym powiat jest podzielony na 55 komitetów rozwoju wsi i jedną wspólnotę. Jest to jeden z najbiedniejszych i najbardziej chronicznie ubogich w żywność okręgów w środkowo-zachodnim regionie Nepalu. Ponad 90 procent ludności zajmuje się rolnictwem. Tylko 7,25 procent dzielnicy jest nawadniane przez cały rok. Według Powiatowego Biura Rozwoju Rolnictwa, Dailekh, w tym okręgu istnieje deficyt żywności w wysokości około 12.000 ton. Osoby ubogie i znajdujące się w trudnej sytuacji mają bardzo niewiele możliwości zakupu żywności na rynku ze względu na rosnące ceny żywności i niską siłę nabywczą. Biedni ludzie wydają ponad 70% swoich dochodów na zakup żywności (WFP i NDRI, 2008). W związku z tym alternatywą dla większości ludzi jest migracja do Indii w celu złagodzenia kryzysu żywnościowego w kraju.

Thapa (2009) zwrócił uwagę na lokalne problemy związane z brakiem bezpieczeństwa żywnościowego, które zostały opisane poniżej.

i. Nieodpowiedni system nawadniania

ii. Tradycyjne praktyki rolnicze

iii. Sezonowa migracja ludności aktywnej zawodowo do Indii i stanów Zatoki Perskiej

iv. Wykorzystanie zbóż do przygotowywania napojów spirytusowych prowadzące do braku bezpieczeństwa żywnościowego w społecznościach wiejskich

v. Mniej praktyk w zakresie płodozmianu i upraw mieszanych

vi. Słaby dostęp do usług w zakresie upowszechniania wiedzy rolniczej, takich jak ulepszone nasiona, nawozy, szkolenia i powiązania rynkowe

vii. Grunty produkcyjne pozostały odłogiem z powodu migracji właścicieli gruntów i lokalnych niedoborów siły roboczej.

viii. Słaby dostęp do dróg wiejskich i komunikacji we wszystkich częściach powiatu

ix. Niski status rolników w społeczeństwie z powodu niskich dochodów, co zniechęca młodych ludzi do pracy w rolnictwie

x. Wysoki wzrost liczby ludności

xi. Mniej wydajna i słaba gospodarka hodowlana

xii. Słaba żyzność gleby z powodu erozji wierzchniej warstwy gleby w porze deszczowej

xiii. Wzrost cen paliw

xiv. Zmiany klimatyczne i klęski żywiołowe, takie jak susza, gradobicie, osuwanie się ziemi, opady śniegu i ulewne deszcze

xv. syndykaty transportowe (system rynku monopolistycznego, który określa koszty transportu przez właścicieli transportu zgodnie z ich własną decyzją)

xvi. Zły system zarządzania, mniejsza wrażliwość na kwestie płci i integracji społecznej oraz słaba sieć bezpieczeństwa socjalnego w rządowym planie i programie.

Istnieją luki w badaniach nad konkretnymi problemami klas społecznych, płci, położenia ekologicznego, badań i rozwoju rolnictwa, roli administracji okręgowej i instytucji lokalnych w przyczynianiu się do bezpieczeństwa żywnościowego. Ponadto bezpieczeństwo żywnościowe opiera się na czynnikach naturalnych (susze, gradobicie, choroby epidemiczne i plaga owadów, osuwanie się ziemi itp.) i strukturalnych (płeć, własność ziemi, polityka rządowa, praktyki, idee i przekonania, dostęp do rynku, rozwój rolnictwa, wola polityczna, kwestie społeczno-kulturalne, praca, płace i innowacje technologiczne oraz zarządzanie rodzimą wiedzą itp.)

2.7.2 Instytucjonalna odpowiedź na bezpieczeństwo żywnościowe na szczeblu lokalnym

Powiatowy Urząd Rozwoju Rolnictwa i inne organizacje pozarządowe realizują program rozwoju rolnictwa na poziomie komitetów rozwoju wsi i powiatów, aby przyczynić się do bezpieczeństwa żywnościowego poprzez zwiększenie produkcji roślinnej. Thapa (2009) odniósł się do organizacji działających w okręgu (załącznik 2.7).

Istniejące wysiłki instytucjonalne nie były wystarczające do rozwiązania problemów związanych z brakiem bezpieczeństwa żywnościowego miejscowej ludności. Przyczyna braku bezpieczeństwa żywnościowego w okręgu Dailekh musi zostać krytycznie zbadana.

2.7.3 Reakcja Wspólnoty na bezpieczeństwo zaopatrzenia w żywność

Thapa wspomniał o następujących strategiach radzenia sobie z niedoborami żywności na poziomie społeczności:

i. sezonowa migracja do Indii, Terai i innych miejsc, gdzie

ii. dzielić się uprawą

iii. pożyczki pożyczone od lokalnych kredytodawców na zakup żywności

iv. Wzrost płac Praca

v. pożyczył jedzenie od sąsiadów, żeby je zwrócić

vi. Sprzedaż zwierząt gospodarskich (outsourcing)

vii. zwiększenie intensywnych upraw na własnej ziemi

viii. zmniejszyć spożycie jedzenia i trochę spać z głodnym żołądkiem

ix. Wykorzystanie dziko rosnących roślin i bulw jadalnych

Najczęstsze strategie radzenia sobie z tym problemem to pożyczanie pieniędzy od lokalnych kredytodawców na konsumpcję żywności i płace pracowników oraz poleganie na tańszej i mniej preferowanej żywności. Oszczędzanie żywności, zmniejszanie jej spożycia oraz migracja dorosłych z prawie wszystkich gospodarstw domowych to również powszechne praktyki. Rodziny bezrolne są bardziej zależne od pracy na umowę o pracę w rolnictwie i sprzedaży drewna opałowego na lokalnym rynku w celu zapewnienia sobie środków do życia (Thapa, 2009, s. 11). Ponieważ w grę wchodzą wzgórza i góry, uprawa owoców w Dailekh może być opcją, która może przyczynić się do bezpieczeństwa żywnościowego miejscowej ludności. Jest to obszar badań na poziomie lokalnym.

Shrestha zauważył, że istnieje rosnące zapotrzebowanie na bardziej pożywną żywność niż ziarno. Niektóre owoce zawierają duże ilości kalorii, węglowodanów i witamin. Porównawcza wartość energetyczna wyprodukowana przez jeden hektar pszenicy i niektóre owoce wskazuje, że pszenica zawiera 5.623.090 kcal w porównaniu z 22.390.960 kcal w palmie daktylowej.

(Bose, 1985, cytowany w Szrestha, 1998). Konieczne jest zatem włączenie owoców do diety człowieka. Owoce mają wystarczającą wartość odżywczą i dlatego są nie tylko pomocne w przezwyciężaniu niedożywienia, ale także ważne w budowaniu zdrowszego narodu (Shrestha, 1998). Jest to kwestia, która wymaga refleksji na szczeblu lokalnym w kontekście bezpieczeństwa żywnościowego. Należy zbadać możliwość produkcji owoców w ośrodkach badawczych, aby przyczynić się do bezpieczeństwa żywnościowego na poziomie gospodarstw domowych i społeczności.

2.8 Przegląd modelu DFID dotyczącego środków utrzymania na obszarach wiejskich

Carney wyjaśnił, że na środki utrzymania składają się umiejętności, majątek (w tym zasoby materialne i społeczne) oraz działania niezbędne do zarabiania na życie. Utrzymanie się jest trwałe, jeśli jest w stanie poradzić sobie ze stresem i wstrząsami oraz wyjść z nich obronną ręką, a także jeśli jest w stanie utrzymać lub poprawić swoje umiejętności i aktywa zarówno obecnie, jak i w przyszłości, bez naruszania bazy zasobów naturalnych (Carney, 1998, s. 4). Dodała, że koncepcja zrównoważonego życia na wsi jest pojęciem normatywnym. Kumar wyjaśnił, że celem analizy źródeł utrzymania jest zbadanie i przedstawienie źródeł utrzymania jednostek lub grup. Koncentruje się na dochodach, wydatkach, konsumpcji żywności, zarządzaniu kryzysowym, kwestiach zawodowych i zatrudnienia, hodowli, produkcji rolnej itp.

Istnieje jednak powszechne nieporozumienie co do analizy istnienia. Wielu moderatorów PRA (Participatory Rural Appraisal), a nawet niektórzy autorzy uważają ją za jedną z metod PRA, takich jak analiza sezonowości, wykres Wenn itp. Jednak analiza źródeł utrzymania nie jest metodą. Jest to zastosowanie jednej lub więcej metod PRA w celu osiągnięcia szczegółowego zrozumienia środków utrzymania jednostki lub grupy (Kumar, 2002, s. 289).

Podejście oparte na zrównoważonych źródłach utrzymania okazało się wartościowe w wielu dziedzinach. Przeglądy wstępne wykazały, że podejście to jest szczególnie przydatne w: 1) systematycznej i całościowej analizie ubóstwa; 2) zapewnieniu rzetelnego obrazu możliwości, wyzwań i skutków rozwoju; oraz 3) umieszczeniu ludzi w centrum prac rozwojowych (Ashley & Carney, 1999). Podejście do zrównoważonych źródeł utrzymania doprowadziło również do: 4) lepszego zrozumienia życia ludzi ubogich, ograniczeń, z jakimi się borykają i różnic między grupami; 5) intensyfikacji międzysektorowych, opartych na współpracy i interdyscyplinarnych badań i prac nad rozwojem społeczności; oraz 6) stworzenia większej ilości powiązań między poziomami mikro, mezo i makro w dyskursie na temat ubóstwa i rozwoju (Carney, 2003; Hussein, 2002). Ponadto, teoretyczne odejście od orientacji państwa narodowego na rozwój wspólnoty doprowadziło do opowiedzenia się za analizą środków utrzymania osób ubogich i zmarginalizowanych z własnej perspektywy (Arce, 2003).

Krutsson zauważył, że stosowane tu ramy oceny rodzą pytanie, czy obecna akceptacja SLA przez wiele instytucji i organizacji rozwojowych opiera się na uzasadnionych oczekiwaniach co do tego, do czego przyczyni się to podejście. Istnieje pięć głównych obszarów, które wymagają dalszego rozwoju:

i. Konieczne są większe wysiłki w celu rozpoznania i zintegrowania różnych sposobów wykorzystania tego podejścia. Zróżnicowane wykorzystanie integracji wiedzy w próbie można uznać za mocną stronę tego podejścia w tym sensie, że obejmuje ono cały proces tworzenia, rozpowszechniania i integracji wiedzy. Jednakże związek i powiązania między tymi zastosowaniami rzadko są jednoznaczne lub systematyczne. Jest to szczególnie widoczne w wysiłkach zmierzających do zintegrowania metod, które wydają się być związane wyłącznie z wytwarzaniem lub stosowaniem wiedzy.

ii. Cele integracji wiedzy muszą być jasno określone. Jeśli głównym celem tego podejścia jest rozszerzenie, nie powinniśmy oczekiwać wysokiego poziomu integracji.

Jeżeli jednak celem tego podejścia jest rekonfiguracja, a nawet uzyskanie nowej, spójnej wiedzy na temat problemów zrównoważonego rozwoju, to mamy rację, oczekując wyższego poziomu integracji.

iii. Należy rozwijać integrację teorii istotnych dla tego podejścia, ponieważ brak integracji teorii w próbie rodzi poważne pytania o historyczne i teoretyczne podstawy tego podejścia.

iv. Konieczne są większe wysiłki w celu opracowania i zintegrowania odpowiednich metod rozpowszechniania wiedzy oraz włączenia metod naukowych do tworzenia wiedzy.

v. Należy wzmocnić integrację instytucjonalną SLA. Nie oznacza to, że wszystkie organizacje i instytucje muszą stosować jednolite podejście, ale że doświadczenia i zmiany są wymieniane systematycznie i otwarcie. Bez takiego rozwoju sytuacji wątpliwe jest, czy SLA spełni wysokie oczekiwania co do całości i integracji z nim związanej (Krutsson, 2006).

Farrington dodał, że podejście SL jest sprawdzeniem rzeczywistości. Podsumowując jej zalety, napisał: "Podejścia SL stawiają ubogich w centrum analizy i dążą do identyfikacji interwencji, które odpowiadają ich potrzebom i możliwościom w sposób, który nie jest zdominowany przez poszczególne sektory czy dyscypliny. Częścią wartości podejścia do SL jest zatem to, że zapewnia ono integracyjny i niezagrażający *proces, który* może zwiększyć zdolność specjalistów ds. rozwoju do myślenia poza tradycyjnymi granicami sektorowymi lub dyscyplinarnymi. Jest to dodatek do ulepszonych *produktów, które* osiąga, na przykład poprzez lepsze zaprojektowanie samych interwencji. Ostatnią zaletą jest elastyczność i łatwość, z jaką można uczynić ją bardziej wszechstronną i realistyczną poprzez dodanie wymiarów.

Widoczne są również słabe punkty. W praktyce gospodarstwo domowe było na ogół wykorzystywane jako jednostka analizy, ale kwestie płci, w tym rozkład i dynamika gospodarstw domowych, są zazwyczaj pomijane. Różne warunki ramowe były zazwyczaj trudne dla niektórych z tych, którzy po raz pierwszy znaleźli trwałe źródło utrzymania. Mogą one być restrykcyjne, jeżeli są interpretowane zbyt sztywno, zwłaszcza podczas analizy danych w terenie, i jeżeli kategorie, takie jak duże litery, są traktowane jako pola, w których należy wpisać rzeczywistość, a nie jako użyteczne listy kontrolne w celu zapewnienia uchwycenia istotnej rzeczywistości. Inne słabe punkty obejmują zaniedbywanie wpływu netto środków utrzymania na innych i koncentrowanie się na ubogich, a nie na bogatych (Farrington, 2001).

Ramy egzystencji to milczenie w sprawie analizy konsumpcji żywności w domu, dezagregacja informacji na temat ubogich rodzin, społeczności dalitów, grup etnicznych i innych grup społecznych. Tradycyjna mądrość dotycząca praktyk rolniczych na rzecz bezpieczeństwa żywnościowego, zwłaszcza w odniesieniu do upraw, zwierząt gospodarskich i produktów leśnych, jest ignorowana w ramach środków utrzymania na obszarach wiejskich.

2.9 Luki badawcze

Istnieją luki w badaniach w następujących obszarach:

1. **Wewnątrzdomowa analiza zachowań konsumpcyjnych żywności:** Wewnętrzny wzorzec konsumpcji żywności przez kobiety, mężczyzn, dziewczęta i chłopców, a także dziadka i babcię, ujawnił luki w badaniach w badanych dziedzinach.

2. **Strategie radzenia sobie w gospodarstwie domowym w czasach braku bezpieczeństwa żywnościowego:** Strategie radzenia sobie w gospodarstwie domowym kobietom jako głowom gospodarstw domowych, dalitom, grupom etnicznym i ubogim grupom ludności zidentyfikowano luki badawcze w czasach braku bezpieczeństwa żywnościowego. Wkład upraw, zwierząt gospodarskich, lasów, dochodów z pracy i kredytów w bezpieczeństwo żywnościowe gospodarstw domowych również nie został odpowiednio zbadany w dziedzinie bezpieczeństwa żywnościowego.

3. **Analiza zrównoważonego rozwoju technologii rolniczych pod kątem bezpieczeństwa żywnościowego gospodarstw domowych i społeczności:** Badanie zarządzania krajową wiedzą techniczną, badanie, co należy zatrzymać, co kontynuować i od czego zacząć, technologie, postawy/zachowania w odniesieniu do tradycyjnego systemu zarządzania wiedzą na rzecz bezpieczeństwa żywnościowego w rolnictwie na poziomie wspólnotowym, wykazało luki

badawcze.

4. relacje międzysektorowe: Za luki badawcze uznano analizy związków między bezpieczeństwem żywnościowym a prawami własności gruntów, przekazami pieniężnymi, zmianą klimatu, zdrowiem publicznym, w tym wodą i warunkami sanitarnymi, edukacją, badaniami naukowymi oraz priorytetami agronomów i rolników w zakresie rozbudowy i systemu zarządzania w celu utrzymania chronicznego braku bezpieczeństwa żywnościowego w badanych obszarach.

2.10 Wniosek

W teorii uprawnień do analizy bezpieczeństwa żywnościowego podkreślono dostęp do żywności, a nie tylko jej dostępność. Na szczeblu globalnym bezpieczeństwo żywnościowe jest omawiane w kontekście produkcji żywności w odniesieniu do ludności świata. W tym kontekście brak bezpieczeństwa żywnościowego pojawi się, gdy podstawowe potrzeby żywnościowe ludności świata przekroczą światową produkcję żywności. Świat ma więcej niż wystarczającą ilość żywności, aby wyżywić wszystkich, ale 850 milionów ludzi cierpi z powodu braku bezpieczeństwa żywnościowego. Niedożywienie jest najbardziej powszechne w Afryce Subsaharyjskiej, gdzie co trzecia osoba cierpi na chroniczny głód. Największa liczba niedożywionych osób znajduje się w Azji Południowej, a nastepnie w Azji Wschodniej.

W czasie kryzysu żywnościowego w jakimkolwiek kraju, globalna reakcja byłaby zapewniona poprzez pomoc żywnościową. Deklaracja Narodów Zjednoczonych w sprawie milenijnych celów rozwoju określiła nawet likwidację skrajnego ubóstwa i głodu jako jeden z najważniejszych celów. W ostatnich dziesięcioleciach scenariusz produkcji żywności w Azji Południowej uległ drastycznej zmianie. Indie są obecnie w dużej mierze samowystarczalne pod względem zboża spożywczego i wschodzącym eksporterem, podczas gdy inne kraje regionu są nadal zależne od przywozu zboża; dostępność zboża w przeliczeniu na jednego mieszkańca wzrosła w każdym kraju od lat osiemdziesiątych. Niemniej jednak nadal występują głody endemiczne, widoczne są sezonowe niedobory, a niedożywienie jest powszechne w całym regionie, przy czym najbardziej dotknięte są kobiety i dzieci.

W Azji Południowej brak bezpieczeństwa żywnościowego jest problemem politycznym i gospodarczym. Nepal zmaga się z problemem braku bezpieczeństwa żywnościowego od lat 80-tych. Gospodarstwa domowe opracowały wspólne strategie radzenia sobie w przypadku głodu, wstrząsów, takich jak choroby członków gospodarstwa domowego lub klęsk żywiołowych w regionie. W czasach szoku i stresu większość gospodarstw domowych w regionie korzysta z pracy zarobkowej, pożycza od kredytodawców, krewnych i przyjaciół itp. Istnieją luki badawcze w analizie konsumpcji żywności w gospodarstwach domowych, strategii radzenia sobie w gospodarstwach domowych podczas braku bezpieczeństwa żywnościowego, analizie zrównoważonego rozwoju technologii rolniczych dla bezpieczeństwa żywnościowego gospodarstw domowych i społeczności oraz w relacjach międzysektorowych.

Rozdział 3
Metodyka badawcza

3.1 Tło

W tym rozdziale omówiono strategie sporządzania raportu na temat metodologii badań. Wyjaśnia on teoretyczne ramy badań, sposób, w jaki definicja próby i metody gromadzenia danych wynikają z definicji celu i celów. Bada również, jak pisać o analizie danych i etyce badań. Omówiono w nim również wkład metodologiczny w badania nad bezpieczeństwem żywnościowym i środkami utrzymania na obszarach wiejskich w dyscyplinie rozwoju obszarów wiejskich.

3.2 Ramy teoretyczne

Przyjęto teoretyczne ramy dla badania bezpieczeństwa żywnościowego i środków utrzymania. Teoria Sena dotycząca roszczeń do żywności i środków do życia stała się ostatnio bardzo popularna. Podejście oparte na prawie do żywności ocenia zdolność ludzi do uzyskania dostępu do żywności za pomocą środków prawnych dostępnych w społeczeństwie, w tym wykorzystanie całej dostępnej produkcji, handlu, dziedziczenia, przekazywania i innych metod pozyskiwania żywności (Sen, 1981). Sen twierdzi, że głód może pojawić się nawet wtedy, gdy jest wystarczająco dużo żywności, aby wyżywić całą społeczność, a ci, którzy cierpią z powodu głodu, to ci, którzy nie zamieniają swoich "roszczeń barterowych" na żywność. Sen dzieli takie roszczenia na cztery podstawowe typy:

1. roszczenia związane z produkcją - rośliny i zwierzęta
2. zapotrzebowanie na pracę - praca zarobkowa i zawody
3. uprawnienia do obrotu różnymi towarami oparte na obrocie handlowym
4. wierzytelności spadkowe i transferowe - wsparcie rządowe, prywatne darowizny i pożyczki.

Badanie dotyczące źródeł utrzymania w zakresie bezpieczeństwa żywnościowego uznaje zasoby kapitałowe za aktywa, które tworzą **fundament** umożliwiający ludziom uzyskanie znaczącego źródła utrzymania. Te zasoby kapitałowe obejmują zasoby fizyczne, naturalne, ludzkie, finansowe i społeczne. Podejście to pomogło w analizie następujących aspektów:

1. ***uprawnienia*** - prawo gospodarstw domowych lub osób fizycznych do rozporządzania aktywami produkcyjnymi - kapitałem fizycznym, naturalnym, finansowym, społecznym i ludzkim

2. ***transformacja struktur i procesów*** - państwa, rynku i społeczeństwa obywatelskiego (struktur), praktyk i polityk prawnych i instytucjonalnych (procesów) - które regulują sposób, w jaki ludzie łączą i przekształcają te dobra w budowaniu swoich środków do życia; oraz

3) kontekst podatności na zagrożenia, który może prowadzić do braku bezpieczeństwa żywnościowego i zagrożenia środków do życia.

4. ***strategie zabezpieczenia środków utrzymania*** - działania podejmowane przez gospodarstwo domowe w celu zabezpieczenia swoich środków utrzymania w związku z powyższymi czynnikami

Dlatego też podejście do oceny bezpieczeństwa żywnościowego oparte na źródłach utrzymania było pomocne w określeniu zarówno powagi braku bezpieczeństwa żywnościowego, tj. bezpośredniego kryzysu żywnościowego, jak i procesów, które mogą powodować brak bezpieczeństwa żywnościowego o długoterminowych skutkach dla źródeł utrzymania, tj. podatności gospodarstw domowych na zagrożenia i strategii radzenia sobie z nim. Niektóre z podstawowych pojęć użytych w tym badaniu zaczęły funkcjonować w następujący sposób:

4.1 Zapewnienie gospodarstwom domowym zasobów:

W niniejszym badaniu gospodarstwo domowe jest uważane za podstawową jednostkę analizy. Gospodarstwo domowe zazwyczaj reprezentuje więcej niż jedną osobę. Wyposażenie w zasoby na poziomie gospodarstwa domowego odnosi się zatem do sumy całego kapitału - ludzkiego, fizycznego, naturalnego, finansowego i społecznego - będącego własnością członków gospodarstwa domowego.

4.2 Przekształcanie struktur i procesów:

Aparat państwowy, organizacje pozarządowe, instytucje rynkowe, podmioty społeczeństwa obywatelskiego, instytucje prywatne itp. są strukturami, które określają sposób, w jaki wiejskie gospodarstwo domowe łączy dostępne zasoby i przekształca je w żywność i dochody. Podmioty te wpływają na decyzję gospodarstw domowych o zmobilizowaniu swoich zasobów poprzez konkretne polityki i praktyki.

4.3 Konteksty podatności na zagrożenia:

Podatność jest pojęciem ryzyka. Podatność na brak bezpieczeństwa żywnościowego oznacza zatem, że jest mało prawdopodobne, aby gospodarstwo domowe było w stanie przez cały czas przejąć kontrolę nad pewną ilością żywności koniecznej do prowadzenia zdrowego życia przez wszystkich jego członków. Gospodarstwo wiejskie może być narażone na ryzyko związane z nieudanymi zbiorami, utratą pracy, zadłużeniem, wahaniami cen produktów, degradacją gruntów itp.

Koncepcja wymiaru stabilności bezpieczeństwa żywnościowego może być właściwie rozumiana poprzez pojęcie podatności na zagrożenia. Podatność na zagrożenia jest funkcją narażenia rozważanych gospodarstw domowych na *ryzyko* i *wstrząsy* oraz ich *odporności* na nie. Ryzyko i wstrząsy uważa się za wydarzenia, które mają negatywny wpływ na dostępność, dostęp i wykorzystanie żywności przez ludzi, a tym samym na ich status bezpieczeństwa żywnościowego (Sen, 1981).

Odporność oznacza zdolność budżetu do radzenia sobie z ryzykiem i wstrząsami. Określa się ją na podstawie skuteczności strategii zarządzania ryzykiem na różnych poziomach poprzez zapobieganie, ograniczanie i radzenie sobie z nimi, a także na podstawie zasobów, które można wykorzystać. Poniżej przedstawiono schematyczny model ram teoretycznych dla badania bezpieczeństwa żywnościowego i źródeł utrzymania (Rysunek 3.1):

Rys. 3.1. Ramy teoretyczne badań nad bezpieczeństwem żywnościowym ludności wiejskiej.

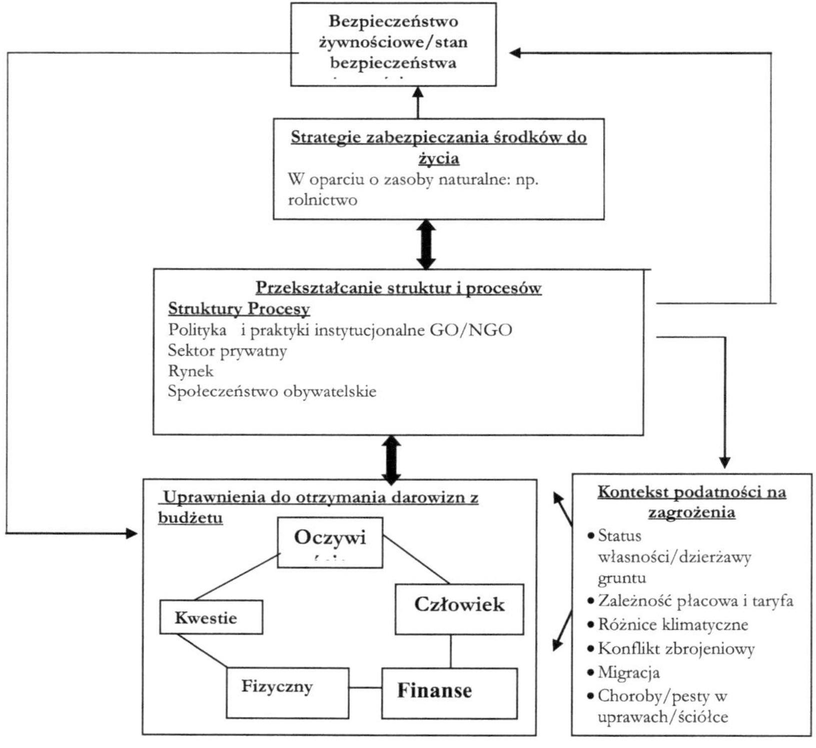

Źródło: Ellis, 2000, cytowane w Thapa, 2009.

Konflikt dotyczący broni został dodany w kontekście podatności na zagrożenia i przeprowadzono dalszą analizę. Podejście polityczno-gospodarcze zostało również wykorzystane jako narzędzie analityczne uzupełniające teoretyczne ramy bezpieczeństwa żywnościowego na poziomie gospodarstw domowych, społeczności lokalnych i krajowym. Przyczyny braku bezpieczeństwa żywnościowego zostały zidentyfikowane poprzez różne półstrukturalne wywiady, dyskusje w grupach fokusowych, dostępne opublikowane raporty badawcze i niepublikowane tezy, książki, strony internetowe, artykuły badawcze w terenie i raporty w mediach drukowanych, itp.

3. 3. projektowanie badawcze

W trakcie badań terenowych przyjęty został projekt badawczych badań społecznych. Są to badania przekrojowe dotyczące populacji próby. Badanie to zostało przeprowadzone w terenie poprzez dobór próby respondentów z określonej populacji i dostarczenie im znormalizowanego kwestionariusza. Oprócz kwestionariusza badania gospodarstw domowych, do zebrania informacji ilościowych i jakościowych respondentów wykorzystano obserwację bezpośrednią, dyskusję w grupach fokusowych, przesłuchanie kluczowych informatorów, studium przypadku oraz koszyk instrumentów i technik partycypacyjnej oceny obszarów wiejskich.

W niniejszym opracowaniu przedstawiono opisowy charakter badań ankietowych. Badania ankietowe opisowe opisują rozkład zjawisk w populacji. Może dostarczyć użytecznych spostrzeżeń dla rozwoju i doskonalenia teorii. Wilkinson & Bhandarkar stwierdził, że badania opisowe to takie, które mają na celu dokładne opisanie cech grupy, społeczności lub ludzi. Badacz może być zainteresowany badaniem ludzi z danej społeczności, ich składu wiekowego, składu płciowego, rozkładu kastowego, rozkładu zawodowego itd. (Wilkinson & Bhandarkar, 1992). Przeprowadzono jednak również analizę statystyczną w celu sprawdzenia przydatności badania w konkretnych kwestiach.

Na podstawie tego projektu przeprowadzono badanie mające na celu zbadanie stanu bezpieczeństwa żywnościowego ludności wiejskiej, jego podatności na zagrożenia, wyposażenia gospodarstw domowych, zmian w strukturach i procesach społecznych oraz strategii utrzymania na obszarach wiejskich powiatu Dailekh. Badania zostały przeprowadzone w granicach określonych pytań badawczych i wyznaczonych celów.

3.4 Populacja i próba

Do badania wybrano dwa komitety rozwoju wsi w powiecie Dailekh, w skład których wchodzą *Kalbhairab* i *Katti* Village Development Committee (VDC) jako obszar badawczy (Rysunek 2). Z dwóch VDC, *Kalbhairab był* stosunkowo blisko (2-3 godziny), a *Katti* był 5-6 godzin pieszo od siedziby dzielnicy. Lokalizacja VDC *w Katti znajduje się we* wschodniej części Dailekh na granicy dystryktu Jajarkot, podczas gdy *Kalbhairab znajduje* się w południowo-zachodniej części dystryktu. Spośród wszystkich stacji wybranych Komitetów Rozwoju Wsi (VDC) dwie stacje z Kalabhairab i dwie stacje z *Katti* VDC zostały wybrane losowo jako próba. Komitet Rozwoju Wsi został podzielony przez rząd Nepalu na dziewięć dzielnic dla celów administracyjnych. Ogółem do próby wybrano 201 gospodarstw domowych (73,35 %), w tym 1227 mieszkańców z 274 gospodarstw domowych (1644 mieszkańców). Uzasadnienie wyboru VDC opierało się na prezentacji kasty/etniczności, prezentacji oddalonych/bliższych siedzib powiatu, średnich/wysokich wzgórz, dostępu do usług rządowych, wydajności upraw na jednostkę powierzchni, zróżnicowanej produkcji roślinnej (ryż, kukurydza, pszenica, proso lisogon, jęczmień, ziemniaki, warzywa, owoce, zwierzęta gospodarskie, itp.)), poziom ubóstwa, grunty nawadniane/nie nawadniane, pokrycie zwiększonej różnorodności nasion/lokalna różnorodność upraw itp.

3.5 Procedura pobierania próbek

W niniejszym badaniu gospodarstwo domowe jest traktowane jako jedna z jednostek analizy. W celu identyfikacji respondentów zastosowano prostą procedurę losowego doboru próby. W przypadku Komitetu Rozwoju Wsi *Katti* losowo wybrano dzielnice 1 i 9, a w przypadku Komitetu Rozwoju Wsi *Kalbhairabskiej dzielnice* 4 i 8. Okręgi zostały wybrane z dziewięciu okręgów w drodze loterii. Lista gospodarstw domowych została sporządzona z wybranych okręgów komisji rozwoju wsi *Katti* i *Kalbhairab* do badań terenowych. Przy użyciu procedury losowego doboru próby, łącznie 201 gospodarstw domowych zostało wybranych losowo z 274 (HH) populacji dwóch stacji *Katti* i dwóch stacji Komitetu Rozwoju Wsi *Czalfajskiej*. Powiat Dailekh jest pokazany na następującej mapie Nepalu (Rys. 2)

3.6 Charakterystyka próbki

Powiat *Dailekh znajduje się* w Mid Hills (region środkowo-zachodni) o powierzchni

1502 kilometrów kwadratowych. Leży na granicy w *Jajarkot-Wschód*, *Achham-Zachód*, *Kalikot-Północ* i *Surkhet-Południe*. Teren studiów znajduje się w Mid Hills. Wybrany obszar jest przeznaczony do niniejszego opracowania.

Rys. 3.2 Mapa powiatu Dailekh z obszarem badawczym

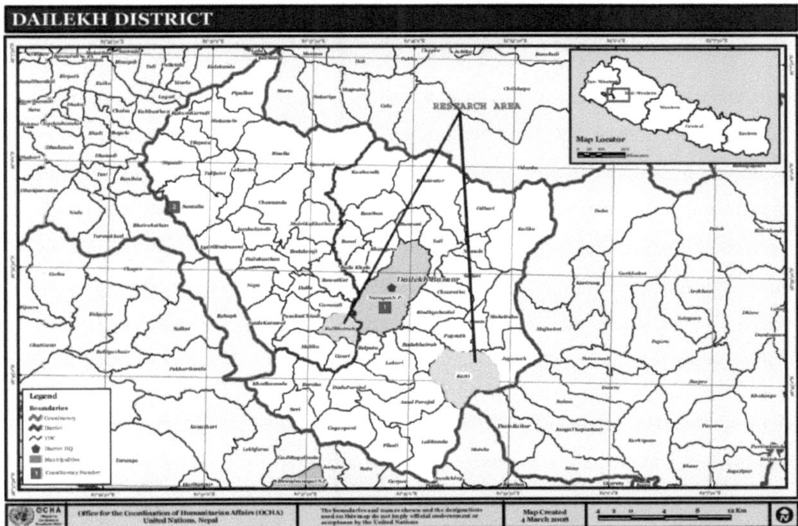

Legenda: Żółte komitety rozwoju wsi reprezentują obszar badań nad bezpieczeństwem żywnościowym i strategiami utrzymania ludności wiejskiej.

Objawy ubóstwa w dystrykcie Dailekh, w tym VDC *Katti* i *Kalbhairav,* wydają się być poważne. Wskaźnik ubóstwa i deprywacji w okręgach Dailekh wynosi 64 z 75 (ICIMOD, CBS i SNV, 2003). Ponad 90 procent ludzi jest uzależnionych od rolnictwa, które jest naturalnie zasilane przez deszcz. Dystrykt ten jest uważany za deficyt żywności od lat 70-tych (Okręgowe Biuro Rozwoju Rolnictwa, 2008). Charakterystyka społeczno-ekonomiczna komitetów rozwoju wsi modelu D reprezentowała różne grupy, w tym *dalitów*, grupy etniczne oraz grupę kastową *Brahmins* i *Chhetri* (ISRC, 2008).

3.7 Metody i procedury gromadzenia danych

3.7.1 Metody: Do gromadzenia danych wybrano podejście i metodologię partycypacyjną. Do gromadzenia informacji w terenie zastosowano metody/narzędzia zgodnie z określonymi celami, które są następujące

Cel nr 1: Ocena stanu geograficznego i obecnego środowiska społeczno-gospodarczego oraz przyczyn braku bezpieczeństwa żywnościowego w gospodarstwach domowych

Wyliczenia i kwestionariusz strukturalny zostały wykorzystane poprzez połączenie pytań otwartych i zamkniętych. Standardowy kwestionariusz został przygotowany i przedstawiony respondentom w podobnej procedurze w celu oceny sytuacji geograficznej i społeczno-gospodarczej, bezpieczeństwa żywnościowego gospodarstw domowych oraz przyczyn braku bezpieczeństwa żywnościowego ludności wiejskiej i obszarów powiatu Dailekh (załącznik 3.8). Źródła wtórne zostały również wykorzystane do porównania danych pomiędzy obszarem objętym badaniem a poziomem krajowym.

Cel nr 2: Analiza kontekstu podatności na zagrożenia, wyposażenia gospodarstw domowych w kapitał naturalny, ludzki, finansowy, fizyczny i społeczny, zmian w strukturach i procesach bezpieczeństwa żywnościowego i środków utrzymania na obszarach wiejskich.

Instrumenty partycypacyjne (Participatory Rural Appraisal), takie jak badania półstrukturalne, ranking zamożności, analiza sezonowa, trend czasowy, itp. oraz inne konwencjonalne instrumenty, takie jak badania ankietowe, wywiady z kluczowymi informatorami, dyskusje w grupach fokusowych oraz narzędzia statystyczne, zostały wykorzystane do gromadzenia informacji na temat kontekstu podatności na zagrożenia, prawa gospodarstwa domowego do zasobów, w tym kapitału naturalnego, ludzkiego, finansowego, fizycznego i społecznego, zmian w strukturach i procesach (polityce i praktykach instytucjonalnych) w obszarze bezpieczeństwa żywnościowego i środków utrzymania na obszarach wiejskich, w tym płci i systemu zarządzania. Lista osób, z którymi konsultowano się podczas dyskusji w ramach grupy fokusowej oraz kluczowych wywiadów z informatorami znajduje się w załączniku 3.9.

Cel 3: Określenie strategii w zakresie bezpieczeństwa żywnościowego i środków utrzymania rolników w odniesieniu do zasobów naturalnych i opcji innych niż oparte na zasobach naturalnych

Badanie półstrukturalne, kwestionariusz dla gospodarstw domowych, narzędzia statystyczne, studia przypadków, obserwacje uczestników itp. zostały wykorzystane do określenia bezpieczeństwa żywnościowego i strategii życiowych rolników w odniesieniu do zasobów naturalnych i opcji nie opartych na zasobach naturalnych (przekazy pieniężne).

Sporządzono prostą listę kontrolną do zadawania odpowiednich pytań respondentom w celu odpowiedzi na już sformułowane pytania badawcze określone we wniosku dotyczącym badań (załącznik 3.10). Metoda Mandali (patrz szczegóły w punkcie 4.3.18) została wykorzystana do określenia czynników, które wpływają na możliwości gospodarstw domowych w analizie bezpieczeństwa żywnościowego i środków utrzymania. W trakcie badania wzięto pod uwagę podejście do równości płci i integracji społecznej (podział pracy między kobietami i mężczyznami, profil dostępu i kontroli oraz profil działalności kobiet i mężczyzn). Przeprowadzono wewnętrzną analizę gospodarstwa domowego w celu określenia dostępu członków gospodarstwa domowego (kobiet i mężczyzn) do żywności. Różne narzędzia i techniki odegrały komplementarną rolę w zbieraniu różnych informacji od społeczności. Odpowiednie instrumenty były ważne dla gromadzenia danych z terenu.

Szczegółowe procesy najważniejszych metod zostały opisane w następujący sposób:

3.7.1.1 Kwestionariusze ustrukturyzowane

Pant (2010) wskazał, że kwestionariusz jest formalną listą pytań wykorzystywanych do zbierania odpowiedzi respondentów na konkretny temat. Przekłada on cele badawcze na konkretne pytania (Pant, 2010, s. 244). Jest to bezpośrednia metoda zarządzania kwestionariuszem.

Poniższy proces został wykorzystany do zebrania danych na miejscu:

i. Zapytał o to i wypełnił go badacz w osobistej sytuacji. Ankieter zarządzał harmonogramem.

ii. Pytania zostały zadane respondentom, a odpowiedź została odnotowana.

iii. lista pytań była dokumentem bardziej formalnym; ankieter nie zmienił jej.

iv. Badacz decydował o punktach spotkań i odpowiednio kontaktował się z respondentami.

v. ankieter wyjaśnia pytania, jeśli respondent nie rozumie zadanych pytań.

vi. Przeprowadzono formalną odprawę w celu wyjaśnienia wszystkich aspektów badań za pomocą serii pisemnych instrukcji.

3.7.1.2 Partycypacyjna ocena obszarów wiejskich (PRA)

Izby zdefiniowały PRA jako podejście i metodę uczenia się od, z i poprzez ludność wiejską o życiu i warunkach na wsi (Chamber, 1997). PRA wykorzystywała różne instrumenty na rzecz bezpieczeństwa żywnościowego i strategii radzenia sobie na obszarach wiejskich, takie jak

Przestrzenna metoda partycypacyjna: Przestrzenne metody partycypacyjne okazały się przydatne w badaniu przestrzennego wymiaru ludzkiej rzeczywistości. Metody te dotyczą mapowania i koncentrują się na tym, jak ludzie postrzegają i odnoszą się do przestrzeni, a nie tylko do aspektów fizycznych, jakie istnieją. Stosowaną metodą przestrzenną jest mapa mobilności, usług oraz problemów i możliwości.

proces:

Do przeprowadzenia wywiadu z respondentami zastosowano następującą procedurę:

i. poprosił jednostkę lub grupę o wyznaczenie granic jednostki geograficznej, która ma zostać omówiona. Uczestnicy zdecydowali, w jaki sposób zaprezentują to na papierze, przy użyciu pisma lub lokalnych materiałów, takich jak ziarno kukurydzy.

ii. zaprosił uczestników do narysowania na dużej kartce papieru zarysów obszaru lokalnego, np. ulic, miast, rzek i granic posesji, a następnie do prześledzenia niezbędnych informacji.

iii. Karta została nieco zmodyfikowana, zanim uczestnicy byli zadowoleni z wyniku. Dodatkowe uwagi pisemne zostały uwzględnione w karcie.

***Metody uczestnictwa oparte na czasie*:** Metody partycypacyjne oparte na czasie zostały wykorzystane do badania czasowych wymiarów ludzkiej rzeczywistości. Co było tak szczególnego w tych metodach partycypacyjnych, że pozwolono ludziom korzystać z ich własnej koncepcji czasu? W ćwiczeniu w terenie wykorzystano analizę trendu, wykres sezonowy i plan dziennej aktywności.

Analiza trendu koncentrowała się na zmianach, które zaszły w pewnych okresach czasu. Plan dziennej aktywności przedstawiał sposób, w jaki ludzie spędzali dzień od momentu wstania do łóżka. Wykresy sezonowe przedstawiały zmiany w życiu ludzi w cyklu rocznym oraz w różnych porach roku i miesiącach.

Metody powiązań: Ta kategoria metod partycypacyjnych obejmowała: schematy systemowe, metodę rankingu bogactwa, metody rankingu parami, metody oceny macierzy/rankingu, analizę źródeł utrzymania, itp. Metody te były często wykorzystywane do badania zależności między różnymi elementami lub różnymi aspektami tego samego elementu w danej dziedzinie.

Opisano niektóre metody relacyjne, które są następujące

Ranking i ustalanie priorytetów: Ranking ma zasadnicze znaczenie przy porównywaniu elementów lub informacji w oparciu o siłę, znaczenie lub inne wcześniej określone kryteria. Prostym przykładem rankingu jest poproszenie uczestników sesji o przypisanie liczby od jednego do dziesięciu do konkretnego działania w zależności od ich opinii na temat jego skuteczności. Może to pobudzić dyskusję w szerszej grupie na temat działań wspólnotowych. Idąc dalej i przypisując każdemu z elementów wartość w stosunku do pozostałych, ustalamy priorytety poprzez określenie względnej wagi, siły lub wartości każdego z nich.

Identyfikacja gospodarstw domowych na podstawie wcześniej określonych wskaźników odnoszących się do warunków społeczno-gospodarczych. Metoda ta koncentruje się raczej na relatywnym uszeregowaniu warunków społeczno-ekonomicznych ludzi (np. stosunkowo zamożnych i znajdujących się w gorszej sytuacji) niż na ocenie bezwzględnej.

proces:

Do przeprowadzenia wywiadu z respondentami zastosowano następującą procedurę:

Przede wszystkim wyjaśniono, co oznacza "gospodarstwa domowe" na poziomie lokalnym, ponieważ lokalne definicje terminów takich jak "gospodarstwo domowe", "związek" czy "rozszerzona rodzina" są bardzo różne. Następnie dyskutowano o tym, co stanowi dobre samopoczucie na poziomie lokalnym. Zapytano, czy istnieją różnice między gospodarstwami domowymi i jakiego rodzaju są to różnice. Zazwyczaj prowadziło to do dyskusji o obcych grupach lub o poziomie dobrobytu w społeczności.

Dobry ranking z kartami:

i. Każde nazwisko było zapisane na kartce.

ii. Następnie karty zostały posortowane na różne stosy w podobnie uszeregowanych gospodarstwach domowych. Zaczęliśmy od dwóch dowolnych gospodarstw domowych i poprosiliśmy ludzi, aby je porównali, aby sprawdzić, które z nich jest lepsze od drugiego. Jeśli mieli różne poziomy zamożności, byli umieszczani na różnych stosach kart. Jeśli były mniej więcej takie same, były wrzucane do jednego stosu.

iii. Jedno po drugim porównywano pozostałe gospodarstwa domowe z dwoma pierwszymi. Doprowadziło to do zidentyfikowania nowych poziomów, jeśli były one gorsze lub lepsze od sklasyfikowanych już gospodarstw domowych. Można było ustalić, że mieli oni podobny poziom zamożności jak istniejąca grupa gospodarstw domowych i tym samym przenieśli się do istniejącego stosu gospodarstw domowych. Każdy stos był ponumerowany na jednego informatora, dzięki czemu wiedzieliśmy, na który stos każde gospodarstwo domowe zostało sklasyfikowane.

iv. Powtórzono to trzykrotnie, a następnie obliczono średnią wartość w celu wyeliminowania uprzedzeń respondentów co do wiedzy. Obliczenia zostały przeprowadzone w następujący sposób. Wynik dla każdego gospodarstwa domowego dla każdego informatora został napisany w następujący sposób (przy czym najlepszym stosem jest stos 1)

$$\frac{\text{Stos Liczba gospodarstw domowych}}{\text{Łączna liczba stosów}} * 100$$

Obliczony średni wynik dla każdego gospodarstwa domowego jako suma jego ocen podzielona przez liczbę jego ocen. Gospodarstwa domowe muszą mieć dwie oceny, które należy uwzględnić. Więc jeśli tylko jedna osoba wie, jak sklasyfikować gospodarstwo domowe, nie było wystarczająco dużo informacji o niej, aby ją włączyć. Średni wynik dla każdego gospodarstwa domowego zapisaliśmy w dużych ilościach na kartach katalogowych. Układaj karty indeksowe od najniższego do najwyższego średniego wyniku (od najlepszego do najgorszego). Podzieliliśmy karty rankingowe na grupy, w których istnieje wyraźna grupa ocen.

Ranking dobrobytu koncentruje się na postrzeganiu dobrobytu społeczności, takich jak status, wielkość kraju i rodziny, dochody, itp. Metoda ta była przydatna w przypadku tworzenia rankingów w grupach o ograniczonej wielkości (50-75 HHs).

Proporcjonalne układanie w stosy: Proporcjonalne układanie w stosy zostało wykorzystane do określenia względnego znaczenia różnych rzeczy. W odniesieniu do bezpieczeństwa żywnościowego pokazało ono względne znaczenie różnych źródeł żywności i zmiany we względnej ważności po danym wydarzeniu. Ludzie zostali poproszeni o zidentyfikowanie swoich głównych źródeł żywności lub sposobów jej pozyskiwania. Następnie wybrali symbole reprezentujące te źródła żywności i położyli je na podłodze. Na tle tych symboli rozłożyli oni stałą liczbę kukurydzy (zazwyczaj 100), przy czym kukurydza ta pokazuje swoje względne znaczenie. Więc jeśli było 50 nasion kukurydzy przeciwko produkcji roślin, oznacza to, że stanowiły one około 50 procent źródła żywności respondentów.

Sezonowa prezentacja: W przypadku programu sezonowego mieszkańcy opisali czynniki sezonowe związane z bezpieczeństwem żywnościowym, takie jak cykl produkcyjny różnych roślin spożywczych (sadzenie, odchwaszczanie i zbiór); produkcja różnych produktów zwierzęcych; zapotrzebowanie na siłę roboczą. Przydało się to do podkreślenia sezonowych różnic w zaopatrzeniu w żywność i dostępie do niej, a także do określenia "sezonu głodowego", okresu obfitości, itp.

3.7.1.3 Wywiad częściowo ustrukturyzowany

W CELU uzyskania informacji osobistych od osoby lub małej grupy, dyskusje prowadzone są w oparciu o szereg ogólnych pytań, chociaż w wyniku dyskusji mogą pojawić się nowe pytania. Z punktu widzenia badań ankietowych, wywiady semi-strukturalne mają kluczowe znaczenie dla rozwoju głębszego zrozumienia zwłaszcza pytań jakościowych. Ponieważ ankiety mają charakter otwarty (z wykorzystaniem list kontrolnych), są przydatne do oceny np. niezamierzonych skutków (pozytywnych i negatywnych), opinii na temat znaczenia i jakości usług i produktów itp.

proces:

Poniższa procedura została wykorzystana do przeprowadzenia półstrukturalnego wywiadu z respondentami:

i. określa cel i potrzeby informacyjne badania oraz formułuje listę kontrolną wywiadu z pytaniami otwartymi Zadbano o to, aby pytania były skonstruowane w taki sposób, aby respondenci mogli wyrazić swoje opinie w dyskusji. Logiczny ciąg pytań ułatwił przebieg dyskusji;

ii. uzgodnić, kto powinien być przesłuchiwany, ile jest potrzebnych w ramach próby i czy rozmowy powinny być prowadzone z osobami indywidualnymi czy w grupie

iii. zebrać i przeszkolić zespół ludzi, aby upewnić się, że rozumieją cel i rozwijają odpowiednie umiejętności (jak ułatwić dyskusję, sporządzać dokładne i przydatne szczegółowe notatki itp.));

iv. Moderator udzielił respondentom krótkiej informacji o celu badania, aby zapewnić sprawny przebieg dyskusji;

v. Wreszcie, badacz przeanalizował informacje uzyskane z wywiadów.

3.7.1.4 Dyskusja w grupie dyskusyjnej

Poniższa procedura została przyjęta podczas badania grupy fokusowej:

i. określił uczestników (najlepiej cztery do ośmiu osób) zgodnie z naszym celem (z jednorodną lub niejednorodną grupą). zadał grupie ogólne pytanie (np: "Jaki, Pana zdaniem, wpływ miała konkretna interwencja na osiągnięcie zrównoważonego użytkowania gruntów?)

ii. omówiła kwestie dotyczące uzgodnionego wcześniej okresu. Interwencja facylitatora była minimalna, z wyjątkiem zapewnienia, aby każdy miał coś do powiedzenia.

iii. sporządził szczegółowe notatki z dyskusji na potrzeby analizy.

3.7.1.5 Studium przypadku

Young zdefiniował, że studium przypadku jest kompleksowym badaniem podmiotu społecznego - czy to jednostki, grupy, instytucji społecznej, sąsiedztwa czy społeczności (Young, 1992, s. 247). Mówi się, że Frederic Le Play (1806-1882) wprowadził metodę studium przypadku do nauk społecznych. Herbert Spencer, angielski socjolog filozoficzny (1820-1903), jako pierwszy wykorzystał materiał przypadku w swoich badaniach etnograficznych. W badaniu wykorzystano metodę studium przypadku w celu zbadania strategii bezpieczeństwa żywnościowego i źródeł utrzymania.

3.7.1.6 Obserwacja bezpośrednia/obserwacja uczestnicząca

Baker zdefiniował obserwację bezpośrednią jako formę obserwacji, w której obserwator musi być nieco zsocjalizowany do środowiska społecznego, w którym prowadzona jest obserwacja. Kiedy już będziemy mieli środowisko i temat, musimy jeszcze zdecydować, co będziemy obserwować na miejscu. Można zaobserwować następujące rzeczy:

Środowisko, ludzi i ich relacje, zachowanie, działania i czynności, zachowanie werbalne, postawy psychologiczne, historia i przedmioty fizyczne itp. można obserwować in situ (Baker, 1999, s. 246). Przeprowadzono bezpośrednie obserwacje w celu zebrania informacji na temat mapowania bogactwa, roślinności (lasy, pasze, rośliny lecznicze, woda pitna, ziemia, uprawy, warzywa, owoce itp.)

3.7.1.7 Skalowanie względne

Nakkiran i Ramesh zdefiniowali skalowanie jako technikę służącą do pomiaru niektórych aspektów ludzkich zachowań za pomocą precyzyjnej skali. W najprostszej formie pomiar polega na zastąpieniu symbolu lub nazwy rzeczywistego obiektu (Nakkiran i Ramzesz (2010, s. 240).

Rensis Likert opracował pomysłową technikę konstruowania skali sumarycznej.

proces:

Poniższa procedura została zastosowana przy zastosowaniu skalowania względnego:

i. Ocena obejmowała pięć kategorii odpowiedzi: "zdecydowanie zgadzam się", "zgadzam się", "zgadzam się niezdecydowanie", "nie zgadzam się" i "zdecydowanie nie zgadzam się".

ii. Stwierdzenia te zostały podzielone na korzystne i niekorzystne.

iii. w przypadku twierdzeń korzystnych, waga przypisana silnemu porozumieniu, porozumieniu, remisowi, nieporozumieniom, silnym nieporozumieniom wynosi po 5, 4, 3, 2, 1; a w przypadku twierdzeń niekorzystnych, waga przypisana jest po 1, 2, 3, 4 i 5. Tym samym zgoda na korzystne oświadczenia i brak zgody na niekorzystne oświadczenia były traktowane jako równoważne.

iv. Duża liczba wypowiedzi została przedstawiona grupie respondentów, którzy byli reprezentatywni dla tych, dla których kwestionariusz był przeznaczony.

v. Analizie poddano odpowiedzi w celu określenia, które pozycje dyskryminują osoby z wysoką i niską punktacją.

Metoda ta jest nadal dość przydatna do mapowania postrzegania rolników do Powiatowego Biura Rozwoju Rolnictwa.

3.7.1.8 Analiza płci

Narzędzie to zostało wykorzystane do poznania relacji między kobietami i mężczyznami (podział pracy), dostępu do zasobów produkcyjnych i kontroli nad nimi oraz codziennego profilu działalności. Zbadano społecznie zorganizowane interakcje między mężczyznami i kobietami.

Proces

W trakcie rozmowy z respondentami przyjęto następujące kroki:

i. zbadał podział ról i obowiązków związanych z płcią;

ii. określić nierówności w tych relacjach i ich przyczyny

iii. określenie krótko- i długoterminowych potrzeb kobiet i mężczyzn;

iv. Przy uzyskiwaniu informacji brano pod uwagę ograniczenia czasowe i związane z mobilnością kobiet. Dane zostały zdezagregowane według płci, wieku, struktury rodziny i innych istotnych czynników;

v. zauważył, że kryzys w różny sposób dotknął mężczyzn i kobiety (zatrudnienie, obciążenie pracą, prace domowe, mobilność, opieka nad dziećmi, sieci społeczne, zasoby, podejmowanie decyzji itp.)

3.7.2 Metody gromadzenia danych

W trakcie badania wybrano podejście partycypacyjne, angażujące kobiety, mężczyzn, dalitów (Kami, Damai i Sharki) i grupy etniczne jako aktywnych partnerów w rozwoju obszarów wiejskich. Do zebrania danych ilościowych z terenu wykorzystano kwestionariusz. Kwestionariusz został wstępnie przetestowany w Dailekh i zawierał komentarze i sugestie respondentów ze społeczności. Po wypełnieniu kwestionariusza badacz zebrał dane z obszarów objętych dochodzeniem na podstawie operatu/wykazu próbek przy zastosowaniu procedury losowego pobierania próbek. Informacje pierwotne i wtórne zostały przeanalizowane po zakończeniu prac w terenie.

Następujące kroki zostały podjęte w celu zebrania danych z wszechświata:

- skontaktował się i formalnie poinformował Okręgowe Biuro Administracji o badaniu, przekazując pismo z Centralnego Wydziału Rozwoju Wsi Uniwersytetu Tribhuvana w Kirtipur, Nepal.

-Poinformuj komitet rozwoju wsi i społeczności o badaniach.

-Przygotowanie kwestionariusza i listy kontrolnej do dyskusji w grupie fokusowej. Kwestionariusz został opracowany szczegółowo, biorąc pod uwagę cel badawczy, jakim było zebranie danych ilościowych. Lista kontrolna pytań została również zdefiniowana do dyskusji w grupie fokusowej, zwłaszcza w celu zebrania danych jakościowych.

Wstępnie przetestowany kwestionariusz i lista kontrolna w Dailekh. Kwestionariusz został poprawiony w oparciu o sugestie z terenu, a ostateczny kwestionariusz był zarządzany w celu gromadzenia danych na miejscu.

3.8 Procedury szacowania

Procedury szacowania są następujące:

3.8.1 Statystyki opisowe

Dane zebrane w terenie zostały przeanalizowane przy użyciu narzędzi statystycznych, takich jak rozkład częstotliwości, procent i średnia, test Chi-kwadratowy, test Z i przedział ufności, aby opisać niezależne zmienne, które obejmują wiek, kastę/etniczność, poziom wykształcenia, wielkość rodziny, wzorce własności ziemi, dostęp do wody i urządzeń sanitarnych, obiekty zdrowia publicznego, własność zwierząt gospodarskich, produkcja zbóż, warzyw, owoców, wzorce upraw, dostęp do lasu, zbieranie żywności jadalnej z lasu, rodzaj gleby, jakość gleby (nawadniana i górska), dostosowanie do zmian klimatycznych, identyfikacja mniej priorytetowych gatunków roślin uprawnych, transport i urządzenia komunikacyjne, wiedza, umiejętności itp. Podobnie, zmienne zależne, takie jak wydajność roślin na jednostkę powierzchni, dostęp do rynku, miesięczna samowystarczalność żywnościowa, podatność na zagrożenia itp. zostały zmierzone przy użyciu technik ilościowych. Do kodowania i tabelowania danych wykorzystano oprogramowanie komputerowe SPSS-16 (Pakiet Statystyczny dla Studiów Społecznych).

3.8.2 Analiza jakościowa

Wykorzystując wywiady półstrukturalne, dyskusje w grupach fokusowych, obserwacje uczestników, analizy sezonowe, trendy czasowe, mapy mobilności, stosy proporcjonalności i metodę studium przypadku, w badaniu badano trendy w zakresie bezpieczeństwa żywnościowego, wahania sezonowe, okres deficytu żywności, analizy rynkowe, identyfikację najlepszych praktyk w zakresie produkcji, przetwarzania i przechowywania żywności, wzorce konsumpcji, system dystrybucji i dostęp do usług w zakresie upowszechniania wiedzy rolniczej, oferowane przez rząd i sektor prywatny, Na poziomie gospodarstw domowych, źródła żywności, **zwyczaje żywieniowe** ludzi, praktyki kulturowe, strategie radzenia sobie z problemami ludności wiejskiej w celu zapewnienia bezpieczeństwa żywnościowego na poziomie gospodarstw domowych, równość płci i włączenie społeczne (podział pracy, profil działalności i analiza dostępu i kontroli), analiza konsumpcji żywności w gospodarstwach domowych, problemy ludności wiejskiej, analiza zrównoważonego rozwoju itp. analizowany. Różne zestawy matryc zostały stworzone w celu zbierania informacji jakościowych.

W trakcie badań terenowych, ośmiu pomocników, takich jak "dlaczego", "co", "co/kogo", "jak" i "ile", "co", "gdzie", "kiedy" zostało wysłanych do zbadania kwestii bezpieczeństwa żywnościowego i strategii radzenia sobie z problemami ludności wiejskiej. Tych ośmiu pomocników, gdy mam ich na myśli, pomaga w prowadzeniu wywiadów, które badają "światopoglądy" na sprawy z różnych perspektyw. Pomogły one wypełnić luki w analizie, a także sprawdzić krzyżowo odpowiedzi. Na liście ośmiu pomocników można poprosić lub nie o wszystkie odpowiedzi, w zależności od stopnia znajomości uczestnika. Niemniej jednak ośmiu pomocników zaoferowało miejsce zarówno na krótką analizę, jak i na dogłębną analizę tematu w razie potrzeby. Ta sama ósemka wolontariuszy pomogła w dłuższych dyskusjach, aby dowiedzieć się więcej szczegółów na temat przyczyn braku bezpieczeństwa żywnościowego oraz określić strategiczne opcje produkcji żywności, dostępności, wykorzystania i zrównoważonego rozwoju itp.

3.9 Źródła danych

Zebrano zarówno informacje pierwotne, jak i wtórne. Podstawowe informacje zostały zebrane w drodze badań terenowych z wykorzystaniem badań gospodarstw domowych oraz podejścia i metod partycypacyjnych. Wtórne informacje zostały zebrane poprzez przegląd literatury związanej z tym tematem. Dostępne dokumenty dotyczące polityki, planów długoterminowych, strategii, sprawozdań i opublikowanych artykułów prasowych zostały poddane przeglądowi w odniesieniu do bezpieczeństwa żywnościowego i strategii utrzymania ludności wiejskiej w celu sporządzenia analizy polityki.

3.10 Kwestie etyczne związane z badaniami

Uwzględniono zasady etyki badawczej, w tym projektowanie badań w narażonych społecznościach wiejskich, zgodę uczestników i informacje oraz specyficzne sytuacje. Zebrane informacje nie zostały udostępnione bez zgody społeczności. Poszczególne profile nie zostały ujawnione. Badacz chronił anonimowość studium przypadku osób. Członkowie Wspólnoty, tacy jak kobiety i mężczyźni, byli szanowani podczas zbierania danych i analizy informacji. Badacz przetestował potencjalne narzędzia metodologiczne, aby upewnić się, że pytania były dyskretne (ale nie niekwestionowane) i dostosowane do kultury, płci i wieku. Wszyscy uczestnicy badania zostali uznani w raporcie końcowym.

3.11 Różnice metodologiczne

Do badań terenowych i analizy informacji wykorzystano następujące innowacyjne podejścia i metody:

3.11.1 Ważenie metod ilościowych i jakościowych

Dokonano kompromisu pomiędzy ilościowymi i jakościowymi metodami gromadzenia danych. Kompleksowy, ustrukturyzowany kwestionariusz został opracowany w celu zebrania informacji na temat bezpieczeństwa żywnościowego i strategii utrzymania na obszarach wiejskich na poziomie gospodarstw domowych, w tym demografii, zamożności kapitału, zmian klimatu, gruntów, dochodów i wydatków itp.

Lista kontrolna pytań otwartych została opracowana w oparciu o wywiady półstrukturalne, dyskusje w grupach fokusowych, wywiady z kluczowymi informatorami oraz narzędzia/techniki partycypacyjne służące do zbierania informacji jakościowych na temat produkcji roślinnej, skuteczności usług z zakresu upowszechniania wiedzy rolniczej, dostępu do żywności, cen rynkowych, zarządzania, dynamiki rozwoju w czasie, dostępu do zasobów i ich kontroli, podziału pracy ze względu na płeć, codziennego profilu aktywności mężczyzn i kobiet, etosu ochrony przyrody itp. Studium przypadku zostało również przeprowadzone w celu zebrania najlepszych praktyk, pozytywnych i negatywnych aspektów społeczno-gospodarczych, technicznych i środowiskowych związanych z bezpieczeństwem żywnościowym i strategiami radzenia sobie z problemami ludności wiejskiej. Przyczyny braku bezpieczeństwa żywnościowego zostały zidentyfikowane w drodze dyskusji w grupach fokusowych i wywiadów z kluczowymi informatorami.

3.11.2 Triangulacja

Proces triangulacji odbywał się w terenie podczas procesu zbierania danych poprzez sprawdzanie informacji pod kątem różnych miejsc, kast, pochodzenia etnicznego, płci i klasy społecznej. Opracowano narzędzia ilościowe i jakościowe do triangulacji informacji ze społecznością, władzami okręgów, lokalnymi dziennikarzami i działaczami społeczeństwa obywatelskiego itp. Bezpośrednia obserwacja została przeprowadzona na miejscu. Proces ten przyczynił się do zwiększenia zasadności i wiarygodności badań.

3.11.3 Analiza w gospodarstwie domowym

Analiza w gospodarstwie domowym została przeprowadzona przy użyciu matrycy oceny w celu wykazania dostępu do żywności, obciążenia pracą i szacunku między członkami rodziny według płci i pokrewieństwa. Metoda ta okazała się być innowacyjna w gromadzeniu informacji na temat ról i relacji między płciami, dostępu i kontroli oraz relacji władzy między członkami rodziny.

3.11.4 Bezpieczeństwo żywnościowe i środki utrzymania kwestią wielowymiarową

W metodzie konwencjonalnej kwestia bezpieczeństwa żywnościowego była traktowana jako zagadnienie techniczne z zakresu nauk i technologii rolniczych na potrzeby badań i studiów. W niniejszym opracowaniu bezpieczeństwo żywnościowe jako zagadnienie społeczne, gospodarcze, kulturowe i polityczne jest uważane za zagadnienie wielowymiarowe. Polityka i praktyki rządowe zostały przedstawione wokół kwestii bezpieczeństwa żywnościowego na poziomie gospodarstw domowych, społeczności, okręgów i kraju.

3.11.5 Zintegrowane podejście do badania bezpieczeństwa żywnościowego i źródeł utrzymania

W klasycznej perspektywie bezpieczeństwo żywnościowe jest rozpatrywane w ramach jednego portfela sektora rolnego. W niniejszym badaniu uwzględniono różne podsektory, takie jak hodowla zwierząt gospodarskich, leśnictwo (dzikie gatunki roślin jadalnych), praca w domu, dochody pozarolnicze i przekazy pieniężne pieniężne w celu analizy bezpieczeństwa żywnościowego i strategii utrzymania ludności wiejskiej w gospodarstwie domowym.

W związku z tym badanie to przyczyniło się do zmiany metodologii i wyników badań poprzez wykorzystanie koszyka narzędzi i technik oraz analizę danych w sposób zdezagregowany według wieku, płci, klasy społecznej, kasty/etniczności, czynników związanych z bezpieczeństwem żywnościowym, takich jak zmiany klimatu, zarządzanie, edukacja i zdrowie, dostęp do rynków, sieć dróg wiejskich, własność gruntów, aspekty zarządzania, luka między polityką i praktykami rządowymi itp.

3.12 Wniosek

Przyjęto teoretyczne ramy dla badań nad bezpieczeństwem żywnościowym. W trakcie badań terenowych opracowano i przyjęto metodologię badań społecznych. Są to badania przekrojowe dotyczące populacji próby. Badanie to zostało przeprowadzone w terenie poprzez dobór próby respondentów z określonej populacji i dostarczenie im standardowego kwestionariusza. Poza kwestionariuszem badania gospodarstw domowych, do zbierania informacji ilościowych i jakościowych od respondentów wykorzystano obserwację bezpośrednią, dyskusję w grupach fokusowych, przesłuchanie kluczowych informatorów oraz narzędzia studium przypadku. Do badania wybrano dwa komitety rozwoju wsi w powiecie Dailekh, w skład których wchodzą *Kalbhairab* i *Katti* Village Development Committee jako obszary próbne.

W trakcie badania wybrano podejście partycypacyjne, angażujące kobiety, mężczyzn, dalitów (Kami, Damai i Sharki) i grupy etniczne jako aktywnych partnerów w rozwoju obszarów wiejskich. Przygotowano i wykorzystano kwestionariusz do zebrania danych ilościowych z terenu. Po wypełnieniu kwestionariusza, badacz zebrał dane z badanych obszarów. Informacje pierwotne i wtórne zostały przeanalizowane po zakończeniu prac w terenie. Dane zebrane w tym polu zostały przeanalizowane przy użyciu statystyk opisowych do opisu niezależnych zmiennych. Badanie to zmieniło metody i wyniki badań, wykorzystując koszyk narzędzi i technik oraz analizując dane w sposób zdezagregowany według wieku, płci, klasy społecznej, kasty/etniczności, czynników związanych z bezpieczeństwem żywnościowym i strategią życiową.

Rozdział 4
Środowisko geograficzne i społeczno-gospodarcze

4.1 Tło

W niniejszym rozdziale omówiono podstawowe warunki geograficzne i społeczno-gospodarcze badanego obszaru. W kontekście geograficznym opisano profil badanego obszaru, schemat opadów, klimat, schematy upraw w regionie itp. Główne cechy społeczno-ekonomiczne analizowały parametry ludnościowe badanego obszaru poprzez porównanie danych krajowych. Ponadto oceniono aspekty ekonomiczne, w tym odwzorowanie zamożności klasy społecznej, ogólną sytuację w zakresie bezpieczeństwa żywnościowego i statusu bytowego, podstawowe usługi dostępne w społeczności, a także przyczyny braku bezpieczeństwa żywnościowego i niepewnych możliwości utrzymania się w badanym obszarze. Niniejszy rozdział ma na celu dostarczenie informacji w kontekście celu numer jeden.

4.2 Ramy geograficzne

4.2.1 Profil obszaru badań

Obszar studiów - Katti i Komitet Rozwoju Wsi Kalbhairabskiej - jest jednym z najbardziej znaczących w dzielnicy Dailekh w Nepalu. Obszar ten jest naturalnie obdarzony różnorodnymi środowiskami biofizycznymi z możliwościami produkcji zbóż, warzyw i owoców. Teren badań znajduje się na północ od gór Mahabharat. Posiada niechlujne wzgórza o subtropikalnym, ciepłym i umiarkowanym klimacie. Jednak na wzgórzach Komitetu Rozwoju Wsi *Katti*, okręgu nr 1, w sezonie zimowym na wysokości 1800-2000 m n.p.m. występują opady śniegu. Powiat Dailekh znajduje się w środkowo-zachodnim regionie Nepalu o powierzchni 1502 kilometrów kwadratowych. Leży na granicy w Jajarkot-East, Achham-West, Kalikot-North i

Surkhet-South. Z ekologicznego punktu widzenia 80 procent wzgórz i 20 procent obszarów jest górzystych. Administracyjnie powiat podzielony jest na 55 komitetów rozwoju wsi i jedną gminę. Charakterystyka społeczno-gospodarcza powiatu, łącznie z badanymi obszarami, reprezentowała różne grupy, w tym grupę etniczną Dalitów, Braminów i grupę kastową Chhetri (patrz szczegóły w części Środowisko społeczno-gospodarcze).

4.2.2 Wzorce opadów deszczu i sezonowość

Deszcze monsunowe zaczynają się w czerwcu i kończą we wrześniu. W ubiegłym roku całkowita roczna suma opadów na badanym obszarze wyniosła 1784 mm. Łącznie w Katedrze Hydrologii i Klimatologii zarejestrowano 102 roczne dni deszczowe. Średnia temperatura powietrza została podana jako maksymalna $25,^{30°C}$ i minimalna $10,^{50°C.}$ Maksymalna bezwzględna temperatura ekstremalna została zmierzona w czerwcu przy $37,^{40°C}$, a minimalna w styczniu przy 2,20°C (ISRC, 2008). Kalendarz sezonowy (załącznik 4.11) przedstawia czas sadzenia i zbioru plonów, występowanie chorób zwierząt gospodarskich, okres niedoborów żywności, czas sezonowej migracji, miesiące opadów, okres suszy itp. na danym obszarze. Czas lokalnych festiwali jest również pokazany w kalendarzu sezonowym.

4.2.3. Schemat montażowyn

Ze względu na różne warunki rolno-klimatyczne, rolnicy już dawno temu wprowadzili różne metody uprawy. Niektóre z dominujących wzorów upraw w różnych strefach agroekologicznych badanego obszaru są następujące (tabela 4.1). Odnotowano trzy główne rodzaje stref agroekologicznych w odniesieniu do wzorców upraw na badanym obszarze.

Tabela 4.1

Dominujące wzorce upraw według stref agroekologicznych

	Wzór montażowy	
Strefy agroekologiczne	Nawadniane	Nasiąknięty deszczem
Smoła i przedgórze	1. ryż - pszenica 2. ryż - soczewica 3. ryż - musztarda 4. ryż - cebula 5. ryż - ryż 6. ryż - kukurydza jara 7.ryż warzywa ozime	Kukurydza - Pszenica Kukurydza - Ziemniak Kukurydza - pszenica + groch Kukurydza - pszenica + tori Kukurydza - soczewica + cowpeas

Middle Hills Wysokie wzgórza	1. ryż - pszenica 2. ryż - cebula 3. ryż - musztarda + trawa krabowa 4. ryż - ziemniak 5. ryż - soczewica 6. ryż - cowpeas	Ryż góralski - ugór Highland Rice + Kukurydza - grunty ugorowane Kukurydza - Pszenica Kukurydza - Ziemniak Kukurydza - musztarda proso + soja - pszenica Ryż góralski - ugór Kukurydza + trawa krabowa Kukurydza - ziemia ugorowana Kukurydza + fasola - ziemia ugorowana Ziemniak - ugory Warzywa - ugory

Źródło: Dyskusja w grupach fokusowych, 2011 r.

4.3 Środowisko społeczno-gospodarcze

4.3.1 Skład wiekowy

Wiek jest ważniejszą zmienną w badaniach demograficznych niż dynamika przyrostu ludności. Najwyższy odsetek ludności należy do grup wiekowych 15-49 i 6-14 lat, które stanowią odpowiednio 48,9 proc. i 23,1 proc. Dzieci poniżej jednego roku życia stanowiły 2,3 proc., dzieci w wieku od dwóch do pięciu lat 10,2 proc., a ludność w wieku 50-59 lat 7,2 proc. Pozostali 60-74-latkowie stanowili 7 proc., a ponad 75-latkowie 1,3 proc. ogółu populacji (tabela 4.2).

Tabela 4.2
Ludność według wieku (N=1227)

Grupy wiekowe (lata)	Częstotliwość:	Procent
< 1	28	2.3
2 – 5	125	10.2
6- 14	284	23.1
15 – 49	600	48.9
50- 59	88	7.2
60 – 74	86	7.0
75 i więcej	16	1.3
Razem	1227	100.0

Źródło: Opracowanie terenowe 2011

4.3.2 Skład osobowy płci

Łączna liczba ludności na badanym obszarze wyniosła 1227 osób (kobiety 619 i mężczyźni 608), w tym 201 gospodarstw domowych objętych próbą, z czego 50,45 proc. stanowiły kobiety i 49,55 proc. mężczyźni.

4.3.3 Równowaga płci

Ogólny wskaźnik płci (liczba mężczyzn na 100 kobiet) w badanym obszarze wyniósł 98. W Nepalskim Badaniu Siły Roboczej II (NLFS 2008) szacuje się, że średni stosunek płci w Nepalu wynosi 90. Stosunek płci w badanym obszarze jest znacznie wyższy niż w kraju. Jest to kwestia demograficzna, która wymaga dalszych badań.

4.3.4 Wielkość rodziny

Przeciętna wielkość rodziny na badanym obszarze wynosiła 6,10 osoby na rodzinę. Liczba ta jest wyższa od średniej wielkości rodziny (4,9) w Nepalu (NLFS-II 2008). Gęstość zaludnienia w powiecie Dailekh wynosi 177 osób na kilometr kwadratowy, natomiast w Nepalu 188 osób.

4.3.5 Skład kastowy i etniczny

Pole badań zostało przedstawione jako cross-caste i etnicznie złożone. *Chhetri* stanowiły 50,2 procent, Dalitowie (Kami, Damai i Sharki) 28,4 procent, *Brahmins* 14,4 procent i *Janajati* 7 procent ogółu gospodarstw domowych (tabela 4.3). Badanie to wykazało, że Chhetri są dominującą grupą kastową w regionie, a *Dalitowie zajmują* drugie miejsce w porównaniu z kastą i etnicznością Nepalu. Ogółem Chhetri stanowiły 15,80 procent, Dalitów 12,8 procent, Braminów 12,74 procent, a *Janajati* 37,5 procent całkowitej populacji Nepalu.

Tabela 4.3
Skład populacji według kast/grupy etnicznej (N=201)

Kasta/etniczność	Częstotliwość:	Procent
Brahman	29	14.4
Chhetri	101	50.2
Dalit (Kami, Damai i Sharki)	57	28.4
Janajati	14	7.0
Brak odpowiedzi	0.0	0.0
Razem	**201**	**100**

Źródło: Opracowanie terenowe 2011

4.3.6 Stan cywilny

System małżeństwa jest uniwersalnym zjawiskiem w badanej dziedzinie. Odsetek zamężnych kobiet i mężczyzn wynosił 78,2 procent, podczas gdy odsetek niezamężnych kobiet i mężczyzn wynosił 21,4 procent. Odsetek pojedynczych osób wynosi tylko 0,4% (tabela 4.4).

Tabela 4.4

Ludność według stanu cywilnego (N=789)

Stan cywilny (15 lat i liczenie)	Częstotliwość:	Procent
Niezamężna	170	21.4
Żonaty	617	78.2
Samotne kobiety	3	0.4
Brak odpowiedzi	0.0	0.0
Razem	**790**	**100.0**

Źródło: Opracowanie terenowe 2011

4.3.7 Związek zależności

Współczynnik obciążenia demograficznego definiuje się jako liczbę osób w "wieku zależności" (0-14 lat; oraz 60 lat i więcej na sto osób w "wieku produkcyjnym" (15-59 lat). Współczynnik zależności w badanym obszarze wynosi 78, natomiast w Nepalu 84 (CBS, 2004a).

4.3.8 Dostęp do podstawowych usług

CBS (2004a), zdefiniowany jako trzydziestominutowy czas podróży w jedną stronę, jest stosowany jako standard dla porównania dostępności różnych usług (CBS, 2004a). Duża część gospodarstw domowych wskazała, że do większości podstawowych usług jednokierunkowych można dotrzeć z 2-3 godzinnym czasem podróży. Większość gospodarstw domowych ma dostęp do poczty zdrowia, poczty, szkół, uzdrowiciela cudów, lokalnego rynku i zarządcy dróg w ciągu 0,5 godziny na terenie badań. Większość gospodarstw domowych (61,4%) ma dostęp do centrum usług rolniczych w ciągu 1-2 godzin. Zdecydowana większość gospodarstw domowych (85 %) ma dostęp do centrum obsługi zwierząt gospodarskich w ciągu 2-3 godzin. Prawie wszystkie gospodarstwa domowe mają dostęp do drogi w ciągu 0,5-1 godziny w jednym kierunku na badanym obszarze. Cena rynkowa towarów i usług została obniżona dzięki lepszemu dostępowi do czołówki w badanym obszarze (tabela 4.5).

Tabela 4.5
Gospodarstwo domowe informuje o czasie podróży w podstawowej opiece zdrowotnej (% HA)

Źródło: Opracowanie terenowe 2011

Podstawowe usługi	Czas podróży w godzinach				
	0.25	0.25-0.5	0.5-1	1-2	2-3
Posterunek zdrowia	31.3	40.4	28.3	-	-
Urząd Pocztowy	41.6	44.7	7.6	6.1	-
Energia elektryczna	5.1	2.0	24.0	23.5	42.3
Telefon	5.6	1.5	34.0	50.0	42.3
Szkoły	50.8	37.9	11.3	-	-
Uzdrowiciel religijny	59.9	13.5	26.6	-	-
Rynek lokalny	44.7	44.1	8.5	2.7	-
Centrum Usług Rolniczych	-	-	2.8	61.4	35.9
Organizacje pozarządowe	19.7	31.6	-	7.7	41.0
Centrum usług w zakresie hodowli zwierząt gospodarskich	-	-	8.3	6.7	85.0
kierownik budowy drogi	-	50	50	-	-

4.3.9 Zmiany w dostępie i dostępności podstawowych usług

Zmiana w dostępie i dostępności podstawowych usług dla gospodarstw domowych jest ważnym wskaźnikiem bezpieczeństwa żywnościowego i strategii radzenia sobie z problemami ludności wiejskiej. W badaniu wykorzystano trzy wskaźniki, takie jak odległość, dostępność i jakość. Każdy z kluczowych wskaźników został oceniony na podstawie zastępczych wskaźników jakościowych "bliskich", "równych" i "dalekich" do pomiaru czasu podróży dla podstawowych usług. Podobnie, wskaźniki zastępcze "wzrosły", "równe" i "spadły" zostały użyte dla dostępności. Jakość usługi powszechnej mierzono za pomocą kategorii "ulepszona", "równa" i "zmniejszona" jakościowych wskaźników zastępczych. Dostępność i jakość usług poprawiła się w ciągu ostatniej dekady w zakresie placówek służby zdrowia, poczty, elektryczności, telefonu, szkół, rynku lokalnego i dróg. Dostępność, dostępność i jakość ośrodka usług rolniczych i ośrodka hodowli zwierząt gospodarskich nie była jednak pozytywna ze względu na duże odległości, mniejszą dostępność i gorszą jakość usług na badanym obszarze. Wizyty w terenie prowadzone przez doradców rolniczych okazały się ograniczone w celu poprawy dostępu do usług doradztwa rolniczego i weterynaryjnego w społecznościach rolniczych. Społeczności lokalne otrzymały usługi rolnicze i weterynaryjne od sektora prywatnego, takie jak Agro-Vetas (tabela 4.6).

Tabela 4.6

Zmiany w dostępie i dostępności podstawowych usług w ciągu ostatnich 10 lat (2001-2011)

Podstawowe usługi	Odległość			Dostępność			Jakość		
	W pobliżu	Ten sam	Szeroko	Zwiększone	Ten sam	Spadł	Poprawione	Ten sam	Gorzej
Posterunek zdrowia	98.5	5	1.0	54.5	2.0	43.4	55.1	1.5	43.4
Urząd Pocztowy	40.1	59.9	-	5.1	74.1	20.8	19.8	49.7	30.5
Energia elektryczna	95.4	4.6	-	46.9	13.3	39.8	50.0	2.0	48.0
Telefon	92.9	6.6	0.5	70.9	13.3	15.8	76.0	3.6	20.4
Szkoły	97.4	2.6	-	77.4	4.2	18.5	77.9	2.1	20.0
Uzdrowiciel religijny	97.9	2.1	-	49.5	45.3	5.2	54.2	24.0	21.9
Rynek lokalny	99.5	0.5	-	78.2	4.3	17.6	79.3	1.6	19.1
centrum serwisowe agri	2.8	6.2	91.0	1.4	2.1	96.6	1.4	2.8	95.9
Organizacje pozarządowe	92.3	4.3	3.4	85.5	1.7	12.8	35	52	13
Centrum usług w	6.7	10.0	83.3	3.3	1.7	95.0	6.7	1.7	91.7

zakresie hodowli zwierząt gospodarskich									
kierownik budowy drogi	50.2	-	49.7	70.9	29.1	-	76.0	24.0	-

Źródło: Opracowanie terenowe 2011

Jeśli chodzi o sieć dróg, to przez ten okręg przebiega ok. 90 km autostrady Karnali, a także droga powiatowa o dobrej pogodzie, łącząca Surkhet z siedzibą powiatu Dailekh. Według SNV/ICIMOD, 2006 r., okręg zajmuje 66. miejsce pod względem dochodu na mieszkańca, 61. pod względem wskaźnika alfabetyzacji i 56. pod względem rozwoju infrastruktury (cytowane w DoA & SNV 2009).

4.3.10 Dostęp do szkolnictwa podstawowego

Dostęp do edukacji podstawowej jest prawem ludzi. Na obszarach wiejskich instytucje szkoły podstawowej są uważane za centrum edukacji. Na terenie studiów znajduje się wystarczająca liczba szkół podstawowych i średnich w odległości od 15 do 30 minut na piechotę. Prawie wszystkie dzieci, które chodzą do szkoły, mają dostęp do edukacji podstawowej dzięki bezpłatnej edukacji zapewnianej przez rząd. Nie odnotowano żadnych przypadków przedwczesnego zakończenia nauki szkolnej w obszarze badań, ponieważ wzrosła świadomość rodziców co do konieczności wysyłania uprawnionych dzieci do szkoły. Rozpoczęła się praktyka posyłania synowej do szkół średnich, gdyż miało to demonstracyjny wpływ na ludność wiejską.

4.3.11 Mobilność wspólnotowa

Mobilność ludności wiejskiej jest ważna dla bezpieczeństwa żywnościowego i źródeł utrzymania. Metoda mapy mobilności została wykorzystana do badania schematu przemieszczania się społeczności wiejskiej. Skupiono się na tym, dokąd i po co zmierza ludność wiejska. Odzwierciedlał on ruch ludzi w zakresie dostępu do marketingu żywności, dostępu do miejsc pracy, dostępu do opieki zdrowotnej i szkolnictwa wyższego w badanym obszarze. Rysunek 4.3 przedstawia mapę mobilności komitetów rozwoju wsi *Calfhairab* i *Katti*. Odnotowano zwiększoną mobilność w społeczności dzięki dostępowi do dróg, dostępowi do możliwości zatrudnienia za granicą, otwartej gospodarce rynkowej itp. Istnieje silny związek między mobilnością społeczności a bezpieczeństwem żywnościowym i środkami utrzymania.

Rys. 4.3 Mapa mobilności usług na rzecz społeczności lokalnych

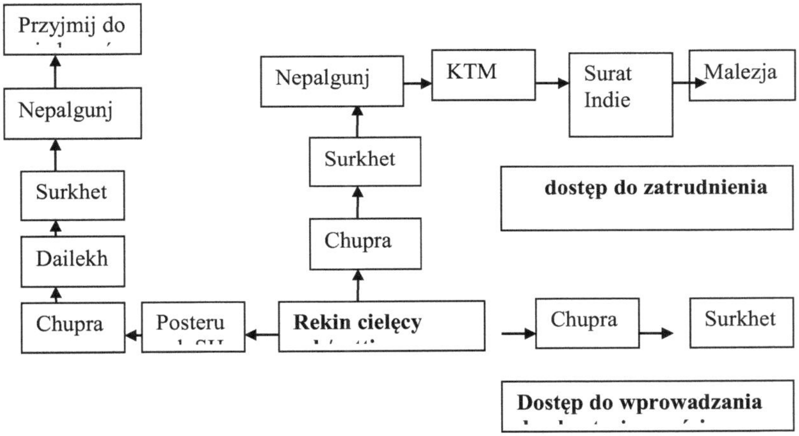

Przyjmij do

Nepalgunj

Surkhet

Dailekh

Chupra

Posteru

Nepalgunj → KTM → Surat Indie → Malezja

Surkhet

Chupra

dostęp do zatrudnienia

Rekin cielęcy

→ Chupra → Surkhet

Dostęp do wprowadzania

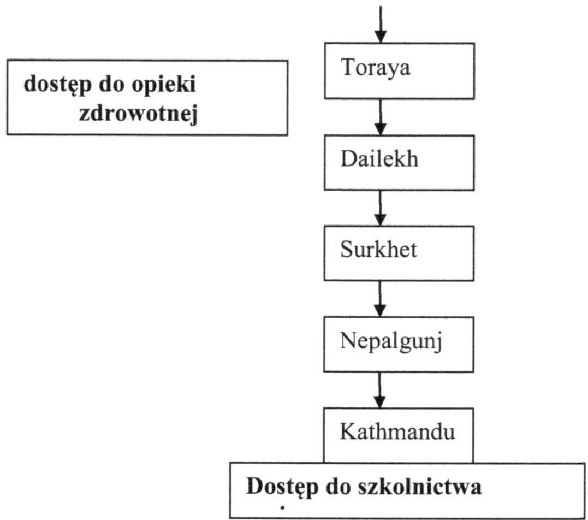

Źródło: Wywiad z kluczowymi informatorami, 2011 r.

4.3.12 Mapowanie zamożności

Mikkelsen zdefiniował, że mapowanie zamożności jest innowacyjną formą identyfikacji wskaźników opartą na bezpośredniej obserwacji i przesłuchiwaniu kluczowych informatorów. Zdarzenia, procesy lub relacje, które są łatwe do zaobserwowania lub zmierzenia, mogą być wykorzystane jako wskaźniki dla innej zmiennej, która jest trudniejsza do zaobserwowania (Mikkelsen, 2006, s. 163). Mapowanie zamożności (załącznik 4.12) pokazuje takie wskaźniki, które są wykorzystywane do pomiaru poziomu zamożności w badanym obszarze. Zidentyfikowano łącznie 24 społeczno-gospodarcze wskaźniki zamożności na tym obszarze. Mapowanie dobrobytu pokazało, że 20 procent ludzi zostało podzielonych na kategorie z klasy wysokiej, 35 procent z klasy średniej i 45 procent z klasy niskiej w obszarze badań.

Objawem ubóstwa na badanym obszarze były poważne klęski żywiołowe, dziesięciolecia konfliktów zbrojeniowych i zaprzeczanie prawom człowieka. Z 75 okręgów, wskaźnik ubóstwa i deprywacji w okręgach Dailekh wynosi 64 (ICIMOD, CBS i SNV 2003). Ponad 90 procent ludzi było uzależnionych od rolnictwa, które jest zależne od deszczu, co powoduje niską wydajność zbiorów. Większość ludności jest zatrudniona w rolnictwie. Były one społecznie dyskryminowane pod względem kastowym, płciowym i klasowym. Chociaż nietykalność jest prawnie uznawana za nielegalną, Dalit (Kami, Damai i Sharki) są nadal tradycyjnie dyskryminowani w społeczeństwie.

Maharjan i Joshi zwrócili uwagę, że ubóstwo dochodowe i ubóstwo konsumentów są ze sobą znacznie powiązane. Ponadto, pomiar ubóstwa konsumentów ujmuje różne aspekty ubóstwa, których nie można uchwycić w pomiarze ubóstwa dochodowego, takie jak zapożyczenia i wymiana barterowa, powszechne zjawiska w wiejskim Nepalu (Maharjan & Joshi 2010, s. 68). Miało to miejsce również w obszarze badań.

4.3.13 Rejestrowanie ulepszonych odmian

Uwzględnienie ulepszonych odmian upraw zbóż i warzyw zdeterminowało wpływ usług w zakresie upowszechniania wiedzy rolniczej w społecznościach wiejskich na zwiększenie plonów na jednostkę powierzchni i produkcji z punktu widzenia bezpieczeństwa żywnościowego. Ogółem dostarczono respondentowi 25 próbek materiału siewnego kukurydzy w celu oceny pokrycia każdej ulepszonej odmiany uprawy na badanym obszarze, a następnie obliczenia odsetka (tabela 4.7). Rolnicy przyjęli odpowiednio 80 procent, 60 procent i 40 procent warzyw, ziemniaków i kukurydzy, podczas gdy inne uprawy na badanym obszarze wykazały jedynie nieznaczne pokrycie.

Tabela 4.7

Uwzględnienie ulepszonych odmian upraw

Rośliny uprawne	Wynik w zakresie obszaru	Procent	Uwagi

	pokrycia		
Ryż	4	16	Główna roślina zbożowa
Kukurydza	10	40	Główna roślina zbożowa
Pszenica	6	24	Główna roślina zbożowa
trawa krabowa	0	0	Kultura zbożowa
Jęczmień	0	0	Kultura zbożowa
Ziemniak	15	60	bulwiaste rośliny
Warzywa	20	80	Obejmuje ona warzywa zimowe i letnie.
Owoce	5	20	Obejmują one pomarańczę, gruszkę, mango, słodką pomarańczę
Gryka zwyczajna	0	0	Kultura zbożowa
Proso proso (*Chinoo*)	0	0	Lokalne uprawy w górach wysokich
Musztarda	1	4	Zakład naftowy

Źródło: Powiatowy Urząd Rozwoju Rolnictwa (dane niepublikowane), 2011 r.

4.3.14 Przywóz i wywóz nasion

Badania wykazały, że do Dailekh District przywieziono 500 kg hybrydowych i ulepszonych odmian nasion warzyw z Indii, Japonii, Szwecji, Korei Południowej i Nepalu. Tabela 8 pokazuje, że 32 procent nasion z Katmandu, 28 procent nasion z Indii, 20 procent nasion z Japonii, 16 procent nasion z Korei Południowej i 4 procent nasion ze Szwecji zostało przywiezionych do Dystryktu Dailekh w zeszłym roku, podczas gdy Dystrykt Dailekh wyeksportował 20-22 mln ton nasion warzyw (fasola chaumase, okra i gorzkie gourdy, itp.) i zbóż (odmiany kukurydzy *Posilo, Deuti* i *Manakamana-1) do* świata zewnętrznego. Koszt ziarna chaumy został sprzedany w cenie 250 Rs/kg. W okręgu Dailekh istnieje duże pole do rozmnażania warzyw, fasoli i nasion kukurydzy jako rolnictwa komercyjnego w celu zwiększenia dochodów gospodarstw domowych.

Tabela 4.8

Przywóz mieszańcowych nasion warzyw w Dailekh

Kraj pochodzenia	Ilość (kg)	Podziel się	Uwagi
Nepal	160	32	Kalafior, rzodkiewki, ogórki, pomidory, kapusta.
Indie	140	28	Kalafior, chilies, brinjal, kapusta.
Japonia	100	20	Kalafior, chillies, kapusta itd.
Korea Południowa	80	16	Ogórek, dynia, rzodkiewka itp.
Szwecja	20	4	Pomidor
Razem	**500**	**100**	

Źródło: Wywiad z kluczowymi informatorami, 2011 r.

4.3.15 Sytuacja w zakresie bezpieczeństwa zaopatrzenia w żywność

Obszar objęty badaniem pozostawał niepewny pod względem żywnościowym ze względu na opady deszczu, niską żyzność gleby, tradycyjne praktyki rolne, stosowanie odmian o niskich plonach, suszę, słabe środki ochrony roślin, wahania klimatyczne, brak szkoleń dla rolników w zakresie ulepszonych praktyk rolniczych, niską wydajność gruntów, brak usług doradztwa rolniczego, złe zarządzanie i rolnictwo na własne potrzeby itp. W ostatnich latach w rolnictwie wystąpiły niedobory siły roboczej wynikające z migracji młodzieży w państwach Zatoki Perskiej, Malezji, Korei, Indiach itp. Istnieją jednak wystarczające możliwości uprawy zbóż, warzyw, owoców, zwierząt gospodarskich, agroleśnictwa i upraw gotówkowych, takich jak imbir, czosnek, cebula, kurkuma, ziemniaki, kolokasja, ignamy itp. w celu uzyskania dochodu umożliwiającego trwałe utrzymanie się, w tym bezpieczeństwo żywnościowe gospodarstw domowych.

Badanie wykazało, że w powiecie Dailekh przez długi okres czasu występował deficyt żywności (ryż, kukurydza, pszenica, trawa krabowa i jęczmień). W Dystrykcie Dailekh nie stwierdzono żadnych nadwyżek żywności, w tym produkcji żywności, potrzeb żywnościowych oraz danych dotyczących bilansu żywnościowego z 11 lat (tabela 4.9). Jednak Dailekh ma potencjał, aby rozwinąć wystarczającą ilość żywności dla obecnej populacji dzięki odpowiednim warunkom rolno-klimatycznym i dostępowi do rynku.

Tabela 4.9

Bilans żywności w okręgu Dailekh (Mt)

Rok	Całkowita produkcja	Całkowite zapotrzebowanie na	Bilans (+/-)

	żywności	jedzenie.	
2000/01 (057/58)	31964	45543	-13579
2001/02 (058/59)	32822	45693	-12871
2002/03 (059/60)	32530	46557	-14027
2003/04(060/61)	33418	47437	-14019
2004/05 (061/62)	35873	49247	-13374
2005/06(062/63)	35873	49247	-13374
2006/07 (063/64)	39492.6	421374	-2644.8
2007/08 (064/65)	42706.01	52270.85	-9564.84
2008/09(065/66)	41977.52	49846.22	-7868.70
2009/10(066/67)	51527	53,298	-1771
2010/11(067/68)	51014	54404	-3390

Źródło: DADO, & 2011
2010

4.3.16 Rozwój czasowy stanu środków utrzymania

W obszarze objętym badaniem można zaobserwować rosnącą tendencję presji demograficznej, podczas gdy w ostatnich dziesięcioleciach spadła produkcja żywności i praktyki hodowli zwierząt gospodarskich. Czasowa ewolucja presji demograficznej i bezpieczeństwa żywnościowego na przestrzeni dziesięcioleci (załącznik 4.13) pokazuje, że stan środków utrzymania i bezpieczeństwa żywnościowego nie był wystarczająco trwały, aby zaspokoić potrzeby Wspólnoty. Jednakże pokrycie koron drzew wzrosło dzięki świadomości społecznej oraz zdecentralizowanej polityce i praktyce rządu w zakresie leśnictwa.

4.3.17 Spożywanie żywności we własnym zakresie

Wzorzec konsumpcji krajowej żywności i proces podejmowania decyzji jest ważną kwestią do analizy w obecnym kontekście. Gospodarstwo domowe jest gospodarczą jednostką produkcji, w której wkład indywidualnego członka jest uważany za istotny aspekt. Tabela 15 przedstawia wzorce konsumpcji żywności przez syna, córkę, synową, matkę/teściową, teścia, wnuka i wnuczkę oraz ich rolę w procesie podejmowania decyzji w gospodarstwie domowym.

Badanie wykazało, że wzorzec konsumpcji żywności i rola w podejmowaniu decyzji przez synów, ojców i wnuki w regionie zajmują pierwsze, drugie i trzecie miejsce, natomiast wzorzec konsumpcji żywności i rola w podejmowaniu decyzji przez matkę, córkę, wnuczkę i synową w regionie zajmują czwarte, piąte, szóste i siódme miejsce. Badanie to potwierdza silną pozycję społeczeństwa patriarchalnego w regionie, wynikającą z tradycyjnych przekonań, mitologii hinduskiej i niskiego poziomu świadomości mieszkańców wsi. Jest to typowy przypadek ludności wiejskiej na badanym obszarze. W trakcie badania stwierdzono, że kobiety w gospodarstwach domowych były dosłownie kategorią szczątkową w wewnątrzdomowej dystrybucji żywności, jedząc po mężczyznach i dzieciach i robiąc z tym, co zostało. Dyskryminacja ta jest zdeterminowana przez czynnik kulturowy, zwłaszcza patriarchalną strukturę społeczną. Kobiety nie miały prawa do ziemi i nie miały kontroli nad zasobami produkcyjnymi. W rezultacie pozycja kobiet w rodzinie i w społeczności wydaje się być niska. Metodą rankingu punktowego określano pozycję członków gospodarstwa domowego, stosując dziesięć nasion kukurydzy dla każdego wskaźnika, a następnie sumowano punkty i ustalano rangę na podstawie najwyższej uzyskanej oceny (tabela 4.10). Jest to metoda oceny względnej, a nie bezwzględnej, która pokazuje ogólny trend w społeczeństwie wiejskim.

Tabela 4.10
Wewnętrzna konsumpcja żywności i podejmowanie decyzji w gospodarstwach domowych

Wskaźniki	Syn	Spółka zależna	Synowa	Matka / teściowa	Ojciec/ ojciec	Wielki Syn	Wielki Spółka zależna
własność gruntu	10	0	5	5	10	10	0
Podaj najpierw jedzenie	8	4	3	5	8	10	6
Śniadanie	5	3	2	4	5	8	6
Jedzenie mięsa/ryby	10	10	10	10	10	10	10
mieć mleko/ghee	8	6	6	6	6	10	8

mieć mnóstwo warzyw	6	5	4	6	6	8	7
Mieć ilość owoców	6	5	2	5	5	8	6
obłożenie	8	5	3	4	4	8	7
Kontakt z biurami	8	6	3	3	10	2	1
Praca w kuchni	2	6	10	8	6	1	3
Instrukcje dla pracowników	8	3	4	6	10	2	1
Pożyczanie	8	2	4	6	10	1	0
Szef gospodarstwa domowego	8	4	6	8	10	5	2
Miłość i uczucie	8	4	2	6	8	10	8
Kontrola nad majątkiem rodzicielskim	8	4	6	8	10	6	3
Rejestracja do szkoły	10	8	6	2	2	10	8
Ośrodki zdrowia	10	8	4	7	8	10	8
opieka w trakcie dostawy	-	8	8	8	-	-	-
Wpływ na decyzje budżetowe	8	5	6	8	10	4	3
Ilość *jamnika* w *Dashai*	8	7	4	5	5	10	8
Stosowanie mydła w kąpieli	8	4	4	5	5	8	6
Okres odpoczynku	8	4	2	5	3	10	6
Szacunek	6	4	2	8	10	6	5
Wynik	169	115	106	138	161	157	112
Ranking	**I**	**V**	**VII**	**IV**	**II**	**III**	**VI**

Źródło: Wywiad z kluczowymi informatorami, 2011 r.

4.3.18 System środków utrzymania na obszarach wiejskich

System utrzymania determinował bezpieczeństwo żywnościowe gospodarstw domowych oraz sytuację społeczno-gospodarczą społeczności wiejskich. Podejście mandalowe zostało wykorzystane do analizy źródeł utrzymania gospodarstw domowych w regionie. Mandala została podzielona na dziewięć kwadratów, od podstawy fizycznej do indywidualnej orientacji rodziny, włączając w to fizyczne, psychologiczne, społeczne i ekonomiczne oraz oparte na wiedzy strategie, które określiły mocne strony i możliwości zabezpieczenia środków do życia i utrzymania gospodarstw domowych. Zawsze zaczyna się od wewnętrznej rzeczywistości do zewnętrznej rzeczywistości gospodarstwa domowego, jak pokazano na rysunku (Rys. 4). W każdym kwadracie znajdują się pewne wskaźniki zastępcze, gdzie znak plus jest w przypadku pozytywnym, a znak minus w przypadku negatywnym. Pozytywny znak reprezentuje mocne strony, a negatywny słabe strony gospodarstwa domowego. To gospodarstwo domowe oceniło prawie wszystkie pozytywne symbole wskazujące na bezpieczne życie i ogólne bezpieczeństwo żywnościowe. Nie zgłoszono negatywnego charakteru zachowań członków rodziny, które znacząco przyczyniły się do dobrego samopoczucia gospodarstwa domowego. Jest to udane studium przypadku gospodarstwa domowego klasy średniej w obszarze objętym badaniem.

Rys. 4.4 Podejście mandalowe do systemu utrzymania na wsi typowego rolnika

9. indywidualna orientacja	8. orientacja na rodzinę	7. orientacja zbiorowa
• Studenci + • Eksperymentator + • Posiada drzewa pastewne +	• Przeciwko nawozom chemicznym + • Zakochany w przyrodzie + • Rolnictwo ekologiczne +	• Preferuje wiejskie życie + • Aktywny uczestnik rozwoju obszarów wiejskich oraz spółdzielni oszczędnościowo-kredytowej + • Członek wspólnotowego sektora leśnego+ • Członek Funduszu Redukcji Ubóstwa + • Członek spółdzielni rolniczej Thapa Tole +
6. wewnętrzna ludzka przestrzeń • Innowacja + • Odważny + • Spółdzielnia + • pracowity + • Zdeterminowany, aby	5. pokój dla rodziny • Wspólna rodzina + • Bezpieczeństwo żywności i pasz+ • Wzrost obciążenia pracą - + • Ograniczona migracja +	4. obszar społeczno-gospodarczy • Znaczące dochody z rolnictwa, zwierząt gospodarskich i źródeł rynkowych

osiągnąć cel +	• szanuje postawy i wartości członków rodziny ++ • Silne przywództwo +	+ • Produktywne inwestycje w nowe nasiona + • Komercyjna uprawa warzyw +
3. emocjonalne podstawy • związany zwyczajami i tradycjami kastowymi + • Załączniki dotyczące lokalnych odmian kukurydzy, pszenicy i ryżu + • Kamień i ziemia przodków + • Użycie obornika + • Mniejsze zużycie nawozów chemicznych +	2. baza wiedzy i działań • Doświadczenie z nowymi uprawami warzyw + • Wszystkie są dobrze przeczytane + • Własny tradycyjny sprzęt rolniczy + • Technologia dla upraw warzyw + • Dostęp do rynku +	1.podstawa fizyczna • 3 Ropani *bari* + • 8 *Ropani-Khet* ++ • Systemy nawadniające w *Bari/Khet* ++ • 3 uprawy rocznie, drzewa ++ • 1 byk i bawół oraz 6 kóz + • Ogrodnictwo rynkowe + • Dom z dachów łupkowych +

Wewnętrzna rzeczywistość ——————→ Zewnętrzna rzeczywistość

Źródło: Wywiad z kluczowymi informatorami, 2011 r.

4.4 Mapowanie problemów i możliwości

Problemy i możliwości to dwie strony tej samej monety. Problemy stwarzają szanse, w przeciwieństwie do konwencjonalnego sposobu myślenia. W metodzie tej problemy i możliwości są wymieniane i opisywane przez lokalną społeczność wiejską. Tabela 4.11 przedstawia analizę problemu i działań w oparciu o lokalne realia z wykorzystaniem dociekliwego badania. Społeczność lokalna była w stanie określić swoje problemy związane z bezpieczeństwem żywnościowym i środkami utrzymania gospodarstw domowych oraz możliwości ich rozwiązania. Jeśli problemy są piętrzone i obwiniane przez innych, społeczność nigdy nie będzie się rozwijać. Tak, ludność wiejska ma problemy, ale mogłyby one zostać rozwiązane poprzez działania wspólnotowe. Osoby z zewnątrz mogą być mediatorami, ale osoby z zewnątrz muszą wykonać pracę, aby zmienić życie i zapewnić sobie środki do życia w dłuższej perspektywie. Badanie odzwierciedlało wiedzę społeczności na temat rozwiązywania lokalnych problemów za ich pośrednictwem przy wsparciu zewnętrznym.

Tabela 4.11
Analiza działań problemowych

Problemy	Możliwości/działania
1.brak ulepszonego materiału siewnego	Centrum Badań Rolniczych, Dailekh, Okręgowa Agencja Rozwoju Rolnictwa, Dailekh, Agrovets itd.
2.2 Niedobór pasz w sezonie zimowym	Sadzenie sadzonek agroleśniczych na obszarach marginalnych
3. niewłaściwe wykorzystanie obornika (FYM) w terenie	Szkolenie rolnicze przygotowujące do wysokiej jakości FYM z Powiatowego Biura Rozwoju Rolnictwa/ Centrum Usług Rolniczych
4.systemy irygacyjne	Skontaktuj się z Komisją Rozwoju Wsi, Komisją Rozwoju Powiatowego i Powiatowym Urzędem Rozwoju Rolnictwa w Dailekh.
5) nawozy chemiczne zawierające wyłącznie azot (mocznik)	Należy odbyć szkolenie rolnicze i stosować zrównoważoną dawkę azotu, fosforu i potasu zgodnie z zaleceniami technicznymi doradców rolniczych.
6.6 Inwazja owadów w uprawach warzyw	Uczestniczyć w szkoleniach rolniczych Powiatowego Urzędu Rozwoju Rolnictwa oraz stosować ekologiczne środki owadobójcze lub warzywa odporne na owady.
7. brak pracy w rolnictwie	wzrost płac
8. problem rynkowy	Tworzenie punktów skupu warzyw lub spółdzielni oraz dostawa warzyw do Surkhet, Kalikot, Jajarkot itp.
9. niska wydajność lokalnych	Lokalna selekcja nasion, stosowanie zwiększonej

odmian ryżu, kukurydzy, pszenicy, trawy krabowej itp.	dawki obornika (FYM), opryskiwanie roślin wodą z moczem (1:5), płodozmian, stosowanie roślin strączkowych jako międzyplonu/mieszanego w uprawach zbóż.

Źródło: Dyskusja w grupach fokusowych, 2011 r.

4.5 Przyczyny braku bezpieczeństwa zaopatrzenia w żywność

Ogólnie rzecz biorąc, klęski żywiołowe i przyczyny strukturalne są czynnikami odpowiedzialnymi za brak bezpieczeństwa żywnościowego w analizowanym obszarze.

Klęska żywiołowa: Dailekh jest podatny na klęski żywiołowe. Do najczęstszych klęsk żywiołowych należą powodzie, susze, osunięcia ziemi, gradobicie, trzęsienia ziemi, wybuchy chorób epidemicznych itp. Powoduje on również brak bezpieczeństwa żywnościowego w regionie, niszcząc uprawy, zwierzęta gospodarskie i życie osób znajdujących się w trudnej sytuacji. Szacuje się, że Nepal traci 12,9 proc. swoich wydatków na rozwój i średnio 5,39 proc. realnego PKB rocznie tylko dzięki pomocy doraźnej i odbudowie (Oxfam, 2008). Obszar badań nie jest wyjątkiem.

Przyczyny strukturalne są następujące:

1. **Niewystarczające inwestycje w rolnictwie: Zgodnie z** badaniem terenowym w sektorze rolnym dokonano mniejszych inwestycji, w szczególności w zakresie nawadniania, wysokoplennych i odpornych na choroby odmian, produkcji nasion, nawozów, szkoleń i rozwoju technologicznego w zakresie uprawy roślin jadalnych i upraw gotówkowych, w celu uzyskania dochodu, który doprowadził do braku bezpieczeństwa żywnościowego i niezrównoważonych środków utrzymania na obszarach wiejskich.
2. **Feudalny system własności gruntów:** Istnieje nierównomierne rozłożenie gruntów na wzgórzach, w górach i terai. Łącznie 5 procent bogatych posiada 37 procent gruntów ornych, podczas gdy 47 procent rolników uprawiających rośliny uprawne posiada tylko 15 procent samych gruntów (UNDP 2004, cytowany w CSRC 2007). Wśród nich tylko 10,8% to kobiety, które są właścicielami ziemi. 70% Dalitów to bezludnicy.

Poprzez analizę powyższego scenariusza można zidentyfikować następujące kluczowe kwestie społeczno-gospodarcze związane z prawem ludności ubogiej i zmarginalizowanej do zasobów ziemi:

2.1 Dla wielu ubogich rodzin ziemia jest podstawowym zasobem naturalnym umożliwiającym im utrzymanie się. Dlatego też odmowa praw do ziemi ubogim rodzinom jest główną przyczyną ubóstwa.

2.2 Ziemia jest również źródłem siły w społeczeństwie nepalskim. Brak dostępu i kontroli nad ziemią i innymi zasobami naturalnymi jest podstawą istniejącej dyskryminacji i przemocy strukturalnej w odniesieniu do kasty, płci i klasy. Duża część kraju należy do "wysokiej kasty", mężczyzn i bogatej klasy. Doprowadziło to do konfliktów między ludźmi o prawa do ziemi.

2.3 Dostęp do ziemi jest punktem wyjścia dla dostępu do podstawowych usług i praw, takich jak usługi bankowe, elektryczność, woda, obywatelstwo itp. Jest to podstawa prawa do mieszkania i utrzymania drobnych rolników.

3. **słaba infrastruktura:** Słaba sieć dróg wiejskich i irygacja są odpowiedzialne za terminowe dostarczanie środków produkcji rolnej i żywności. Słaba infrastruktura drogowa ogranicza praktykę wysoko wydajnego rolnictwa. Powiat Dailekh, w tym obszar badań, ma słaby dostęp do infrastruktury, zwłaszcza do dróg wiejskich, urządzeń irygacyjnych, rynków, itp.

4. **niewłaściwe zarządzanie żywnością:** Ludzie powszechnie wykorzystują zboże do przygotowywania likierów, co doprowadziło do niedoboru żywności. Konsumpcja alkoholu jest powszechna wśród ludzi w całym obszarze badań.

5. **słaby system dystrybucji:** istnieje słaby system dystrybucji, w którym występują niedobory żywności, zwłaszcza na wzgórzach i w górach, ze względu na słabe zarządzanie, brak odpowiedzialności ze strony rządu oraz niewystarczającą politykę na rzecz osób ubogich, która umożliwiłaby terminowe rozwiązanie problemu braku bezpieczeństwa żywnościowego. System syndykatowy stosowany przez stowarzyszenia transportowe utrudnia przepływ towarów, powodując wysokie koszty transportu, które wpływają na ceny towarów. Konsorcjum jest systemem monopolistycznego rynku, który jest antydemokratyczny i mizantropijny, co prowadzi do wzrostu cen żywności w badanych obszarach.

6) **Słabe rządy**: Rząd wydaje się być nieskuteczny w dostarczaniu żywności społecznościom znajdującym się w trudnej sytuacji ze względu na mniejsze zaangażowanie polityczne, brak odpowiedzialności i słabe planowanie na poziomie wsi i powiatów.

7. **wzrost cen paliw:** Wzrost cen paliw wpłynął na wysokie koszty transportu żywności do odległych obszarów. Wielu naukowców twierdzi jednak, że 20% wzrost cen ropy naftowej w 2008 r. spowodował wzrost kosztów transportu o około 90% w ciągu ostatnich 12 miesięcy. Rosnące ceny ropy naftowej na świecie spowodowały również wzrost kosztów środków produkcji rolnej dla rolników na obszarach objętych dochodzeniem.
8. **polityka rolna:** dotacje do środków produkcji rolnej zostały ograniczone z powodu wysokich kosztów nasion, nawozów, środków owadobójczych i sprzętu rolniczego. Rolników ubogich w zasoby nie było stać na terminowy zakup środków produkcji rolnej. Istnieje przepaść między polityką a praktyką na poziomie wsi.
9. **mniej zorientowane na ubóstwo i mniej zależne od płci: ze względu na** brak woli politycznej programy rolne nie były skuteczne w rozwiązywaniu kwestii równości płci i włączenia społecznego (osoby ubogie, dalitów, grupy etniczne i wykluczone społecznie). Brak technologii rolniczych przyjaznych dla osób ubogich i wrażliwych na kwestie płci prowadzi również do braku bezpieczeństwa żywnościowego, przy czym mniejszy nacisk kładzie się na budowanie potencjału kobiet na obszarach wiejskich.
10. **niedobory siły roboczej w rolnictwie:** w badanych obszarach spowodowane sezonową migracją ludności czynnej zawodowo do stanów Zatoki Perskiej i Indii, co również przyczyniło się do zmniejszenia produkcji roślinnej.

Bezpieczeństwo żywnościowe nie jest tylko kwestią techniczną. Jest to złożona kwestia społeczna, gospodarcza i polityczna. Jest ona bardziej związana z zarządzaniem, skuteczną administracją, sprawiedliwością społeczną i zaangażowaniem politycznym. Jest ona integralną częścią systemu społecznego, gospodarczego i politycznego oraz struktury społeczeństwa i kultury Nepalu. Przy planowaniu, wdrażaniu i ocenie programowania rolnego należy również uwzględnić doświadczenie i wiedzę rolników na temat systemu rozszerzania działalności rolniczej.

Rozszerzanie działalności rolniczej, szkolenia i badania naukowe nadal bardziej leżą w interesie agronomów i starszych doradców niż w interesie potrzeb i priorytetów drobnych rolników. Wpływ na bezpieczeństwo żywnościowe i zmiany w życiu ubogich kobiet i mężczyzn był minimalny.

4.6 Wniosek

Całkowita populacja obejmowała 1227 osób z 201 gospodarstw domowych objętych próbą, z czego 50,45 procent stanowiły kobiety, a 49,55 procent mężczyźni. Całkowity stosunek płci wynosi 98, a średnia wielkość rodziny wynosi 6 osób. Obszar badań został przedstawiony jako multibox i skład etniczny. Na tym obszarze dominującą grupą kastową jest Chhetri, a następnie Dalitowie.

Duża część gospodarstw domowych wskazała, że większość podstawowych usług w jednym kierunku można osiągnąć w ciągu 2-3 godzin. Większość gospodarstw domowych (61,4%) ma dostęp do centrum usług rolniczych w ciągu 1-2 godzin. Prawie wszystkie gospodarstwa domowe mają dostęp do drogi w ciągu 0,5-1 godziny czasu podróży w jedną stronę na badanym obszarze.

Miejscowa ludność ma negatywny stosunek do dostępności, dostępności i jakości centrum usług rolniczych i ośrodka chowu zwierząt gospodarskich na tym obszarze. Wizyty w terenie prowadzone przez doradców rolniczych okazały się ograniczone w celu poprawy dostępu do usług doradztwa rolniczego i weterynaryjnego w społecznościach rolniczych.

Obszar ten charakteryzuje się dużą różnorodnością środowisk biofizycznych i społeczno-gospodarczych o dużym potencjale w zakresie produkcji zbóż, warzyw i owoców, w szczególności pomarańczy, gruszek, cytryn itd. Jednak obszar badań jest nadal niepewny pod względem żywności. Wzrosła presja populacyjna, podczas gdy produkcja żywności i praktyki hodowli zwierząt spadły w ostatnich dziesięcioleciach. Pokrycie koron drzew wzrasta ze względu na świadomość społeczną oraz zdecentralizowaną politykę i praktyki rządu w ramach wspólnotowego programu leśnego.

Ulepszone odmiany nasion warzyw są importowane z Indii, Japonii, Szwecji, Korei Południowej i Katmandu do okręgu Dailekh, natomiast okręg Dailekh eksportuje nasiona warzyw (fasola typu chaumase, okra i gorzkie gourdy itp.) oraz zbóż (odmiany kukurydzy *Posilo, Deuti* i *Manakamana-1)* do obszarów poza regionem.

W regionie dominuje silna pozycja patriarchalnej struktury społecznej. Klęski żywiołowe i przyczyny strukturalne są czynnikami przyczyniającymi się do braku bezpieczeństwa żywnościowego w regionie. Przyczyny strukturalne obejmują niewystarczające inwestycje w rolnictwo, feudalny system własności gruntów, słabą infrastrukturę, wykorzystanie zbóż do produkcji alkoholu, słaby system dystrybucji, złe zarządzanie, rosnące ceny paliw, politykę rolną, politykę mniej zorientowaną na ubóstwo i mniej wrażliwą na kwestie płci, niedobór siły roboczej w rolnictwie itp.

Rozdział 5

Podatność, wymagania, struktury i procesy związane z bezpieczeństwem żywnościowym i bezpieczeństwem środków do życia

5.1 Tło

Niniejszy rozdział analizuje warunki wrażliwości, prawo do pożywienia dla gospodarstw domowych i środków do życia, koncentrując się na pięciu dobrach kapitałowych: społecznych, ludzkich, fizycznych, finansowych i naturalnych. Wyjaśnia również, w jaki sposób zmieniające się struktury i procesy państwa, sektora prywatnego, rynku, organizacji społeczeństwa obywatelskiego, polityki i praktyk instytucjonalnych w społeczności funkcjonują w celu zapewnienia bezpieczeństwa żywnościowego i bezpieczeństwa środków do życia na badanym obszarze. Niniejszy rozdział ma na celu dostarczenie informacji związanych z Celem 2.

5.2 Kontekst podatności na zagrożenia

Podatność na zagrożenia może wynikać z czynników ryzyka, które zagrażają żywności i bezpieczeństwu żywnościowemu, w tym również tych, które mają wpływ na zdolność radzenia sobie z nimi. Geograficzne, społeczne, ekonomiczne i kulturowe wykluczenie i nierówności mogą zwiększyć podatność na brak bezpieczeństwa żywnościowego. Podatność na zagrożenie bezpieczeństwa żywnościowego zależy od interakcji między narażeniem gospodarstwa domowego na ryzyko a jego możliwościami radzenia sobie z nim (NPC, 2010). Czynniki ryzyka obejmują prawo własności/stan dzierżawy gruntów, zależność od płac, zmienność klimatyczną, klęski żywiołowe, choroby ludzi, upraw i zwierząt gospodarskich/zachorowania na grypę, zadłużenie, rosnące ceny żywności i konflikty zbrojeniowe w badanym obszarze.

W praktyce podatność może być wyrażona jako związek pomiędzy niebezpieczeństwem, narażeniem i możliwościami:

Podatność na zagrożenia = Niebezpieczeństwo x Narażenie
Zdolność produkcyjna

W tym względzie podatność na zagrożenia można zmniejszyć poprzez ograniczenie potencjału zagrożenia, zmniejszenie narażenia lub zwiększenie możliwości (Działanie praktyczne, 2009).

5.2.1 Własność gruntów

Zarejestrowana własność ziemi i prawa dzierżawy są dla mieszkańców Nepalu środkiem bezpieczeństwa żywnościowego i źródłem utrzymania. Badanie wykazało, że 97,5 proc. gospodarstw domowych posiada ziemię i tylko 2 proc. kobiet posiada zarejestrowaną własność ziemi, a 2,5 proc. gospodarstw domowych na badanym obszarze jest bezrolnych, podczas gdy 10,8 proc. kobiet posiada własność ziemi, a 22,5 proc. rodzin w Nepalu jest bezrolnych (CBS, 2004).

5.2.2 Zależność płacowa

Zależność od wynagrodzenia jest uważana za bezbronny warunek utrzymania życia i środków do życia, zwłaszcza na wzgórzach i w górach Nepalu. Z badania wynika, że 16 procent gospodarstw domowych jest zależnych głównie od wynagrodzeń za pracę w rolnictwie. Wiąże się to głównie z pracą sezonową w szczytowych okresach nasadzeń, operacjami międzykulturowymi i zbiorami plonów o niskich płacach dziennych. Mężczyźni otrzymują 100 Rs dziennie jako wynagrodzenie w okresie sadzenia, podczas gdy kobiety otrzymują 80 Rs dziennie. Natomiast na międzykulturowych plantacjach ryżu, kukurydzy i trawy krabowej mężczyźni i kobiety na badanym obszarze otrzymują jednakowe wynagrodzenie (60 Rs na dzień). Ta suma płac jest niska, aby zapewnić utrzymanie rodzinom otrzymującym pensję. Nie było bezpieczeństwa w pracy i gwarancji zatrudnienia dla pracowników, co doprowadziło do zagrożenia bezpieczeństwa żywnościowego i bezpieczeństwa środków do życia. Wg NLSS-III przeciętne wynagrodzenie dzienne w rolnictwie na poziomie krajowym wynosi 170 NRs (NLSS-III, 2010/11).

5.2.3 Zróżnicowanie klimatyczne

Nepal wpada w subtropikalną strefę klimatyczną. Jednak ze względu na swoje unikalne cechy fizjograficzne i topograficzne, posiada ogromne zróżnicowanie klimatyczne i ekologiczne w rozpiętości około 130-260 km z północy na południe. Typy klimatu wahają się od subtropikalnych w Terai do arktycznych w wysokich Himalajach. Niezwykłe różnice w warunkach klimatycznych wynikają głównie z różnicy wysokości w niewielkiej odległości z północy na południe. Obecność na północy rozciągających się na wschód i zachód masywów himalajskich oraz przypominająca monsunowa zmiana pory deszczowej i suchej przyczyniają się w znacznym stopniu do lokalnych zmian klimatycznych (Practical Action, 2009, s. 6).

Według Seko i Takahashi średnie roczne opady w Nepalu wynoszą 1.857 mm. Jednak ze względu na duże różnice topograficzne waha się ona od ponad 5 000 mm wzdłuż południowych zboczy Gór Annapurna w zachodnim regionie rozwoju kraju do mniej niż 150 mm w północnej części Gór Annapurna w pobliżu Płaskowyżu Tybetańskiego. Ogólnie rzecz biorąc, wschodni Nepal otrzymuje pierwsze deszcze monsunowe i przesuwa się powoli na zachód. Udział deszczu monsunowego jest znacznie większy we wschodniej części kraju w porównaniu z częścią zachodnią. Nepal przeżywa deszcze monsunowe od czerwca do września. Około 80 procent rocznych opadów w kraju przypada na okres od czerwca do września pod wpływem monsunowego systemu cyrkulacji (Seko i Takahashi, 1991, cytowane w "Practical Action", 2009). Podobny schemat opadów występował na badanym obszarze.

Z badania wynika, że 83,1% respondentów postrzegało klimat w regionie jako zmieniający się w ciągu ostatnich 7-8 lat (tabela 5.12). Zmiany klimatyczne doprowadziły do przesunięć w strefach agroekologicznych, wczesnego dojrzewania upraw, zmian w siedliskach roślin, zwiększenia jałowości zasobów wodnych, długotrwałej suszy oraz częstszego występowania owadów i chorób w uprawach, zwierzętach i ludziach itp. Brak bezpieczeństwa żywnościowego i podatność na zagrożenia na obszarze badań są spowodowane długimi okresami suszy, gradobiciem, nieregularnymi opadami, osuwaniem się ziemi i zwiększonym występowaniem szkodników w uprawach na pniu.

Produkcja pomarańczy i lokalnych ziemniaków zmniejszyła się na istniejącym obszarze i w ciągu ostatnich 5 lat zmieniła siedlisko na podwyższonym obszarze, co postrzegają miejscowi rolnicy z obszaru badań Kalbhairab, wioska Bhukaha. Długowieczność drzew pomarańczowych nie trwała dłużej niż 5-6 lat z powodu problemu umierania i przynoszą one małe owoce o kwaśnym smaku, natomiast drzewa pomarańczowe o dużych owocach i słodkim smaku przetrwały około 60 lat 25-30 lat temu, jak zauważył rolnik w *Bhukaha* i wsi *Katti w* powiecie Dailekh. W ostatnich latach rolnicy rozpoczęli uprawę odmiany mango *Dashahari* i jackfruit na tym samym obszarze, gdzie uprawiano pomarańczę.

Tabela 5.12

Postrzeganie zmian klimatu przez respondentów

Zmiany klimatu	Częstotliwość:	Procent
Nie	34	16.9
Tak	167	83.1
Brak odpowiedzi	0.0	0.0
Razem	**201**	**100.0**

Źródło: Opracowanie terenowe 2011

Poniżej przedstawiono studium przypadku śmierci pomarańczy (ramka 5.2):

Pole 5.2: Drzewo pomarańczowe zaczęło ginąć!
Jestem Sita Khadka (kobieta) w wieku 53 lat. Mieszkam w Tata Tole, Katti VDC-9 z dzielnicy Dailekh. Posadziłem drzewo pomarańczowe w moim kraju. Istniejące drzewo pomarańczowe ma 15 lat. Zmarł jednak z pokrywy korony. Produkuje małe owoce z niewielką ilością owoców w porównaniu do 25 lat temu. Teraz produkcja pomarańczy nie działa dobrze. Chociaż kształt rośliny nie jest taki zły. Jak zwykle, utrzymywałem i zarządzałem nim dobrze, ale wydajność nie była zadowalająca. W ostatnich latach mieliśmy zimny klimat, który nadawał się do produkcji pomarańczy. Teraz temperatura w naszej wiosce wzrosła, a mróz w sezonie zimowym nie wystąpił. Więc z mojego doświadczenia wynika, że drzewo pomarańczowe nie przynosi dobrych owoców. W ciągu ostatnich 20-25 lat drzewo pomarańczowe dawało duże rozmiary i słodki smak aż do 20 lat z rzędu. Teraz daje owoce tylko przez 3-4 lata, a potem zaczyna umierać.

5.2.4 Klęska żywiołowa

Klęska żywiołowa to niekorzystna sytuacja, która przytłacza zdolność ludzi w okolicy do ochrony życia i środków do życia i w większości przypadków wymaga wsparcia z zewnątrz, aby poradzić sobie ze stratami. Katastrofy wynikają z zagrożeń, a ich wpływ na ludzi jest kluczowy. W wielu regionach Nepalu ryzyko wystąpienia katastrofy jest stałym problemem (Działanie Praktyczne, 2010). Ryzyko katastrofy odnosi się do prawdopodobieństwa, że w wyniku niebezpiecznego zdarzenia nastąpi zniszczenie spodziewanych strat. Można to wyrazić jako:

Ryzyko katastrofy = niebezpieczeństwo x podatność na zagrożenia

W tym równaniu ryzyko istnieje tylko wtedy, gdy istnieje podatność na zdarzenie zagrożenia. W badaniu stwierdzono, że badany obszar jest podatny na klęski żywiołowe. Klęski żywiołowe obejmują osunięcia ziemi, powodzie, susze, obfite opady deszczu, opady śniegu, grad, trzęsienia ziemi itp. W obszarach, które również przyczyniły się do powstania błędnego koła ubóstwa, klęski żywiołowe spowodowały utratę życia i środków do życia. Poniżej przedstawiono chronologiczną *kolejność występowania klęsk* żywiołowych w Dailekh (tabela 5.13).

Tabela 5.13
Ramy czasowe klęski żywiołowej w Dailekh

Data	Wydarzenia	Wpływ na źródła utrzymania
1990 BS	Trzęsienie ziemi	Uszkodzone domy, osunięcia ziemi, uszkodzenia i utrata życia oraz brak źródeł wody. Przenoszenie źródeł wody z góry na dół.
2028 BS	Susza (*Magh* do *Bhadry*), powódź (*Aswin*)	Głód, osunięcie się ziemi, zniszczone domy.
2029 BS	Głód	Wymiana portu z pełnym ziarnem. Użycie pokrzywy jako podstawowego pożywienia.
2030 BS	Biegunka	Śmierć wielu ludzi z powodu epidemii.
2041 BS	Susza	Głód się zdarza.
2045 BS	Trzęsienie ziemi	Uszkodzenie domów. Przesiewane źródła wody od góry do dołu.
2054 BS	Susza	Bardzo niska produkcja ziarna.
2055 BS	Opady śniegu (*Falgun*)	Zniszczenie inwentarza żywego i zniszczenie upraw na pniu.
2056 BS	Powódź	Trzy osoby zgłosiły zabójstwo i utratę 6 sztuk bydła w powodzi. Uszkodzenia od 30 do 40 domów.
2060 BS	Susza	Głód wśród ludzi.
2063 BS	Hellenstein (*Aswin*)	Uszkodzona uprawa ryżu.
2064 BS	Susza, piekielny kamień	Wydalony w sumie 21 rodzin Dalitów do Indii z powodu głodu w rumie VDC.
2065 BS	Ogromne opady deszczu (*Jesth* to *Aswin*)	Uszkodzony budynek społeczny, w tym dom dla ludzi.

Źródło: Dyskusja w grupach fokusowych, 2011 r.

5.2.5 Choroby/szkodniki ludzkie, roślinne i zwierzęce

Występowanie chorób i inwazji owadów może mieć kilka przyczyn, zarówno po stronie zagrożenia, jak i po stronie zagrożenia. Ich zakres różni się od skali osobistej do globalnej. Pandey wskazał, że zdrowie ma znaczący wpływ na gospodarkę danej osoby i ostatecznie wpływa na bezbronność środków do życia. Utrata dni roboczych z powodu choroby zmusza jednostkę do wpadnięcia w pułapkę ubóstwa (Pandey, 2004 cytowany w Subedi, 2007, s. 112). Występowanie chorób roślin uprawnych i zwierząt gospodarskich, jak również epidemii owadów, prowadzi do utraty wydajności i niskich zysków ekonomicznych dla rolników.

Choroby ludzkie

Choroby żołądkowo-jelitowe, zaburzenia układu nerwowego (bóle głowy, pleców, itp.), tyfus, żółtaczka i grypa były najczęstszymi chorobami w badanym obszarze. Ponad 75% całej populacji zgłosiło problemy zdrowotne spowodowane chorobami układu pokarmowego (zapalenie żołądka, zarażenie robakami, biegunka, dyzenteria itp.). Badanie wykazało, że 48,8 procent populacji cierpi na zaburzenia układu nerwowego. Powszechne były również ogniska tyfusu i żółtaczki, które w ubiegłym roku dotknęły 61,7 procent populacji. Grypa była również często zgłaszana w ubiegłym roku przez 39,8% populacji (tabela 5.14).

Choroby przenoszone drogą płciową oraz HIV i AIDS nie były zgłaszane przez respondentów w obszarze objętym badaniem. WFP wskazał jednak, że w jednej z zachodnich wsi Dailekh badano 80 powracających migrantów, z czego 22 (27,5%) było zakażonych HIV (WFP 2008, s. 91).

Tabela 5.14
Powszechne choroby w sprawozdaniach respondentów dotyczących życia ludzkiego
(N=201 w każdym przypadku)

Powszechne choroby	Częstotliwość:	Procent
Gastrointestinal	152	75.6%
dysfunkcja układu nerwowego	98	48.8%
Tyfus brzuszny i żółtaczka	124	61.7%
Grypa	80	39.8%

Razem	454	226

Źródło: Opracowanie terenowe 2011

Uwaga: z powodu wielokrotnych odpowiedzi całkowity odsetek przekracza 100 procent. Odsetek ten został jednak obliczony na podstawie łącznie 201 respondentów.

Zarażenie upraw szkodnikami i owadami

Inwazja szkodników i owadów obniża plony i jakość zbóż i produktów ubocznych w uprawach na pniu i warunkach przechowywania. W badaniu zidentyfikowano następujące szkodniki i owady w uprawach zbóż, warzyw i owoców, zgłoszone przez gminy na tym obszarze (tabela 5.15)

Tabela 5.15

Sezonowe ogniska występowania owadów i szkodników w uprawach

Rośliny uprawne	Atak owadów	epidemia choroby
Paddy	ogórecznik, robak ryżowy, chrząszcz nasienny, wałek liściowy, robaki mączne	Podmuch, zaraza bakteryjna, brązowa plama na liściach, późna zaraza, późna zaraza liści i bulw, zaraza stóp itp.
Kukurydza	gąsienice, wiertła, mączniaki, itp.	zaraza główna, zgnilizna trzonu, późna zaraza, itp.
Pszenica	termit, gąsienica, wiertło, mszyce	Luźna smutna, rdza, późna zaraza
trawa krabowa	żółte zabarwienie rośliny	Obróbka strumieniowa
Jęczmień	Nie zgłoszono	żółta rdza, rdza paskowana
Soja	Czapka z główki, wiertło do rękawów	Gnicie korzeni, więdnięcie
Ziemniak	białe larwy, czerwona mrówka, motyl ziemniaczany	zgnilizna liści, zgnilizna brązowa itp.

Warzywa	mielone owady, motyle kapusty, mszyce, gąsienica, czerwona mrówka itp.	Plamka liściowa Altenaria, puchowa pleśń, czarna zgnilizna.
Orange	gnicie korzeni, mrówki czerwone	Dieback
Mango	Lejek, żuczek kamienny	zgnilizna owocowa, antraknoza

Źródło: Dyskusja w grupach fokusowych, 2011 r.

Ogniska chorób w hodowli zwierząt gospodarskich

Wybuch chorób zwierząt gospodarskich miał wpływ na utratę wydajności i śmierć zwierząt gospodarskich, powodując straty ekonomiczne dla rolników. Następujące choroby i pasożyty zostały stwierdzone u bawołów (*Bos buballis*), bydła (*Bos indicus*), kóz (*Capra hircus)*, świń (*Sus domesticus*) i kurcząt (*Gallus domesticus*), zgodnie z danymi podanymi przez rolników w obszarze badań (tabela 5.16).

Tabela 5.16

Ogniska chorób w hodowli zwierząt gospodarskich

rodzaj zwierząt gospodarskich	epidemia choroby	Leczenie lokalne

Buffalo	grypa wątroby, posocznica krwotoczna, zapalenie sutka, pryszczyca, czarna ćwiartka, biegunka, pasożytnicze zapalenie żołądka i jelit.	Stosowanie kremu na zakażonym smoczku w celu zwalczania mastitis u bawołów.
Bydło	Posocznica krwotoczna, pryszczyca (FMD), czarna ćwiartka, grypa wątroby	Bydło jest zanurzone w błocie w celu zwalczania pryszczycy.
Kozioł	Zapalenie woreczka żółciowego, grypa wątroby, pasożytnicze zapalenie żołądka i jelit, mange, objawy oddechowe, biegunka, pasożyty zewnętrzne (pchły), itp.	Użycie *timuru* i kamfory do kontroli pcheł w kozim domku.
Kurczak	Zewnętrzne pasożyty (*sul sulsule*), *ranikhet,* kokcydioza, itp.	Użycie prochów w gnieździe
Świnia	Pasożytnicze zapalenie żołądka i jelit, zmiany skórne, mange, pomór świń itp.	Nie zgłoszono

Źródło: Wywiad z kluczowymi informatorami, 2011 r.

5.2.6 Odłamki

Dług jest pułapką ubóstwa, wrażliwości i braku bezpieczeństwa żywnościowego gospodarstwa domowego z powodu katastrof, chorób przewlekłych, utraty zwierząt gospodarskich, złych zbiorów, utraty pracy poza gospodarstwem i śmierci żywiciela rodziny itp. W wiejskim Nepalu istnieje mniejszy dostęp do formalnych kredytów dla osób ubogich i wykluczonych społecznie. Większość ludności wiejskiej jest zmuszona do zaciągania pożyczek u lokalnych kredytodawców, których oprocentowanie wynosi 36-60 procent rocznie. W obszarze objętym badaniem miejscowa ludność nie otrzymała od banków kredytów na prowadzenie działalności gospodarczej i przedsiębiorstw rolniczych. Społeczne grupy oszczędnościowo-kredytowe udzieliły jednak swoim członkom pożyczek o oprocentowaniu 18-24 procent. Jednak kwota tych pożyczek jest niewielka, jak podają członkowie grupy.

5.2.7 Rosnące ceny żywności

W okresie od marca 2007 r. do marca 2008 r. ceny trzech najważniejszych światowych upraw - ryżu, pszenicy i kukurydzy - gwałtownie wzrosły: ceny kukurydzy wzrosły o 31%, ryżu o 71%, soi o 87%, a pszenicy o zdumiewające 130% (Bloomberg, Nowy Jork, 2008, cytowany przez Kathmandu Post). Wzrost cen był spowodowany szeregiem czynników, w tym złą pogodą - częściowo spowodowaną zmianami klimatycznymi - zwiększonym popytem ze strony Indii i Chin oraz innych zaawansowanych krajów rozwijających się, wzrostem liczby ludności, zwiększonym popytem na biopaliwa, brakiem poprawy plonów oraz wysokimi cenami ropy naftowej i środków produkcji (np. nawozów, co prowadzi do wzrostu kosztów środków produkcji dla producentów i przedsiębiorstw handlowych).

Oprócz rosnących cen żywności na świecie, Nepal boryka się z poważnymi niedoborami paliw, co prowadzi do stałego wzrostu cen paliw, a tym samym do dalszego wzrostu cen żywności, szczególnie na odległych rynkach w górach i regionach górskich (WFP i NDRI, 2008). Ponad 2,5 miliona ludzi w Achham, Bajura, **Dailekh**, Dolpa, Humla, Jajarkot, Kalikot, Mugu i Rukum stoi w obliczu poważnego braku bezpieczeństwa żywnościowego. Najbardziej krytycznym okresem jest **połowa czerwca do sierpnia,** kiedy to gospodarstwa domowe zużywają swoje skromne zapasy i stają się zależne od rynku dostaw żywności.

Ludność wiejska zgłosiła, że jest narażona na brak bezpieczeństwa żywnościowego z powodu rosnących cen żywności. W oświadczeniu dodano, że Nepal stoi w obliczu poważnego ryzyka stagflacji - stanu niskiego wzrostu gospodarczego, wysokiego bezrobocia i rosnących cen. W obliczu pogłębiających się niedoborów żywności i rosnących cen żywności, około 19,2 mln mieszkańców wsi może stracić, a 3,8 mln może skorzystać z obecnej sytuacji wzrostu cen żywności w kraju (WFP i NDRI, 2008).

5.2.8 Konflikt zbrojeniowy

Konflikt jest zjawiskiem społecznym w każdym społeczeństwie, wynikającym z nierównego podziału zasobów, nadużywania władzy i łamania praw człowieka. WFP i OCHA zauważyły, że na krótko przed końcem konfliktu w 2006 r. większość Nepalu na obszarach wiejskich znajdowała się pod skuteczną kontrolą ówczesnego CPN/M. W większości okręgów kontrola rządu była ograniczona do centrali okręgu. Osiemdziesiąt procent VDC w regionie Mid Western Hills i Far Western znajdowało się pod skuteczną kontrolą ówczesnego CPN/M i zostało poważnie dotkniętych podczas konfliktu (WFP/OCHA, 2007).

W ciągu dziesięcioleci wewnętrznej wojny zbrojeniowej, dystrykt Dailekh był najbardziej dotkniętym konfliktami i podatnym na zagrożenia dystryktem w Nepalu. W tym okręgu ziemia, woda, las, ubóstwo i niesprawiedliwość na poziomie rodziny i społeczności są źródłem wspólnych konfliktów.

Z badań wynika, że w czasie dekadnej walki biednych w dzielnicy Dailekh zginęło w sumie 400 osób. Podobnie 2,700 osób zostało przesiedlonych. Poważnie ucierpiał wpływ konfliktu na środki utrzymania, dostępność żywności, dostęp do rynków, uprawę roślin, a nawet zbiory zbóż w stanie surowym. Wspólnotowa infrastruktura społeczna, taka jak budynki Komitetu Rozwoju Wsi, placówki służby zdrowia, urzędy pocztowe i posterunki policji, została uszkodzona. Biura VDC nie zostały jeszcze zrehabilitowane. Wielu wysiedleńców powróciło do swoich domów, ale biedni ludzie pozostali robotnikami w Surkecie i Nepalgunju.

Działania rozwojowe nie są wystarczająco realizowane przez rząd i organizacje pozarządowe, aby zaspokoić potrzeby osób dotkniętych konfliktami i znajdujących się w trudnej sytuacji w regionie. Ludzie biedni mają mniejszy dostęp do usług socjalnych i mają mniejsze możliwości korzystania z nich, ponieważ świadomość ludzi biednych i zmarginalizowanych jest niska, a mechanizmy państwowe słabe. Zaobserwowano jednak, że uśmiechnięte twarze kobiet i mężczyzn oraz dzieci zostały zauważone w trakcie badania po podpisaniu kompleksowego porozumienia pokojowego między rządem a rebeliantami w 2006 roku. Tendencja chronologiczna konfliktu w dystrykcie Dailekh z wydarzeniami ogólnymi i szczególnymi (załącznik 5.15).

5.2.9 Przyczyny konfliktów we Wspólnocie

Ankieta kluczowych informatorów przeprowadzona w obszarze objętym badaniem metodą proporcjonalnego palowania wykazała, że głównymi źródłami konfliktu były żywność, polityka wyborcza, woda i zatrudnienie (po 12 procent), natomiast transport, niedotykalność i zdrowie miały tylko niewielki wpływ na konflikt. Z badania wynika, że 80% konfliktów było związanych z zasobami, a 20% z polityką wyborczą i płcią (tabela 5.17).

Tabela 5.17
Rozmieszczenie źródeł konfliktów we Wspólnocie

źródła konfliktu	Częstotliw	Procent	Uwagi

	ość:		
Żywność	3	12	Dostęp do jedzenia podczas głodu.
Polityka głosowania	3	12	W okresie wyborczym
Woda	3	12	Spór o źródła w wodzie pitnej i kanałach irygacyjnych.
Płeć	2	08	Nielegalne sprawy seksualne.
Las	2	08	Wykorzystanie w zasobach leśnych.
Środki transportu	1	04	Zastosowanie w ruchu autobusowym.
Kraj	2	08	Dostęp i dystrybucja w przypadku rozdzielenia rodziny.
Zatrudnienie	3	12	Dostęp do zatrudnienia.
Nietykalność	1	04	dyskryminacja kastowa.
Edukacja	2	08	Przyjęcie w sprawach technicznych.
Zdrowie	1	04	dostęp do usług zdrowotnych.
Energia elektryczna	2	08	Dostęp do energii elektrycznej w gospodarstwie domowym.
Razem	**25**	**100**	

Źródło: Wywiad z kluczowymi informatorami, 2011 r.

5.2.10 Wibracje i zagrożenia

Badanie wykazało, że obszary te były narażone na ryzyko wystąpienia klęsk żywiołowych i innych nieoczekiwanych zdarzeń, które doprowadziły do nieurodzaju upraw, a nawet zagroziły życiu i środkom utrzymania ludności wiejskiej, takich jak susze, gradobicia, powodzie, osunięcia ziemi, choroby i epidemie szkodników itp. Poniżej przedstawiono różne czynniki ryzyka związane z bezpieczeństwem żywnościowym wiejskich gospodarstw domowych na badanym obszarze, których doświadczali respondenci w ciągu ostatnich pięciu lat (rysunek 5.5).

Rys. 5.5 Czynniki ryzyka związane z bezpieczeństwem żywnościowym, których doświadczają respondenci

Działania na rzecz bezpieczeństwa żywnościowego	Czynniki ryzyka
1. rolnictwo	- klęski żywiołowe (nieregularne opady deszczu, susza, burze gradowe, powodzie i osunięcia ziemi). - Choroby i epidemie/infekcje szkodników.

	- Niewystarczająca wiedza i umiejętności. - Apatia młodego pokolenia i męskich członków gospodarstwa domowego wobec działalności rolniczej. - Niewystarczające usługi wsparcia dla rozbudowy (JT/JTA rzadko odwiedzają wioskę) - Brak ulepszonej technologii i nasion. - Brak możliwości rynkowych w zakresie zakupu środków produkcji i sprzedaży produktów rolnych. - Brak urządzeń nawadniających.
2. hodowla zwierząt gospodarskich	- epidemia choroby - Brak ulepszonej technologii i ras. - Brak pastwisk do wypasu i zamknięcie zasobów leśnych po zagospodarowaniu przez gminy. - Niewystarczające usługi doradcze w zakresie zwierząt gospodarskich na wsi.
3. praca związana z wynagrodzeniem	- Brak możliwości na wsi doprowadził do coraz większego niedoboru siły roboczej - Niska stawka wynagrodzenia, - Dyskryminacja pracownic w zakresie stawek płac.
4. zbieranie drewna opałowego z lasu	- Ograniczony dostęp do lasów po wprowadzeniu wspólnotowego systemu zarządzania.
Mały przemysł chałupniczy	- Brak wiedzy, umiejętności i zaplecza szkoleniowego - Niezdolność do inwestowania. - Brak sprzętu i surowców.
5.migracja	- Zwiększająca się sezonowa migracja siły roboczej w rolnictwie. - Brak zasobów ludzkich w okresie uprawy, odchwaszczania i zbioru skutkował niską wydajnością.

Źródło: Dyskusja w grupach fokusowych, 2011 r.

Informatorzy z badanego obszaru informowali niejednoznacznie, że często ponosili straty w swoich głównych uprawach - kukurydzy, pszenicy i ryżu - z powodu niespodziewanych i niekorzystnych gradobicie przed zbiorami. Doświadczyły one również zwiększonego zarażenia chorobami i szkodnikami w swoich uprawach polowych.

5.3 Uprawnienia budżetowe z tytułu darowizn

Fundacja twierdzi, że analizuje kontrolę budżetu nad aktywami produkcyjnymi, które obejmują kapitał ludzki, finansowy, fizyczny, społeczny/polityczny i naturalny.

5.3.1 Kapitał ludzki

Kapitał ludzki odnosi się do doskonalenia umiejętności jednostki w zakresie promowania lepszych warunków życia, obejmujących edukację, wiedzę, umiejętności życiowe i zdrowie jednostek lub gospodarstw domowych.

5.3.1.1. Umiejętności czytania i pisania

Umiejętność czytania i pisania jest definiowana jako zdolność do czytania i pisania w dowolnym języku, ze zrozumieniem i znajomością prostej arytmetyki. Wskaźnik alfabetyzacji kobiet wynosi 61,18 procent, podczas gdy wskaźnik alfabetyzacji mężczyzn w badanym obszarze wynosi 77,49 procent (Tabela 5.18). Istnieje korelacja między wskaźnikami alfabetyzacji a świadomością bezpieczeństwa żywnościowego i możliwości utrzymania się w gospodarstwie domowym. Rolnicy, którzy potrafią czytać i pisać, mają większą akceptację dla ulepszonych technologii rolniczych, co zwiększa status bezpieczeństwa żywnościowego w społeczeństwie.

Analiza statystyczna: W teście Chi-kwadratowym (χ^2) wartość p wynosi 0,000. Ponieważ wartość p jest bardzo mała niż poziom istotności ($\alpha = 0,05$), mamy wystarczająco dużo dowodów, aby odrzucić hipotezę zerową na poziomie istotności 0,05. W związku z tym odrzucamy hipotezę zerową i dochodzimy do wniosku, że stan umiejętności czytania i pisania osób z badanego obszaru jest znacząco związany z płcią. Innymi słowy, proporcje osób wykształconych znacznie różnią się między obiema płciami, mianowicie męską i żeńską.

Tabela 5.18
Wskaźnik alfabetyzacji według płci (N=1074)

Płeć	Wskaźnik alfabetyzacji (6 lat i więcej)		
	Literacka nr.	Niepiśmienny Nie.	Ludność ogółem
Kobiety	331 (61.18)	210 (38.82)	541
Mężczyźni	413 (77.49)	120 (22.51)	533
Razem	744	330	1074

	(69.27)	(30.73)	(100)
W teście Chi-kwadratowym, wartość p = 0,000			

Źródło: Opracowanie terenowe 2011

Uwaga: Liczba w nawiasach jest podana w procentach.

5.3.1.2 Wiedza, umiejętności i dobre praktyki

Wiedza to władza osiągnięta poprzez informację i zrozumienie tematu, który dana osoba ma w umyśle lub który jest wspólny dla wszystkich ludzi. Kompetencje to wiedza i umiejętności, które umożliwiają ludziom zarabianie na życie, takie jak praca, zawód, itp.

Najlepsze praktyki wspólnotowe

W ramach badania oceniano wiedzę, umiejętności i dobre praktyki społeczności lokalnej w tym obszarze. Dobre praktyki wspólnotowe (załącznik 5.16) pokazują lokalną wiedzę techniczną i umiejętności, które podtrzymują bezpieczeństwo żywnościowe i system utrzymania. Ta lokalna wiedza techniczna została uzyskana przy zastosowaniu metody dociekliwego badania i uczenia się.

Nepalskie przysłowia

W trakcie badań zidentyfikowano również lokalne przysłowia jako tradycyjną mądrość dotyczącą bezpieczeństwa żywnościowego i ochrony zasobów naturalnych. Mukherjee zaznaczył, że każda miejscowość, plemię lub społeczność może mieć swoje materiały literackie i artystyczne, które mogą zawierać znaczną ilość informacji reprezentujących ich lokalną kulturę, legendy, rytuały, legendarne postacie i praktyki. Możesz je poznać i uzyskać wyjaśnienia od miejscowych. Mogą one przedstawić warunki, przekonania, problemy, postrzeganie i tradycje danej społeczności lokalnej. Mogą one również stanowić podstawę do nauki i pomóc w interpretacji aktualnych warunków w świetle kultury i tradycji danej społeczności (Mukherjee, 2002). Poniżej przedstawione są lokalne nepalskie przysłowia.

i. Ratuj swoje życie w czasie zawirowań, ratuj nasiona w czasie głodu.

ii. Wystarczająco dużo ryżu w miesiącu *Mangsir*, ale połóż ręce na czole w miesiącu *Chaitra* i *Baisakh* (miejscowi).

iii. Spanie w domu i jedzenie chupry (lokalnej).

iv. Wszystkie rośliny są lekami, gdy są zidentyfikowane, wszystkie litery są mantrami, gdy są zrozumiałe.

v. Jedzenie z głodu, nie dzielić się, ani nie spożywać.

vi. Jedzenie z głodu powinno być spożywane przez dzielenie się.

vii. Spożywaj ziarno, ale zachowaj jego nasiona.

viii. Co mogę zrobić, gdy na innym polu są zielone warzywa?

ix. Owocu nie można uzyskać poprzez zwalczanie chwastów na łodydze.

x. Mango otrzymuje się przez sadzenie mango, banan przez sadzenie bananów.

xi. Mleko matki i krowy jest bardziej odżywcze niż mleko bawoła.

xii. Ogień spala las, a potem ducha.

xiii. Rolnictwo jest tam najlepszym biznesem, a usługa jest obrzydliwa.

xiv. Jeden ryż *pathi* jest wart sto tysięcy *pathi*.

xv. Spożywać pokarm w ilości jednej *many* i uprawiać rośliny na suchym lądzie.

xvi. Utrata nasion, utrata zdrowia.

xvii. Również królowa zjada pokrzywę curry w miesiącu *Shravan*

xviii. Zważyć złoto z wagą, zasiać nasiona na ziemi.

Wspomniane wyżej nepalskie przysłowia są źródłem tradycyjnej mądrości, która promuje i chroni produkcję żywności, ochronę bioróżnorodności i wykorzystanie lokalnej żywności. Ta tradycyjna mądrość była jednak z dnia na dzień podważana przez brak odpowiedniego wykształcenia i świadomej ochrony kulturalnej ludności wiejskiej w regionie. Niektóre przysłowia są specyficzne dla tego regionu, a inne okazały się ogólne i popularne w badanych obszarach.

5.3.1.3 Zawody podstawowe

Struktura zawodowa opisuje rozkład osób w poszczególnych zawodach, co daje pewne wyobrażenie o tym, jakie rodzaje pracy są dominujące. Struktura zawodowa jest ważna także pod względem wpływu na klasę społeczną i inne formy nierówności (Johnson, 2000:193). Jak pokazuje Tabela 13, rolnictwo znalazło dominujące zatrudnienie (96,5 %), a następnie usługi (3 %) i handel (0,5 %) jako główne zajęcie dla bezpieczeństwa żywnościowego i środków utrzymania gospodarstw domowych na badanym obszarze (Tabela 5.19).

Tabela 5.19
Gospodarstwa domowe według głównego zajęcia (N=201)

Główna praca	Częstotliwość:	Procent

Rolnictwo	194	96.5
Serwis	6	3.0
Handel	1	0.5
Razem	**201**	**100**

Źródło: Opracowanie terenowe 2011

Tabela 5.20 przedstawia zatrudnienie w gospodarstwach domowych według kast i pochodzenia etnicznego według tego samego schematu, co w powyższej tabeli.

Analiza statystyczna: W teście Chi-kwadratowym (χ^2) wartość *p* wynosi 0,776. Ponieważ wartość *p* jest znacznie większa niż poziom istotności (α = 0,05), nie mamy wystarczających dowodów, aby odrzucić hipotezę zerową na poziomie istotności 0,05. W związku z tym nie odrzucamy hipotezy zerowej i stwierdzamy, że zawód osób na badanym obszarze nie ma istotnego związku z przynależnością kastową i etniczną. Innymi słowy, procenty okupacji ludności nie różnią się znacząco między czterema kastami i pochodzeniem etnicznym, a mianowicie Brahmins, Chhetri, Dalit i Janajati.

Tabela 5.20
Zatrudnienie w gospodarstwach domowych według kast/etniczności (N=201)

Zawód	Kasta i pochodzenie etniczne				Razem
	Brahman	Chhetri	Janajati	Dalit	
Rolnictwo	27	97	14	56	194
Serwis (Poza gospodarstwem)	2	3	0	1	6
Handel (Poza gospodarstwem)	0	1	0	0	1
Razem	29	101	14	57	201
W teście z kwadratem chi wartość p = 0,776					

Źródło: Opracowanie terenowe 2011

5.3.1.4 Zdrowie i zakłady opieki zdrowotnej

Zdrowie to stan, w którym człowiek nie cierpi z powodu choroby i czuje się dobrze. Z badania wynika, że 2 proc. respondentów nie zgłosiło choroby, 45,8 proc. zgłosiło chorobę 1 do 2 osób, a 52,2 proc. zgłosiło chorobę 3 do 5 osób na gospodarstwo domowe w ubiegłym roku (tabela 5.21). Istnieje istotny związek między zdrowiem a rolnictwem/bezpieczeństwem żywnościowym, który ma na celu utrzymanie zdrowego trybu życia i zatrudnienia.

Tabela 5.21
Liczba zachorowań osób według respondenta (N=201)

Osoby chore / HHHH (w ubiegłym roku)	Częstotliwość:	Procent
Nie zgłoszono	4	2.0
Jedna lub dwie osoby	92	45.8
Trzy do pięciu osób	105	52.2
Razem	**201**	**100.0**

Źródło: Opracowanie terenowe 2011

Thapa wyjaśnił, że **zdrowa gleba, woda, powietrze, światło słoneczne i czyste niebo = zdrowe rośliny = zdrowe zwierzęta = zdrowi ludzie** są obserwowani w społeczeństwie. Zdrowa gleba organiczna, czyste powietrze, naturalna woda mineralna, czyste niebo i światło słoneczne są bardzo ważnymi źródłami energii do produkcji wysokiej jakości zboża do żywności w celu poprawy zdrowia publicznego i dobrobytu całego społeczeństwa. Mówi się, że nic nie idzie dobrze, gdy rolnictwo idzie źle.

Rolnictwo jest podstawowym aspektem życia i środków do życia ludzi. Jednakże globalizacja i gospodarka rynkowa w coraz większym stopniu zagrażają tradycyjnej lokalnej mądrości. Na poziomie międzynarodowym, ludzie są przyciągani do produktów rolnictwa ekologicznego, które są bezpieczne do jedzenia i smakują dobrze. Może to być dobra okazja dla nepalskich rolników do eksportowania produktów ekologicznych na rynki zewnętrzne w celu osiągnięcia większych zysków (Thapa, 2009).

dostęp do placówek służby zdrowia

Podstawowa opieka zdrowotna jest podstawowym prawem obywatela. Obowiązkiem państwa jest zapewnienie podstawowej opieki zdrowotnej najbiedniejszym i najbardziej zmarginalizowanym obywatelom kraju. Z badania wynika, że 41,8% i 29,4% gospodarstw domowych miało dostęp do usług szpitalnych i poczty zdrowotnej, a 65,7% i 3,5% gospodarstw domowych zwróciło się do prywatnych klinik i Indii (Lucknow) o leczenie w regionie. Badanie wykazało, że 95,5 procent gospodarstw domowych początkowo zwróciło się do uzdrowicieli wiary jako pierwszy punkt kontaktowy w leczeniu chorób w regionie. Usługi zdrowotne świadczone przez rząd Nepalu na badanym obszarze były niedostatecznie finansowane ze względu na brak dobrze wyposażonych stanowisk opieki zdrowotnej, dobrze wyszkolonych pracowników służby zdrowia, dostawy podstawowych leków, regularną edukację zdrowotną i zaangażowanie pracowników służby zdrowia. Większość populacji preferowała prywatne kliniki do leczenia pacjentów zamiast lokalnych placówek służby zdrowia (tabela 5.22).

Tabela 5.22
Dostęp gospodarstw domowych do placówek służby zdrowia (N=201)

Ośrodki zdrowia	Częstotliwość dostępu	Procent
Szpital	84	41.8
Posterunek zdrowia	59	29.4
Prywatne kliniki	132	65.7
Indie-Lucknow	7	3.5
Uzdrowiciel religijny	192	95.5
Brak odpowiedzi	9	4.47
Razem	483	240

Źródło: Opracowanie terenowe 2011

Uwaga: Ze względu na wielokrotne wpisy, całkowity procent przekracza 100 procent. Odsetek ten został jednak obliczony na podstawie łącznie 201 respondentów.

5.3.2 Kapitał finansowy

Środki finansowe dostępne dla osób fizycznych lub gospodarstw domowych, w tym dostęp do kredytów, oszczędności, zwierząt gospodarskich, roślin, przekazów pieniężnych, wynagrodzeń/emerytur i dochodów, które zapewniają im różne środki utrzymania.

5.3.2.1 Dostęp do kredytu

Kredyt jest potężnym środkiem promowania każdego biznesu dla utrzymania ludzi. Kredyt jest potężnym środkiem promowania każdego przedsięwzięcia dla utrzymania ludzi. W Nepalu szacuje się, że całkowity zasięg finansowania obszarów wiejskich wynosi około miliona gospodarstw domowych, w porównaniu z 2,7 miliona gospodarstw potrzebujących kredytu. W wiejskim Nepalu brak jest usług finansowych. Dostęp do finansowania jest szczególnie ograniczony na wzgórzach i w górach. Szacuje się, że tylko 20 procent gospodarstw domowych w górach i wzgórzach otrzymuje pożyczki od formalnych instytucji finansowych, a reszta gospodarstw domowych nie ma dostępu do kredytów lub może polegać jedynie na źródłach nieformalnych, takich jak kredytodawcy indywidualni, przyjaciele i krewni (Summary Strategies for expanding microfinance services in the hills and mountains, www. Google.com, accessed 26 July 2011). Ostatnie doświadczenia pokazują jednak, że osoby biedne i mające mniejszą zdolność kredytową mają zdolność kredytową w ramach mechanizmu grupowego. Decyzje grupowe, samokontrola grupy, presja grupy i odpowiedzialność grupy są lepsze niż indywidualne zabezpieczenia.

Według badania, 2 gospodarstwa domowe (1%) stwierdziły, że mają dostęp do banku w celu uzyskania kredytów. Podobnie 64 gospodarstwa domowe (31,84%) i 100 gospodarstw domowych (49,75%) miało dostęp do pożyczek od spółdzielni i grup oszczędnościowo-kredytowych w regionie, natomiast 35 gospodarstw domowych (17,41%) nie miało dostępu do pożyczek z banków, spółdzielni i grup oszczędnościowo-kredytowych (tabela 5.23). Polegają oni na lokalnych pożyczkodawcach, którzy udzielają pożyczek o rocznej stopie procentowej wynoszącej 36-60 procent, wpadając tym samym w pułapkę ubóstwa.

Tabela 5.23

Dostęp do kredytu dla gospodarstw domowych (N=201)

Lokalne obiekty	Częstotliwość:	Procent
Banki	02	1.00
Spółdzielnie	64	31.84
Grupy oszczędnościowe/kredytowe	100	49.75
Brak dostępu do kredytu	35	17.41
Brak odpowiedzi	0.0	0.0
Razem	**201**	**100**

Źródło: Opracowanie terenowe 2011

5.3.2.2 Oszczędzanie

Z punktu widzenia bezpieczeństwa żywnościowego program oszczędnościowy jest ważną działalnością gospodarczą dla jednostki lub gospodarstwa domowego w społecznościach wiejskich. Może to odegrać ważną rolę w przypadku poważnych niedoborów żywności, zwłaszcza w ubogich i słabych gospodarstwach domowych. W badanym obszarze ogółem 164 gospodarstwa domowe (82%) na 201 stwierdziło, że uczestniczą w grupach oszczędnościowo-kredytowych i spółdzielniach, w których jako członek regularnie oszczędzają kwotę Rs 20-Rs 50 miesięcznie. Z badania wynika, że 80 procent gospodarstw domowych było zagrożonych z punktu widzenia bezpieczeństwa żywnościowego i bezpieczeństwa środków do życia ze względu na niską wydajność upraw, nierzetelne źródło dochodów poza gospodarstwem oraz brak regularnych możliwości zatrudnienia na tym obszarze.

5.3.2.3 Bydło

Hodowla zwierząt gospodarskich jest integralną częścią systemu rolniczego w Nepalu. Prawie wszystkie rodzaje zwierząt domowych, z wyjątkiem wielbłądów, hodowane są w Nepalu. W zależności od wysokości, rodzaj i koncentracja zwierząt gospodarskich różni się w zależności od regionu. Główne zwierzęta gospodarskie w dolnym pasie to bydło, bawoły, kozy, owce, świnie i drób, a na wyższych wysokościach główne zwierzęta to jak, nagie, bydło, owce i muły.

Podsektor produkcji zwierzęcej stanowi 26 % PKB w rolnictwie (Kaini, 2006). Dostarcza on ważnych środków spożywczych i jest bardzo dobrym źródłem białka (mleka, mięsa, jaj) dla Wspólnoty. Produkcja zwierzęca może być również gotowym źródłem dochodu w przypadku sprzedaży w celu pokrycia potrzeb doraźnych, takich jak wydatki medyczne. Jako integralna część społeczno-kulturowych, społeczno-ekonomicznych i środowiskowych aspektów Nepalu, odgrywał on i nadal odgrywa ważną rolę w utrzymaniu ludności wiejskiej. Odgrywa ona również kluczową rolę w łagodzeniu ubóstwa ubogich na obszarach wiejskich" (TLDP, 2004, s. 1).

W dokumencie strategicznym CLDP (Community Livestock Development Project) stwierdza się, że rzeczywisty zasięg służby weterynaryjnej nie przekracza obecnie 20 % całkowitej populacji zwierząt gospodarskich (PAM, CLDP). Ponad 80% usług klinicznych jest świadczonych w prywatnej praktyce poprzez wizyty domowe (ponieważ rolnicy płacą za każdy przypadek kliniczny, w którym są leczeni), niezależnie od tego, kto jest dostawcą usług (rząd czy organizacje pozarządowe). Rolnicy płacą za usługi lecznicze w prawie wszystkich przypadkach klinicznych (za wyjątkiem przypadków zgłaszanych do DLSO, LSC/LSSC w godzinach pracy).

Pande wyjaśnił, że "przeciętny inwentarz żywy (bydło, bawoły, owce, kozy i świnie) na gospodarstwo domowe wynosi 4,9. Ogólna produkcja i produktywność poszczególnych zwierząt jest jednak bardzo niska, głównie ze względu na połączone skutki słabej podaży pasz, złego zarządzania i słabej opieki zdrowotnej nad zwierzętami; rasy autochtoniczne są mniejsze i produkują niewiele, ale są znane ze swojej solidności; rozwijają się w trudnych warunkach i produkują nawet w warunkach na wpół głodnych" (Pandey, 2007).

Badanie wykazało, że 36 procent gospodarstw posiadało co najmniej jednego bawoła, a prawie 20 procent gospodarstw zgłosiło, że w swoim gospodarstwie hodowało

2-3 bawoły, podczas gdy 44 procent gospodarstw nie hodowało żadnego bawoła. Na badanym obszarze 10 procent gospodarstw miało co najmniej jedno bydło, prawie 47 procent gospodarstw miało 2-3 bydło, a 14 procent gospodarstw miało w swoich gospodarstwach 4-6 sztuk.

Z badania wynika, że prawie 28 procent gospodarstw domowych utrzymywało 1-3 kozy, prawie 32 procent utrzymywało 4-6 kóz, 8,5 procent gospodarstw domowych 7-10 kóz, a 3 procent gospodarstw domowych 11-15 kóz w swoich gospodarstwach.

Według badania 3,5 proc. gospodarstw domowych miało co najmniej jedną świnię, a 1,5 proc. miało 2-3 świnie hodowane w stodole. Prawie wszystkie gospodarstwa hodowlane trzody chlewnej były w obszarze badań Janajatis i Dalits. Na tym obszarze 20 proc. gospodarstw hodowało 1-5 kurczaków, 7 proc. gospodarstw hodowało 6-10 kurczaków, 1 proc. gospodarstw miało 11-15 kurczaków, a kolejny 1 proc. gospodarstw miało 16-20 kurczaków w swoim gospodarstwie (tabela 5.24).

Tabela 5.24

Produkcja zwierzęca według gospodarstw domowych (N=201)

Liczba zwierząt	Częstotliwość:	Procent
Gospodarstwo domowe zajmujące się hodowlą bawołów (HH)		
Co najmniej 1	73	36.3
2-3	40	19.9
Nie z powrotem	88	43.8
Suma cząstkowa	**201**	**100.0**
Hodowla zwierząt gospodarskich HH		
Co najmniej jeden	21	10.4
2 do 3	94	46.8
4 do 6	28	13.9
Nie z powrotem	58	28.9
Suma cząstkowa	**201**	**100.0**
Hodowla kóz HH		
od jednego do trzech	56	27.9
4 do 6	64	31.8
7 do 10	17	8.5
11 do 15	6	3.0
Nie z powrotem	58	28.9
Suma cząstkowa	**201**	**100.0**
Hodowla świń HH		
Co najmniej 1	7	3.5
2-3	3	1.5
Nie z powrotem	190	95.0
Suma cząstkowa	**200**	**100.0**
Hodowla drobiu HH		
od jednego do pięciu	41	20.4
od sześciu do dziesięciu	14	7.0
11 do 15	2	1.0
16 do 20	2	1.0
Nie z powrotem	142	70.6
Suma cząstkowa	**201**	**100.0**

Źródło: Opracowanie terenowe 2011

Na pytanie głównych informatorów o preferencje zwierząt, że koza jest na pierwszym miejscu, z powodów: łatwy chów, wysokie generowanie dochodów, łatwa sprzedaż na rynku, bawół drugi ze względu na dostawę mleka, jogurtu i ghee, które mogą być sprzedawane na rynku i dostarczają mięso i obornik jako nawóz dla upraw. Zgłosili oni jednak, że bawół jest trudny w utrzymaniu i zarządzaniu przez drobnych rolników. Kura zajęła trzecie miejsce ze względu na szybkie dochody i łatwy chów, natomiast krowa rodzima zajęła ostatnie ze względu na niskie dochody i pracochłonny chów (tabela 5.25). Hodowla zwierząt gospodarskich jest uważana za instrument bezpieczeństwa żywnościowego i źródło utrzymania dla ubogich w zasoby rolników wiejskich.

Tabela 5.25
Ranking preferencyjny gospodarstw hodowlanych pod względem bezpieczeństwa żywnościowego gospodarstw domowych

Opcje	Kozioł	Buffalo	Rdzenna krowa	Kurczak	Suma punktów	Ranking
Kozioł	X	Kozioł	Kozioł	Kozioł	3	**I**
Buffalo	X	X	Buffalo	Buffalo	2	**II**
Rdzenna krowa	X	X	X	Kurczak	0	**IV**
Kurczak	X	X	X	X	1	**III**

Źródło: Wywiad z kluczowym informatorem 2011

Poniżej przedstawiono studium przypadku dotyczące hodowli kóz w celu zapewnienia bezpieczeństwa żywnościowego gospodarstw domowych (ramka 5.3):

Ramka 5.3: Hodowla kóz: strategia radzenia sobie z bezpieczeństwem żywnościowym gospodarstwa domowego!

Jestem Bahadur Khadka w wieku 66 lat. Mieszkam w *Pipalbadatole*, Katti Village Development Committee-9 w dzielnicy Dailekh. Jestem właścicielem dwóch Ropani z *Bari* i domu. W mojej rodzinie są dwie osoby. Nasza własna produkcja pokrywa zapotrzebowanie na żywność tylko przez dwa miesiące. Hodowałem w sumie 12 kóz, w tym barana hodowlanego, krowę i 7 kurczaków. Pokrywamy deficyt żywności poprzez sprzedaż kóz. Hodowla kóz jest moim źródłem utrzymania i pokrywa wszystkie wydatki gospodarstwa domowego. Hodowla kóz jest wysoce dochodowa, łatwa w hodowli i w porównaniu z bawołami i krowami, łatwa do sprzedania na rynku. Koza ta jest uważana za "bawoła ubogiego" w społecznościach wiejskich na badanym obszarze. Istnieje jednak problem pasożytów wewnętrznych i ognisk choroby u kóz. Potrzebowaliśmy terminowych usług weterynaryjnych w celu zapobiegania i kontroli chorób kóz, aby zmniejszyć śmiertelność i zwiększyć dochody.

5.3.2.4 Sprzedaż produktów rolnych

Badanie wykazało, że 45 procent gospodarstw domowych sprzedało swoje produkty rolne w celu zapewnienia sobie żywności i środków do życia, podczas gdy 55 procent gospodarstw domowych nie sprzedało produktów rolnych w regionie w poprzednim roku (tabela 5.26).

Tabela 5.26
Sprzedaż produktów rolnych przez gospodarstwa domowe (N=201)

Sprzedaż produktów rolnych	Częstotliwość:	Procent
Nie	110	54.7
Tak	91	45.3
Brak odpowiedzi	0.0	0.0
Razem	**201**	**100.0**

Źródło: Opracowanie terenowe 2011

5.3.2.5 Dochód

Badanie wykazało, że 6,53 procent HH, 21,28 procent HH, 7,64 procent HH, 59,62 procent HH, 2,53 procent HH i 2,40 procent HH otrzymywało dochód z działalności gospodarczej/przedsiębiorstwa, przekazów pieniężnych i sprzedaży produktów rolnych, wynagrodzeń/emerytur/indii, pracy zarobkowej i innych dochodów w regionie (tabela 5.27). Średnio 6 840 Rs miesięcznie i gospodarstwo domowe zarabiało na badanym obszarze. Łącznie 63 procent gospodarstw domowych otrzymywało przekazy pieniężne z różnych źródeł w badanym obszarze.

Tabela 5.27
Procentowy podział dochodu we Wspólnocie

Źródło dochodu	Kwota	Procent	Uwagi
Firma/Firma	1,076,500	6.53	Sklepy z glosariuszami, herbaciarnie itp.
Zagraniczny przelew bankowy	3,510,000	21.28	Państwa Zatoki Perskiej i Malezji.
Sprzedaż produktów rolnych	1,260,274	7.64	Zboża, warzywa, produkty zwierzęce itp.

Wynagrodzenie/ciągłość finansowa/Indie	9,836,600	59.62	Usługi rządowe w Nepalu i sezonowa migracja do Indii.
Wynagrodzenie za pracę	417,800	2.53	Płace w rolnictwie i inne prace rozwojowe.
Inne	396,500	2.40	Mniejsza praca na zlecenie.
Brak odpowiedzi	0.0	0.0	-
Razem	**16,497,674**	**100**	

Źródło: Opracowanie terenowe 2011

5.3.3 Kapitał fizyczny

Zasoby fizyczne obejmują schronienie, transport, irygację, wodę pitną, energię i artykuły gospodarstwa domowego, które umożliwiają ludziom zarabianie na życie.

5.3.3.1 Wzór rozliczeniowy i typ domu

Schemat osadnictwa obserwowano na ogół w rozproszeniu na całym badanym obszarze. Z badania wynika, że 96,5 proc. gospodarstw domowych posiadało domy o blaszanych/łupkowych dachach (2-3 piętrowe), a 3,48 proc. gospodarstw domowych w okolicy posiadało domy kryte strzechą (domy jednopiętrowe) jako schronienie. Żaden z nich nie stwierdził, że na obszarze objętym dochodzeniem był bezdomny (tabela 5.28).

Tabela 5.28
dostęp respondentów do zakwaterowania (N=201)

rodzaj zakwaterowania	Częstotliwość:	Procent
Dach blaszany/łupkowy	194	96.52
Dach składany	7	3.48
Brak odpowiedzi	0.0	0.0
Razem	**201**	**100**

Źródło: Opracowanie terenowe 2011

5.3.3.2 Transport

Badanie wykazało, że 50 procent gospodarstw domowych miało dostęp do drogi w ciągu 0,5 godziny, a pozostałe 50 procent mogło dotrzeć pieszo w jednym kierunku z badanego obszaru w ciągu 0,5 do 1 godziny. Ułatwiło to dostęp do rynku zakupu żywności i innych artykułów oraz zwiększyło mobilność kobiet i mężczyzn na wsi w regionie (tabela 5.29).

Tabela 5.29

Dostęp do drogi dojazdowej dla gospodarstw domowych (N=201)

Dostęp do główki ulicy	Częstotliwość:	Procent
W ciągu 0,5 godziny	101	50.25
W ciągu 0,5-1 godziny	100	49.75
Brak odpowiedzi	0.0	0.0
Razem	**201**	**100**

Źródło: Opracowanie terenowe 2011

5.3.3.3 Woda pitna i urządzenia sanitarne

Higiena osobista i urządzenia sanitarne okazały się słabe wśród kobiet i dzieci, ponieważ świadomość jest mniej widoczna, a dostawy wody pitnej na analizowanym obszarze są ograniczone. W Nepalu 83 procent gospodarstw domowych ma dostęp do bezpiecznej wody pitnej (NLSS-III, 2011).

Woda pitna

Zaobserwowano, że prawie wszystkie gospodarstwa domowe miały dostęp do wody pitnej przez rury stojące w odległości 15 minut spacerem. Odnotowano jednak, że dostawy wody pitnej w rurociągach wykazywały brak wody pitnej w porze suchej (kwiecień-maj). Ludność wiejska na badanym obszarze była zmuszona do korzystania z wody pitnej ze strumieni i studni naturalnych (*Kuweja*) w odległości od 0,5 do 1 godziny spaceru w porze suchej (tabela 5.30).

Tabela 5.30

Dostęp do bezpiecznej wody pitnej dla gospodarstw domowych (N=201)

Dostęp do bezpiecznej wody pitnej	Częstotliwość:	Procent
Tak	201	100
Nie	0.0	0.0
Brak odpowiedzi	0.0	0.0
Razem	**201**	**100**

Źródło: Obserwacje terenowe 2011

Urządzenia sanitarne

Z badania wynika, że 97% gospodarstw domowych posiadało ulepszone toalety (wodoszczelne), podczas gdy 6% gospodarstw (3%) na obszarze objętym badaniem nie posiadało ulepszonych toalet. Na poziomie krajowym 56 procent gospodarstw domowych posiadało toalety (NLSS-III, 2011). Niektóre przypadki otwartego wypróżniania zaobserwowano na tym obszarze, podczas gdy obszar ten został uznany za "wolny od otwartego wypróżniania" w ramach inicjatywy organizacji pozarządowej, która wspierała budowę instalacji wody pitnej i urządzeń sanitarnych na tym obszarze (tabela 5.31).

Tabela 5.31
Dostęp do urządzeń sanitarnych dla gospodarstw domowych (N=201)

dostęp do toalety	Częstotliwość:	Procent
dostęp do urządzeń sanitarnych	195	97
Brak dostępu do urządzeń sanitarnych	6.0	3.0
Brak odpowiedzi	0.0	0.0
Razem	**201**	**100**

Źródło: Obserwacje terenowe 2011

5.3.3.4 Energia

Energia to zdolność materii do wykonywania pracy w stosunku do działających na nią sił. Dostępność i wykorzystanie energii jest niezbędne dla przetrwania i dobrobytu. Stanowi ona podstawę rozwoju i wzrostu gospodarczego każdego społeczeństwa. Zużycie energii na mieszkańca Nepalu należy do najniższych na świecie i w Azji Południowej, co odzwierciedla niski poziom rozwoju i dobrobytu (ADB i ICIMOD, 2006, s. 65-66).

Drewno opałowe do gotowania

Badanie wykazało, że prawie wszystkie gospodarstwa domowe używają drewna opałowego do gotowania żywności. Na badanym obszarze 4 proc. gospodarstw domowych zależało od resztek rolnych, 37 proc. gospodarstw kupowało drewno opałowe od sąsiadów, a prawie 59 proc. gospodarstw domowych posiadało wystarczającą ilość drewna opałowego z własnego lasu prywatnego (tabela 5.32).

Tabela 5.32
Drewno opałowe do gotowania w gospodarstwie domowym (N=201)

Dostęp do drewna opałowego	Częstotliwość:	Procent
Pozostałości rolnicze	8	4.0
Zakup drewna opałowego	75	37.3
Samowystarczalność w zakresie drewna opałowego	118	58.7
Brak odpowiedzi	0.0	0.0
Razem	201	100.0

Źródło: Obserwacje terenowe 2011

Energia elektryczna

Według badania, 46,27 procent gospodarstw domowych miało dostęp do energii wodnej, a 49,25 procent miało dostęp do energii słonecznej na potrzeby oświetlenia, podczas gdy tylko 4,48 procent gospodarstw domowych nie miało dostępu do czystej energii na potrzeby oświetlenia na tym obszarze, ponieważ nie było ich stać na uiszczenie opłaty za energię wodną i instalację paneli słonecznych (Tabela 5.33). W Nepalu 69,9 procent gospodarstw domowych ma dostęp do energii elektrycznej (NLSS-III, 2011).

Tabela 5.33
Dostęp do energii elektrycznej przez gospodarstwo domowe (N=201)

Dostęp do energii elektrycznej	Częstotliwość:	Procent
Energia wodna	93	46.27
Energia słoneczna	99	49.25
Brak dostępu	9	4.48
Brak odpowiedzi	0.0	0.0
Razem	201	100.0

Źródło: Opracowanie terenowe 2011

5.3.3.5 Artykuły gospodarstwa domowego

Artykuły gospodarstwa domowego obejmują komputery, telefony, telefony komórkowe, nowoczesny sprzęt rolniczy, telewizor, radio itp. w okolicy. Poniższa tabela 5.34 pokazuje, że na badanym obszarze 1 procent (2 GW) posiadał komputer, 2 procent (4 GW) - telefon stacjonarny, 80 procent gospodarstw domowych (160 GW) - telefon komórkowy, 3,5 procent gospodarstw (7 GW) - nowoczesny sprzęt rolniczy (opryskiwacze, nożyce ogrodowe itp.), 6,5 procent gospodarstw (13 GW) - telewizor, a prawie 49 procent (98 GW) - radio. Każde gospodarstwo domowe mogło być więcej niż jednym fizycznym dobrem w okolicy.

Tabela 5.34
gospodarstwa domowe z nowoczesnymi dobrami (N=201)

Artykuły gospodarstwa domowego	Częstotliwość:	Procent
Komputer	2	1.0
Telefon	4	2.0

Mobile	171	85
Nowoczesny agri. Sprzęt	7	3.5
Telewizja	13	6.5
Radio	98	48.8
Brak odpowiedzi	0.0	0.0
Razem	295	147

Źródło: Opracowanie terenowe 2011

Uwaga: z powodu wielokrotnych odpowiedzi całkowity procent przekracza 100 procent. Odsetek ten został jednak obliczony na podstawie łącznie 201 respondentów.

5.3.4 Kapitał społeczny

Kapitał społeczny odnosi się do ilości i jakości sieci, członkostwa w różnych organizacjach społecznych, stosunków społecznych, równości płci i integracji społecznej, własności ziemi, które jednostki lub gospodarstwa domowe wykorzystują w poszukiwaniu źródła utrzymania.

5.3.4.1 Przynależność do grup

Z badania wynika, że 93,5 procent gospodarstw domowych było zrzeszonych w organizacjach/grupach społecznych, podczas gdy tylko 6,5 procent nie należało do żadnej z tych grup. Grupy wspólnotowe obejmują grupy oszczędnościowe i kredytowe, grupy rodzicielskie, spółdzielnie i grupy producentów rolnych itp. Otrzymali oni jakąś formę korzyści społeczno-ekonomicznych od grup, w szczególności bezpieczeństwo żywnościowe i środki do życia w gospodarstwie domowym, w celu podniesienia statusu społecznego we wspólnocie (tabela 5.35).

Tabela 5.35
Gospodarstwa domowe połączone w grupy (N=201)

Członkostwo w grupie	Częstotliwość:	Procent
Tak	188	93.5
Nie	13	6.5
Brak odpowiedzi	0.0	0.0
Razem	**201**	**100**

Źródło: Opracowanie terenowe 2011

Poniżej przedstawiono studium przypadku dotyczące spółdzielni oszczędnościowo-kredytowej (ramka 5.4):

Ramka 5.4: Oszczędności i spółdzielnie kredytowe jako zalążki zmian!

Rural Development Saving and Credit Cooperative (RDSC) Ltd. została założona pod koniec 2057 r. wraz z utworzeniem lokalnej społeczności w Kalbhairab-4, Bhukaha. Została ona zarejestrowana w Wydziale ds.

Spółdzielczości w Nepalgunj, w celu poprawy dostępu do oszczędności i kredytów dla społeczności wiejskich po godziwej stopie procentowej. W sumie 288 członków, w tym 61% kobiet (176), zorganizowało się w tej spółdzielni. Komitet roboczy pod kierownictwem Khagendry Thapa składa się z 11 członków i zarządza spółdzielnią. Wyznaczono stałą datę zbierania oszczędności na 1-6 dni oraz 7. dnia każdego miesiąca na wypłatę kredytów.

Posiada kwotę oszczędnościową w wysokości 1 144 330,0 rupii, kapitał zakładowy w wysokości 126 000 rupii oraz fundusz rezerwowy w wysokości 249 945,0 rupii i posiada własny budynek biurowy, meble itp. do prowadzenia działalności. Ostatnio RDSC otrzymała 1.200.000,0 rupii (1,2 mln rupii) od Nepalskiego Banku Rastra za udzielenie pożyczki. Zapewnia pożyczki na hodowlę kóz (20.000 rupii/członek), hodowlę bawołów (40.000 rupii/członek), hodowlę warzyw (40.000 rupii/członek), sklepy z glosariuszami, leczenie i badania (10.000 rupii/członek).

Analiza SWOT RDSC

Mocne strony	Słabość
1. jedność między członkami 2) dobra koordynacja z DDC, VDC, Nepal Rastra Bank i Okręgowym Biurem Spółdzielczości 3. 97 % spłaty i wykorzystania 85 % pożyczki.	1) nie wszystkie gospodarstwa domowe są nim objęte 2. brak podaży produktów rolnych na rynku. 3. rozszerzenie obszarów roboczych.
Możliwości	Zagrożenia
1) możliwość odbioru mleka i dostarczenia go na rynek 2. utworzenie punktu skupu warzyw i zaopatrzenie rynku oraz możliwość korzystania z usług bankowych	1. zły dostęp do drogi dojazdowej z Chupry do Bhukaha. 2. wykorzystanie kapitału zalążkowego do uruchomienia programu generowania dochodów

Stopa procentowa została obniżona z 60% do 24% rocznie, a harmonia społeczna w wiosce uległa poprawie po założeniu tej spółdzielni. Według Departamentu Spółdzielczości w kraju działa łącznie 22 646 spółdzielni, w tym 10 558 spółdzielni oszczędnościowych i kredytowych, 4 096 spółdzielni wielofunkcyjnych, 3 144 spółdzielni rolniczych, 1 748 mleczarni i 1 379 konsumentów. Istnieje również 371 spółdzielni w zakresie produkcji energii elektrycznej, 161 w zakresie produkcji warzyw i owoców, 104 w zakresie produkcji herbaty i 67 w zakresie produkcji kawy, 61 w sektorze zdrowia 51 w zakresie produkcji miodu, 73 w zakresie produkcji ziół i 833 w pozostałych kategoriach (Kathmandu Post, 22 sierpnia 2011 r.). Rząd przyznał również priorytet spółdzielniom i uznał ten sektor za jeden z trzech filarów gospodarki.

5.3.4.2 Analiza płci

Przemoc domowa uwarunkowana płcią i inne formy molestowania są szeroko rozpowszechnione w społeczeństwie. Z punktu widzenia dyskryminacji ze względu na płeć, dystrykt Dailekh zajmuje 53 miejsca na 75 dystryktów w kraju (CBS i ICIMOD, 2003).

Dostęp do zasobów i kontrola nad nimi

Rozważając podział zasobów według płci, należy wziąć pod uwagę różnicę między dostępem a kontrolą. Dostęp to zdolność do korzystania z czegoś, podczas gdy kontrola to zdolność do decydowania o jego wykorzystaniu i narzucania tej definicji innym (Oxfam, 1996).

Badanie wykazało, że mężczyźni mają kontrolę nad krytycznymi zasobami produkcyjnymi, takimi jak ziemia, dom, pieniądze, duże zwierzęta, praca przynosząca dochód, dochody zewnętrzne, władza polityczna, kredyty, marketing, zatrudnienie za granicą itp., podczas gdy kobiety mają dostęp i kontrolę nad pracą reprodukcyjną, zasobami o niskiej wartości, sprzedażą zboża, sprzedażą drobiu, wykorzystaniem pracy kontraktowej itp. w obszarze objętym badaniem (załącznik 5.17).

Wysoki poziom nierówności płci na poziomie gospodarstw domowych jest również poważnym problemem braku bezpieczeństwa żywnościowego dla kobiet. Brak upodmiotowienia kobiet znajduje wyraźne odzwierciedlenie w roli decyzyjnej na forach publicznych, takich jak posiedzenie Rady VDC, stanowisko w komitetach zarządzających szkołami, komitetach budowlanych ds. dróg, wody pitnej i irygacji itp.

Podział pracy ze względu na płeć

Określa to różne rodzaje pracy wykonywanej przez kobiety i mężczyzn oraz różne wartości przypisywane tej pracy. Podział pracy ze względu na płeć różni się w zależności od społeczeństwa i kultury oraz w ich obrębie; zmienia się również wraz z okolicznościami zewnętrznymi i w czasie.

Badanie wykazało, że kobiety wykonują prace domowe i prawie wyłącznie zajmują się rolnictwem. Większość mężczyzn wyjeżdża do Indii i stanów Zatoki Perskiej na sezonową migrację. Kobiety mają zatem podwójny ciężar utrzymania życia i środków do życia rodziny (załącznik 5.18).

Dzienny profil działalności

Badanie wykazało, że dzienny profil aktywności kobiet wynosił 17,5 godziny, a mężczyzn 17,0 godziny na dobę w okolicy. Młode kobiety i mężczyźni stwierdzili, że chodzą do szkoły czytać i sezonowo wyjeżdżają do Indii i krajów zamorskich, ponieważ matka i ojciec wykonują dodatkowe prace domowe i rolnicze na tym obszarze (tabela 5.36).

Tabela 5.36

Dzienne godziny Tabela alokacji kobiet i mężczyzn

Czas	Kobiety	Czas	Mężczyźni
5	Powstań, palący się ogień	5	Wstawaj
5-6	Sprzątanie domu, zaopatrzenie bawołów i bydła w trawę	5-6	Dostarczanie bawołom trawy i czyszczenie obory krowiej
6-7	Czyszczenie garnków i przygotowanie do gotowania	7-8	Bawoły mleczne, które czasami jedzą i odpoczywają
7-7. 30	Pobieranie wody i środków czyszczących	9-12	Zbiory pszenicy
7.30-8.30	Przygotuj śniadanie	13-14.00	Odpoczynek
8.30-9.00	Na śniadanie	14-18.00	Praca w terenie
9-10.00	Opieka nad dziećmi i uczęszczanie do szkoły	18-19	trawa bawole
10:30	jedzenie na zewnątrz	20-21	Na kolacji
10:30-11.00	Odpoczynek	21-22	Plotkowanie z członkami rodziny i słuchanie radia
11-12.00	podlewanie bawołów	22.00	Iść do łóżka spać
12-1300	Przygotowanie śniadania		
1300-1600	dostać trawę dla bydła		

1600-1800	Gotowanie żywności		
1900-2000	Na kolacji		
20.00-21.00	Słuchajcie radia i plotkujcie z członkami rodziny		
22.00	Iść do łóżka spać		
Cała godzina	**17 godzin i 30 minut**		**17 godzina**

Źródło: Wywiad z kluczowymi informatorami, 2011 r.

5.3.4.3 Prawo do ziemi

Według badania, łącznie 4 gospodarstwa domowe (2%) kobiet mają prawo do ziemi, a 197 gospodarstw domowych (98%) mężczyzn ma prawo do ziemi w regionie ze względu na tradycyjne praktyki, patriarchalne społeczeństwo, niską świadomość kobiet, politykę i praktyki rządu itp. Pozycja kobiet w społeczeństwie utrzymała się na poziomie uległym ze względu na brak równych praw na wsi (Tabela 5.37).

Tabela 5.37
Prawo własności ziemi przysługujące kobietom i mężczyznom w gospodarstwie domowym

twierdzenie o gruncie	Częstotliwość:	Procent
Kobiety	4	2.0
Mężczyźni	197	98.0
Brak odpowiedzi	0.0	0.0
Razem	**201**	**100**

Źródło: Opracowanie terenowe 2011

5.3.4.4 Analiza efektywności różnych organizacji

Władza, zdefiniowana jako przejęcie władzy, odzwierciedla hierarchicznie zorganizowane systemy społeczne i postrzega władzę jako zasób, który jednostka lub system społeczny może posiadać (Johnson, 2000). Analiza władzy jest skutecznym instrumentem, który ujawnia zdolność jednostki i organizacji do wpływania na innych w zakresie podejmowania decyzji, alokacji zasobów oraz formułowania i wdrażania polityki. Mają one bezpośredni lub pośredni pozytywny lub negatywny wpływ na życie i źródła utrzymania ludzi.

Główne badanie przeprowadzone wśród informatorów wykazało, że strategie rządu, darczyńców, partii politycznych, organizacji pozarządowych, krajów sąsiadujących itp. mają pozytywny i negatywny wpływ na bezpieczeństwo żywnościowe i bezpieczeństwo środków do życia. Mówi się, że patriarchalna struktura społeczna, nieobecni właściciele, rodzaj działalności charytatywnej, działalność gangów przestępczych miały negatywny wpływ na bezpieczeństwo żywnościowe i źródła utrzymania ludności wiejskiej na badanym obszarze (załącznik 5.19).

5.3.5 Kapitał naturalny

Kapitał naturalny obejmuje szereg aktywów produkcyjnych, w tym prawo własności gruntów, lasy, pasze, lecznicze i aromatyczne gatunki roślin, powietrze, promieniowanie słoneczne, dziką przyrodę i wodę, których zasoby są użyteczne dla życia i trwałych źródeł utrzymania.

5.3.5.1 Własność gruntów

Wily et al. zauważyli, że "rozkład gruntów jest nadal bardzo zniekształcony: 7,5 % rolników nadal posiada prawie jedną trzecią gruntów rolnych, a prawie połowa wszystkich gospodarstw (47,7 %) jest zbyt mała, aby rodzina mogła zaspokoić potrzeby utrzymania (mniej niż 0,5 ha). Co najmniej kolejne 10% wiejskich gospodarstw domowych nie ma w ogóle domu ani ziemi (pół miliona wiejskich gospodarstw domowych). Ogółem, prawie 60% wiejskich gospodarstw domowych jest funkcjonalnie bezrolnych. Marginalizacja w rolnictwie jest głównym i dominującym problemem w Nepalu, który utrwala wysoki poziom emigracji i podkreśla potrzebę rewizji strategii dystrybucji i intensyfikacji produkcji" (Wily, Chapagai i Sharma 2008, s. 20). Z badania wynika, że 97,5 proc. gospodarstw domowych posiadało ziemię, podczas gdy tylko 2,5 proc. gospodarstw domowych na badanym obszarze było zarejestrowanych jako bezrolne (tabela 5.38).

Tabela 5.38

Własność gruntów według gospodarstw domowych (N=201)

Własność gruntu	Częstotliwość:	Procent
Gospodarstwo domowe z ziemią	196	97.5
Bezdomność	5	2.5
Brak odpowiedzi	0.0	0.0
Razem	**201**	**100.0**

Źródło: Opracowanie terenowe 2011

5.3.5.2Typ pomieszczeń

Badanie wykazało, że 89,55 procent gospodarstw domowych miało dostęp do ziemi nawadnianej, 97,5 procent gospodarstw domowych miało dostęp do suchej ziemi (*Bari*),

87,56 procent gospodarstw domowych miało dostęp do ogródków warzywnych, 10,45 procent gospodarstw domowych miało dostęp do prywatnego lasu, a prawie 4 procent gospodarstw domowych miało dostęp do *Pakho (*marginalne zagospodarowanie terenu pod trawę i drzewa pastewne) w okolicy (tabela 5.39).

Tabela 5.39
Rodzaj gruntu będącego własnością gospodarstwa domowego (N=201)

Rodzaj lokalu użytkowego	Częstotliwość:	Procent
Ziemia nawadniana	180	89.55
Highlands (Bari)	196	97.51
Ogródek w kuchni	176	87.56
Las prywatny	21	10.45
Państwo przygraniczne (*Pakho*)	8	3.98
Brak odpowiedzi	0.0	0.0
Razem	581	289

Źródło: Opracowanie terenowe 2011
Uwaga: z powodu wielokrotnych odpowiedzi całkowity procent przekracza 100 procent. Odsetek ten został jednak obliczony na podstawie łącznie 201 respondentów.

Z badania wynika, że 2 gospodarstwa Brahmin i 3 gospodarstwa Chhetri z 201 gospodarstw domowych w regionie były bezrolne. Łącznie 7 gospodarstw Brahman, 14 gospodarstw Chhetri, 4 gospodarstwa Janajatis i 14 gospodarstw Dalit posiadało mniej niż 5 Ropani na ziemi. Łącznie 11 gospodarstw domowych Brahmin, 33 gospodarstwa Chhetri, 3 gospodarstwa Janajatis i 23 gospodarstwa Dalit posiadały 5-10 Ropani na ziemi. Łącznie 8 gospodarstw Brahmin, 31 gospodarstw Chhetri, 4 gospodarstwa Janajatis i 14 gospodarstw Dalit miało 10-20 Ropani na ziemi. Na tym obszarze 1 gospodarstwo Brahminów, 20 gospodarstw Chhetri, 3 gospodarstwa Janajati i 6 gospodarstw Dalitów posiadało ponad 20 Ropani na ziemi. Tabela 5.40 pokazuje, że 2,5% gospodarstw domowych nie posiada ziemi, 19,40% gospodarstw domowych posiada mniej niż 5 Ropani, prawie 35% gospodarstw domowych posiada 5-10 Ropani, 28,36% gospodarstw domowych posiada 10-20 Ropani, a prawie 15% gospodarstw domowych posiadających ponad 20 Ropani wskazało wielkość własności ziemi na tym obszarze (tabela 5.41).

Analiza statystyczna: W teście Chi-kwadratowym (χ^{2}) ^{wartość} *p* wynosi 0,259. Ponieważ wartość *p* jest większa niż poziom istotności (α = 0,05), nie mamy wystarczających dowodów, aby odrzucić hipotezę zerową na poziomie istotności 0,05. W związku z tym nie odrzucamy hipotezy zerowej i stwierdzamy, że własność ziemi mieszkańców badanego obszaru w Ropani nie jest w istotny sposób związana z kastą i pochodzeniem etnicznym. Innymi słowy, udziały własności ziemskiej ludu nie różnią się znacząco pomiędzy czterema kastami i pochodzeniem etnicznym, tj. Brahmins, Chhetri, Dalit i Janajati.

Tabela 5.40
Własność gruntów według kast/etnicznego gospodarstwa domowego (N=201)

Kasta/etniczność	Własność gruntów (Ropani)					Razem
	Bezrolny	Poniżej 5	5 – 10	10 – 20	> 20	
Brahman	2	7	11	8	1	29
Chhetri	3	14	33	31	20	101
Janajatis	0	4	3	4	3	14
Dalit	0	14	23	14	6	57
Razem	**5**	**39**	**70**	**57**	**30**	**201**
Procent	2.49	19.40	34.83	28.36	14.93	100
W teście Chi-kwadratowym, wartość p = 0,259						

Źródło: Opracowanie terenowe 2011

Według badania prawie 15% gospodarstw domowych posiadało 1-3 Ropany ugorowane, 8,5% gospodarstw domowych posiadało 4-6 Ropanów ugorowanych gruntów, 2% gospodarstw domowych posiadało 7-10 Ropanów ugorowanych gruntów, a 75% gospodarstw domowych uprawiało całą posiadaną przez siebie ziemię na tym obszarze (tabela 5.41). Badanie wykazało, że 25 procent gospodarstw domowych żyło na ugorach z powodu braku siły roboczej, z dala od domu i problemu małp niszczących uprawy itp.

Tabela 5.41
Gospodarstwo domowe z odłogiem (N=201)

Grunty ugorowane	Częstotliwość:	Procent
1 do 3 Ropani	30	14.9
4 do 6 Ropani	17	8.5
7 do 10 Ropani	4	2.0
HH Uprawa wszystkich obszarów	150	74.6
Brak odpowiedzi	0.0	0.0
Razem	**201**	**100**

Źródło: Opracowanie terenowe 2011

5.3.5.3 Żywność leśna i dzika

Ludność wiejska jest w dużym stopniu uzależniona od zasobów leśnych w celu zaspokojenia podstawowych potrzeb, takich jak drewno opałowe do gotowania i ogrzewania, drewno budowlane i meblowe oraz pasza dla zwierząt. Las dostarcza również 42 procent strawialnych składników odżywczych dla zwierząt gospodarskich (MOPE, 2002 cytowane w ADB i ICIMOD 2006:27).

Badanie wykazało, że prawie wszystkie gospodarstwa domowe mają dostęp do lasów gminnych i państwowych w celu zbierania żywności, drewna opałowego, drewna, ziół leczniczych, odpadów i dzikiej, jadalnej żywności itp. w okolicy. Nie było to jednak wystarczające, jak poinformowali rolnicy z badanego obszaru. Prawie 60 procent lasów i 2,46 procent pastwisk odnotowano w Dailekh (DADO, 2010).

W tabeli 5.42. przedstawiono zestawienie, ocenę i ranking korzyści płynących z lasów wspólnotowych, który został opracowany na podstawie dyskusji grupowych na badanym obszarze. Badanie wykazało, że respondenci zajmowali pierwsze miejsce pod względem ilości drewna opałowego, drugie pod względem ilości odpadów, trzecie pod względem kontroli erozji gleby, piąte pod względem ilości paszy, drewna, źródła wody, dopływu tlenu, siedlisk ptaków i sekwestracji dwutlenku węgla, szóste pod względem ilości kamieni, siódme pod względem ilości dziko rosnącego pożywienia i owoców, a ósme pod względem przyjemności korzystania z lasów wspólnotowych na tym obszarze. Wykazano, że las wspólnotowy pełni ważną funkcję ochronną jako usługa ekosystemowa.

Tabela 5.42

sporządzanie wykazu, ocena i klasyfikacja korzyści z leśnictwa wspólnotowego

Produkty leśne	Wynik	Ranking
1. drewno opałowe	10	I
2. miot	10	II
3.pasza/pasza/nasiona	5	IV
4.drewno	5	IV

5. źródło wody	5	IV
6. dzikie zwierzęta	4	V
7. kamienie	3	VI
8. odzyskiwanie	1	VIII
9) dzikie, jadalne owoce	2	VII
10. dzika, jadalna żywność	2	VII
11. dostarczanie tlenu	5	IV
12. sprawdzić erozję gleby	7	III
13 Siedlisko ptaków	5	IV
14) sekwestracja węgla	5	IV

Źródło: Grupa użytkowników leśnictwa wspólnotowego, 2011 r.

Łącznie 34 dziko rosnące gatunki roślin jadalnych były wykorzystywane przez zbiorowiska na badanym obszarze jako warzywa, owoce, przyprawy i inne rodzaje żywności. Według danych Katedry Roślin Leczniczych (1982) w całym kraju zidentyfikowano 133 dziko rosnące rośliny jadalne. W pracy podano nazwę Nepalu, nazwę naukową, pas agroekologiczny i część roślinną, które zostały wykorzystane zgodnie z metodą dyskusji w grupie fokusowej (załącznik 5.20).

5.3.5.4 Agroleśnictwo

Agroleśnictwo cieszy się ostatnio dużym zainteresowaniem. Zainteresowanie to wynika w dużej mierze z dowodów na to, że drzewa i krzewy mogą być zarządzane w taki sposób, aby znacznie się poprawiły i do pewnego stopnia gwarantowały zrównoważony rozwój systemu rolnego. Ponadto, drzewa odpowiednich gatunków w odpowiednich miejscach mogą zwiększyć wydajność produkcji rolnej (Amatya, nd). Międzynarodowe Centrum Badań Agroleśniczych (ICRAF) zdefiniowało system agroleśniczy jako "system użytkowania gruntów, który integruje drzewa jednocześnie z uprawami i/lub inwentarzem żywym w celu osiągnięcia wyższej wydajności, wyższych plonów ekonomicznych oraz lepszych korzyści społecznych i środowiskowych na zasadzie zrównoważonych plonów, niż można osiągnąć w monokulturze na tej samej jednostce powierzchni, zwłaszcza w warunkach niskiej technologii i na terenach marginalnych" (ICRAF, 1982).

Na przestrzeni wieków rolnicy rozwinęli zrównoważone systemy agroleśnicze, które produkują rośliny, drzewa, zwierzęta gospodarskie, ryby i związane z nimi zasoby. Korzyści z agroleśnictwa obejmują

i. Dywersyfikacja produktów, które obejmują następujące elementy: żywność, pasza, włókno, nawóz i paliwo

ii. Zmniejszenie presji na las naturalny

iii. Zarządzanie zatrudnieniem i produkcją roślinną. Jest to polisa ubezpieczeniowa od ryzyka klimatycznego. Jeśli jeden plon się nie uda, inny coś dostarczy.

Na badanym obszarze rolnicy stosują mieszane systemy uprawy, które w dużym stopniu opierają się na lokalnych zasobach. W pobliżu swoich zagród starają się wyhodować drzewa wielofunkcyjne, które dostarczałyby produkty takie jak pasza, paliwo, kora i orzechy. Grunty leśne stanowią integralną część systemu rolnego, podobnie jak grunty orne i zwierzęta gospodarskie. Rolnicy są uzależnieni od produktów leśnych, takich jak drewno, paliki, paliwo, pasza, ściółka, kompost, rośliny lecznicze i spożywcze oraz owoce. Gatunki drzew pastewnych posadzonych przez rolników na ich gruntach ornych są wymienione w załączniku 5.21.

Niedobór i preferencje paszowe

Z badania wynika, że 80 procent gospodarstw domowych zgłosiło niedobór pasz, a prawie 18 procent gospodarstw domowych w regionie miało ich niedobór. Dwa procent gospodarstw domowych (4GD) nie zgłaszało niedoborów pasz w regionie (tabela 5.43).

Tabela 5.43
Niedobór paszy w gospodarstwie domowym (N=201)

Niedobór paszy	Częstotliwość:	Procent
Tak	161	80.1
Nie	36	17.9
Brak odpowiedzi	4	2.0
Razem	**201**	**100.0**

Źródło: Opracowanie terenowe 2011

Według badań, w sumie 40 drzew paszowych i 13 rodzajów trawy było wykorzystywanych przez gminy do żywienia zwierząt gospodarskich. W badaniu zidentyfikowano nazwę lokalną, nazwę naukową, pas rolno-ekologiczny oraz części roślin wykorzystywane jako pasza/nasiona na tym obszarze (załącznik 5.22).

Metoda dyskusji grupowej została wykorzystana do określenia preferencji drzew paszowych przez społeczności na tym obszarze. Badania wykazały, że respondenci zajmowali pierwsze miejsce w rankingu *Kavro ze względu na wzrost wydajności mlecznej* i smakowitość paszy dla bydła, drugie w rankingu *Kutmiro ze względu na* smakowitość paszy dla bydła, trzecie w rankingu *Khari* i czwarte w rankingu *Dudhilo ze względu na* wzrost wydajności mlecznej i popularność wśród zwierząt. Respondenci zajęli piąte miejsce dla *Bedulo ze względu na jego smakowitość dla zwierząt gospodarskich* i zwiększoną mleczność, szóste dla *Bhimal ze* względu na jego smakowitość dla zwierząt gospodarskich, a siódme dla *Timilo*, które musi być używane jako pasza po więdnięciu i nie jest bardzo preferowane przez zwierzęta (dodatek 5.18).

5.3.5.5 Rośliny lecznicze i aromatyczne

W Nepalu zidentyfikowano około 571 gatunków roślin leczniczych. Jedna roślina lecznicza nepalskich leków ajurwedyjskich zawiera 97 gatunków, w tym informacje o ich stosowaniu, zbieraniu, suszeniu i przechowywaniu. Szacuje się również, że Nepal ma około 700 gatunków o właściwościach leczniczych. Spośród 571 zgłoszonych dotychczas roślin leczniczych, około 30 procent to szacunkowe gatunki drzew, 25 procent gatunki krzewów, 32 procent ziół i 10 procent pnączy i 3 procent innych (CBS, 1998). Badanie wykazało, że w tej dziedzinie często stosuje się 24 rośliny lecznicze (załącznik 5.23). Społeczności gromadzą i sprzedają na rynku lecznicze i aromatyczne gatunki roślin jako źródło dochodu dla bezpieczeństwa żywnościowego i utrzymania gospodarstw domowych na badanym obszarze. *Jatamasi*, *Timur*, *Rittha*, *Sugandhawal* i inne są najważniejszymi ziołami leczniczymi ze względu na wysoką wydajność, możliwość dodawania wartości, szeroki zakres ekspansji, niską przyjazność i wzrost cen.

5.3.5.6 Dzika przyroda

Nepal reprezentuje zarówno obszary paleoarktyczne jak i paleotropowe, co wskazuje na zderzenie kilku gatunków zwierząt. Różne rodzaje ekosystemów stanowią siedliska dla różnych gatunków dzikiej przyrody (CBS, 1998, s. 90). Dzikie zwierzęta i różnorodność biologiczna są ważnym zasobem naturalnym w Nepalu i wskaźnikiem jakości środowiska. Utrata dzikich zwierząt i różnorodności biologicznej oznacza degenerację środowisk takich jak lasy i zbiorniki wodne (ADB i ICIMOD, 2006, s. 42). Na terenie badań często spotykane są w lesie lampart, szakal, *manekin,* królik, *malshapro*, *bharse*, małpa; *chital*, *ghoral*, dzik itp. Stwierdzono, że dzikie zwierzęta uszkodziły uprawy (kukurydza, ziemniaki, pszenica itp.) na badanym obszarze.

5.3.5.7 Zasoby wody

Woda jest najbogatszym zasobem naturalnym w Nepalu. W Nepalu jest 6,000 rzek. Średnio 75 procent całkowitych rocznych opadów (1700 mm) przypada na letni sezon monsunowy (czerwiec-wrzesień), w którym odbywają się najważniejsze działania rolnicze (ADB i ICIMOD 2006). Rzeki są źródłem nawadniania, wody pitnej, rybołówstwa, roślin jadalnych, turystyki, produkcji energii wodnej, a piasek, błoto i kamień są wykorzystywane do budowy domów i innej infrastruktury, która stanowi podstawę do życia. Jednakże zasoby wodne Nepalu nie są w pełni wykorzystywane na potrzeby rozwoju gospodarczego ze względu na niskie zaangażowanie polityczne, niestabilność polityczną, brak długoterminowego planowania, brak wizjonerskiego przywództwa, złe zarządzanie oraz brak zintegrowanej polityki i praktyki w zakresie legalnego wykorzystania zasobów wodnych na potrzeby rozwoju gospodarczego Nepalu. Zasoby wodne są jednym z obszarów o przewagach komparatywnych w Nepalu. Powierzchnia nawadniana do 2008 r. wynosi 1 067 000 ha z 3 091 000 uprawianych gruntów rolnych w całym kraju (CBS 2010), co stanowi jedną trzecią całkowitej powierzchni. Rolnictwo jest uzależnione głównie od opadów, które są spowodowane słabymi systemami nawadniania, co skutkuje niską intensywnością upraw i niską wydajnością na jednostkę powierzchni. Istnieje możliwość zbierania wody deszczowej w postaci stawu do celów irygacyjnych, który jest niedrogi, przyjazny dla płci, zorientowany na ubóstwo i przyjazny dla środowiska, w celu zwalczania erozji gleby, zwłaszcza na wzgórzach.

Na obszarze badań znajdują się małe strumienie i naturalne studnie przeznaczone do wody pitnej, inwentarza żywego i irygacji. Strumienie obejmują *Sangh Khola* i *Jaljale* w Katti oraz *Mugrah Khola* i *Chhade Khola* w wiosce *Kalbhairab*. Dostępne zasoby wodne nie są w pełni wykorzystywane przez społeczności z powodu braku powierzchniowych kanałów nawadniających i programów zbierania wody deszczowej na badanym obszarze. Istniejący tradycyjny system irygacyjny zarządzany przez społeczność lokalną obejmował tylko jedną trzecią powierzchni. Istnieje ogromny potencjał dla komercyjnej uprawy warzyw w zimie. Potrzebne są systemy irygacyjne w tym obszarze, aby zwiększyć produkcję rolną i dochody z niej w celu zapewnienia bezpieczeństwa żywnościowego i bezpiecznych środków utrzymania w przyszłości.

5.4 Przekształcanie struktur i procesów

Obejmuje on struktury rządowe, sektor prywatny, rynek, społeczeństwo obywatelskie, politykę instytucjonalną i praktyki, które regulują sposób, w jaki ludzie łączą i przekształcają te towary w budowanie bezpieczeństwa żywnościowego i możliwości utrzymania się na wsi.

5.4.1 Konstrukcje

5.4.1.1 Struktury rządowe

Rząd Nepalu i darczyńcy wspierają ludność w poprawie bezpieczeństwa życia w oparciu o istniejące możliwości. Nie wystarczy jednak poprawić jakość życia i środków do życia ludzi z powodu braku zaangażowania politycznego, niestabilności politycznej, mentalności feudalnej, słabego wdrażania przez urzędników rządowych, szalejącej korupcji i niskiego morale biurokracji itp. Nepal znajduje się w fazie przejściowej w kierunku instytucjonalizacji demokracji i praw człowieka.

Głównymi organizacjami zaangażowanymi w bezpieczeństwo żywnościowe są następujące organizacje:

Ministerstwo Rolnictwa i Spółdzielczości (MoAC)

Ministerstwo Rolnictwa i Spółdzielczości (MOAC) posiada 75 biur okręgowych z 300 ośrodkami i podośrodkami podlegającymi Ministerstwu Rolnictwa oraz 576 ośrodków i podośrodków podlegających Ministerstwu Zwierząt Gospodarskich. Młodsi asystenci techniczni (JTA) i asystenci techniczni (TAs) zarządzają tymi centrami serwisowymi i podcentrami. Zasadniczo, system rozbudowy rolnictwa w Nepalu jest zdeterminowany przez nakłady zewnętrzne.

MoAC koncentruje się na produkcji żywności, przy czym większość programów skupia się na ekspansji, zwiększeniu produkcji, dostępie do rynku i pomocy technicznej dla rolników przez Ministerstwo Rolnictwa. To jest centralne ministerstwo bezpieczeństwa żywnościowego. Departament Technologii i Jakości Żywności (DFTQC) zajmuje się standardami i bezpieczeństwem żywności, zdrowiem i ochroną roślin oraz zapewnieniem kontroli jakości żywności. Działalność doradczo-badawczą w zakresie rolnictwa prowadziły na badanym obszarze Powiatowy Urząd Rozwoju Rolnictwa oraz Stacja Badań Rolniczych.

Ministerstwo Rozwoju Lokalnego (MoLD)

MoLD wdraża program Banku Światowego (BŚ) w odpowiedzi na kryzys żywnościowy w Nepalu oraz programy Food for Work (FFW), wsparcie materialne WFP i pomoc techniczną GIZ w dzielnicach dotkniętych niedoborem żywności poprzez zapewnienie możliwości zatrudnienia dla ubogich mieszkańców wsi w ramach programu Rural Community Infrastructure Works (RCIW), który obejmuje budowę dróg wiejskich oraz projekty wspólnotowe, takie jak nawadnianie i ochrona gleby, budowa szkół i inne rodzaje wsparcia, generowanie dochodów itp. Program był realizowany przez Powiatowe Komitety Rozwoju (DDC) i Komitety Rozwoju Wsi (VDC) za pośrednictwem grup użytkowników.

Nepal Food Company (NFC)

NFC dostarcza obecnie subsydiowaną żywność do 30 okręgów, w tym do 22 odległych okręgów w całym kraju (MoAC, WFP i FAO, 2009), gdzie produkcja lokalna jest niewystarczająca. Oddział dystryktu NFC jest odpowiedzialny za zbieranie, transport, przechowywanie, sprzedaż i mobilizację żywności w dystrykcie Dailekh zgodnie z wytycznymi rządowymi. Zajmuje się również pomocą żywnościową otrzymywaną od państw-darczyńców. NFC koncentruje się na dostarczaniu żywności ludziom mieszkającym w pobliżu siedziby głównej dzielnicy, ale przede wszystkim na dostarczaniu żywności pracownikom rządowym. W obszarze objętym dochodzeniem większość osób nie otrzymała ryżu NFC, ponieważ był on mniej dostępny niż prywatne przedsiębiorstwa handlowe.

Światowy Program Żywnościowy (WFP)

WFP współpracuje z MoLD, MoE, MoHP, agencjami ONZ i organizacjami pozarządowymi, wykorzystując podejście cyklu życia do dystrybucji żywności od ciąży do dorosłości. Do 2009 roku WFP obejmował 22 powiaty, w tym Dailekh. Wszystkie interwencje zostały przeprowadzone w obszarach uznanych za zagrożone brakiem bezpieczeństwa żywnościowego przez jednostkę WFP ds. oceny podatności i mapowania (VAM), ściśle współpracującą z rządem. Grupa użytkowników będzie prowadzić prace i mobilizację społeczną, które będą realizowane przez organizacje pozarządowe.

Vulnerability Assessment and Mapping (VAM) - WFP monitoruje obecnie bezpieczeństwo żywnościowe w 53 okręgach i sporządza różne raporty, takie jak Biuletyn Bezpieczeństwa Żywnościowego (kwartalny), Biuletyn Obserwacji Rynku (miesięczny), Raport Oceny (okazjonalny) oraz Krajowy Raport Oceny Uprawy. Obecnie tworzona jest krajowa grupa zadaniowa ds. monitorowania bezpieczeństwa żywnościowego, której przewodniczy członek Krajowej Komisji Planowania oraz różne ministerstwa mianowane na członków. W okręgu Dailekh, WFP wspierał program "Żywność dla pracy", który podobno został uruchomiony w obszarach bezpieczeństwa żywnościowego i oceny źródeł utrzymania.

5.4.1.2 Wskazówki

W badaniu przeanalizowano zarządzanie w odniesieniu do bezpieczeństwa żywnościowego i źródeł utrzymania w dyskusji w grupie fokusowej przy użyciu skal Likerta, które obejmują "zdecydowanie zgadzam się", "zgadzam się", "nie zgadzam się", "nie zgadzam się" i "zdecydowanie nie zgadzam się". W celu określenia skuteczności zarządzania w tym obszarze zadano respondentom łącznie 15 rodzajów pytań. Na zadane pytania, respondenci odpowiedzieli "zgodzili się" na dostęp do drogi na wsi, dostęp do rynku, rolnicy wykonują dobrą pracę, aby zwiększyć lokalną produkcję żywności, organizacje pozarządowe pomagają rolnikom zwiększyć produkcję żywności i generować dochody gospodarstwa, a w wiosce istnieją możliwości samozatrudnienia. Zapytani o to rozmówcy odpowiedzieli "niezdecydowani", że Urząd Rolniczy organizuje regularne szkolenia dla rolników, VDC wspiera budowę kanałów irygacyjnych w wiosce, a ludzie są zadowoleni z usług rządu we wsi. Podobnie, kiedy pytali rozmówców, odpowiedzieli "niezdecydowani", że rolnicy otrzymują ulepszone nasiona z Biura Rolniczego, że nawóz jest łatwo dostępny na wiejskim targu, że partie polityczne podnoszą swoje głosy na rzecz rolników i że rolnicy są informowani o Planie Perspektywy Rolnej. I wreszcie, kiedy poproszono respondentów o odpowiedź, że są "mocno podzieleni", że JTA co miesiąc odwiedza naszą wioskę, że technicy rolni pomagają rolnikom w zwalczaniu owadów i szkodników w uprawach, że magazyn żywności znajduje się w pobliżu wioski, aby zapewnić żywność w okresie deficytu, i że rząd poważnie dba o rozwój rolników (załącznik 5.24). Badanie wykazało, że rolnicy są niezadowoleni z usług świadczonych przez urzędników państwowych w regionie.

Polityka i praktyki rządu nie sprzyjają skutecznie ubogim i zmarginalizowanym rolnikom w celu poprawy bezpieczeństwa żywnościowego i dochodów rolników w sposób zrównoważony. Jest to spowodowane niestabilnością polityczną, brakiem zaangażowania politycznego, biurokracyjnym systemem najmu, niskim mechanizmem absorpcji, słabym wdrożeniem i słabym monitorowaniem itp.

5.4.1.3 Sektor prywatny

Sektor prywatny zajmował się zakupem i sprzedażą żywności i innych artykułów w siedzibie powiatu oraz w korytarzu drogowym Surkhet-Dailekh. Byli oni również zaangażowani w przemysł paneli słonecznych, telefonów komórkowych i młynów zbożowych. W sumie w powiecie zarejestrowano 16 lokalnych dostawców agrowentyfikacji. Jednak żaden z dostawców agro-weterynarii nie mieszkał na obszarze objętym badaniem, jak podała lokalna społeczność. Lokalna społeczność polega na pobliskim targu w celu zakupu leków weterynaryjnych, ulepszonych nasion warzyw, środków owadobójczych, nawozów chemicznych i tym podobnych. Jakość i cena produktów wydaje się być wątpliwa ze względu na słaby mechanizm monitorowania i słabe wdrożenie zasad i przepisów agencji rządowych. Niektóre osoby prowadziły działalność gospodarczą Agro-Vet bez rejestracji w urzędzie powiatowym i bez odpowiedniego przeszkolenia, co wynika z jakości usług i możliwości technicznych w terenie.

Poniżej przedstawiono studium przypadku syndykatów transportowych (ramka 5.5):

Pole 5.5: Syndykaty transportowe

Dla transportu towarów w Nepalu obowiązują państwowe taryfy transportowe. Jednak w przypadku wielu tras ustanowione syndykaty transportowe kontrolują przepływ towarów z jednego miejsca do drugiego. Wszyscy prywatni przewoźnicy muszą stać się członkami konsorcjum, zanim będą mogli działać. Rządowe zezwolenia drogowe są wydawane wyłącznie na podstawie zalecenia konsorcjum transportowego. Doprowadziło to do wygórowanych cen transportu na niektórych trasach. Dla porównania, koszt transportu z Szanghaju (Chiny) do *Tatopani* (przygraniczne miasto w Nepalu), odległość prawie 2500 km, jest równoważny kosztowi transportu z *Tatopani* do Katmandu, odległość 114 km.

Sprawa Dailekh

W Dailekh, odległej dzielnicy w środkowo-zachodnim Nepalu, stowarzyszenie pracodawców samochodów ciężarowych i ciągników ustala koszty transportu na poziomie 3 000 NR za tonę z Surkhet (najbliższy rynek regionalny oddalony o 70 km). Handlowcy w Dailekh poinformowali, że gdyby zezwolono im na transport ich towarów poza konsorcjum, kosztowałoby to tylko około 1250 NR za tonę. W związku z obecną sytuacją wzrostu cen transportu spowodowanego wzrostem cen paliw, ponownie pojawiło się zapotrzebowanie na całkowitą likwidację syndykatów transportowych.

Źródło: Dostosowane przez WFP i NDRI, lipiec 2008, s.15

5.4.1.4 Rynek

W Nepalu podejście do gospodarki wolnorynkowej zostało przyjęte przez ruch społeczny po powstaniu wielopartyjnej demokracji w 1990 roku. Gospodarka rynkowa jest wolną prywatną gospodarką rządzoną przez suwerenność konsumentów, system cen oraz siły popytu i podaży (Todaro & Smith, 2011:836). Istnieją trzy główne ośrodki rynkowe w obszarze badań, w tym *Chupra, Bestada* i Dailekh Bazaar dla zakupu i sprzedaży towarów rolnych. Prawie wszystkie gospodarstwa domowe mają dostęp do rynku, ponieważ w ciągu godziny mogą chodzić w jednym kierunku do głowy ulicy. Droga Surkhet-Dailekh została wybrukowana na czarno, gdzie odbywa się cały transport dookoła. Droga *Chupra-Bestada* jest drogą szutrową. Jednak usługa transportowa mogłaby być również realizowana w porze deszczowej.

Centra rynkowe *w Chuprze* i *Bestadzie* są wystarczająco dobre, aby zaopatrywać lokalne społeczności w żywność i inne przedmioty. Poinformowano, że lokalni sklepikarze w społecznościach są również dostępni w celu zaopatrzenia w artykuły codziennego użytku. W ramach badań określono napływ i odpływ towarów na tym obszarze. Łącznie z rynku sprowadzono 46 towarów konsumpcyjnych, a tylko 9 towarów wyeksportowano z badanego obszaru na rynek. Tendencja ta wydaje się być niezrównoważona i niezrównoważona z ekonomicznego punktu widzenia (załącznik 5.25).

Badanie wykazało ceny surowców rolnych w trzech etapach, obejmujących cenę dla rolników, cenę hurtową i cenę detaliczną. Różnica cen pomiędzy rolnikami a sprzedawcami detalicznymi wynosiła od 5 do 30 Rs za kg na rynku lokalnym, jak podają główni informatorzy w obszarze objętym badaniem (załącznik 5.26).

5.4.1.5 Organizacje społeczeństwa obywatelskiego

W Nepalu za organizacje społeczeństwa obywatelskiego uważa się organizacje pozarządowe, organizacje praw człowieka, stowarzyszenia zawodowe, działaczy społecznych itp., które zajmują się pomocą społeczną i pracą w oparciu o prawa, w szczególności lobbingiem i rzecznictwem, w celu wpływania na politykę i praktyki donatorów i rządu z korzyścią dla obywateli jako niezależnej organizacji. Łącznie w badanym obszarze zgłoszono dziewięć organizacji pozarządowych i samorządów lokalnych w zakresie świadczenia usług na rzecz społeczności lokalnych i mobilizacji społecznej (tabela 5.44). Badanie wykazało analizę zainteresowanych stron dotyczącą organizacji działających w tym obszarze w dziedzinie bezpieczeństwa żywnościowego/bezpieczeństwa życia, ich kluczowych programów, zasięgu geograficznego i wpływu na społeczność.

Tabela 5.44
Analiza zainteresowanych stron w kontekście programu bezpieczeństwa żywnościowego/programu środków utrzymania

Główne organizacje	Ważne programy	Zasięg geograficzny	+ Ve/ -Efekty Ve
Fundusz Ograniczania Ubóstwa	Zmniejszenie ubóstwa, generowanie dochodów, pożyczki itp.	Całe VDC w *Calf Shark*	+Ve
LILY, Helvetas	Programy utrzymania.	Niektóre dzielnice *Kalbhairab*	+Ve
Komitet ds. Rozwoju Wsi	Drogi wiejskie, zdrowie, budynki szkolne, zaopatrzenie w wodę	*Cielęcina* i *Katti*	+Ve

	pitną itp.		
Okręgowy Komitet Rozwoju	Budowa dróg rolniczych, woda pitna itp.	Tak samo jak powyżej	+Ve
Posterunek zdrowia	edukacja zdrowotna, podstawowa opieka zdrowotna, itp.	Tak samo jak powyżej	+Ve
Spółdzielnia rolnicza	Środki produkcji rolnej i oszczędności/kredyty	*Krab cielęcy*, stacja 4	+Ve
Rural Development Saving and Credits Cooperative Ltd.	Program oszczędnościowy i kredytowy	Stacja VDC *Calf Shark Rab* # 4.5, 3, 2, 1	+Ve
Odbudowa obszarów wiejskich Nepalu	Bezpieczeństwo żywnościowe	*Catti* VDC	+Ve
CARITAS-Nepal	Edukacja	Niektóre stacje w *Katti*	+Ve
SEBAK-Nepal	Programy utrzymania	Tak samo jak powyżej	+Ve
NEWAH	Woda i urządzenia sanitarne	*Katti* i *Calf Sharkrab*	+Ve

Źródło: Wywiad z kluczowymi informatorami, 2011 r.

W ramach badania przeprowadzono preferencyjny ranking instytucji lokalnych według gmin na podstawie jakości oferowanych usług, terminowości, przydatności i dostępności dla jednostki na badanym obszarze. Instrument rankingu parytetowego został przyjęty w celu określenia skuteczności działania lokalnych instytucji w społecznościach wiejskich. Na pierwszym, drugim i trzecim miejscu w obszarze badań znalazły się placówki subzdrowotne, spółdzielnie oszczędnościowo-kredytowe na rzecz rozwoju obszarów wiejskich oraz Centrum Obsługi Ludności na rzecz rozwoju obszarów wiejskich. Podobnie grupa użytkowników leśnictwa wspólnotowego, fundusz rozwoju wspólnoty, centrum obsługi zwierząt gospodarskich i centrum obsługi rolnictwa zostały sklasyfikowane odpowiednio na czwartym, piątym, szóstym i siódmym miejscu, zgodnie z postrzeganiem lokalnej ludności w regionie (załącznik 5.27).

5.4.2 Procesy

5.4.2.1 Polityka i praktyki instytucjonalne

Trudny teren, mniejsza dostępność gruntów produkcyjnych i zmienność czynników klimatycznych, brak podstawowej infrastruktury itp. to niektóre z czynników utrudniających życie na badanym obszarze. Z drugiej strony, możliwości wynikające z warunków naturalnych nie zostały zbadane. Pomimo ogromnego bogactwa zasobów naturalnych, zwłaszcza lasów i stale płynących rzek, polityka i programy rządowe zaniedbały wykorzystanie tych zasobów dla długoterminowych korzyści dla ludzi. Według badań kluczowych informatorów, marginalna produktywność kraju w powiecie stopniowo maleje ze względu na degradację środowiska, tradycyjne rolnictwo, choroby i plagę szkodników. Niektóre nowe technologie są jednak zgłaszane w obszarze badań.

W poniższej sekcji przedstawiono pokrótce krajowe polityki, praktyki instytucjonalne i programy rządu Nepalu, które mają bezpośredni wpływ na bezpieczeństwo żywnościowe gospodarstw domowych ubogich rolników.

Tymczasowa konstytucja Nepalu z 2006 r.

Tymczasowa konstytucja Nepalu z 2006 r. jest głównym dokumentem prawnym i politycznym regulującym wszystkie polityki, praktyki i programy w kraju. Konstytucja przejściowa zawiera postanowienia mające na celu ochronę praw gospodarczych, społecznych i kulturalnych obywateli. Artykuł 33 Konstytucji wymienia następujące obowiązki państwa wynikające z obowiązków i zasad wytycznych, które są bezpośrednio związane z bezpieczeństwem żywnościowym narodu.

i. realizowania polityki ustanawiania praw wszystkich obywateli do edukacji, zdrowia, mieszkań, zatrudnienia i odpowiedniej żywności

ii. przyjąć ogólnie przyjęte podstawowe prawa człowieka

iii. skutecznego wprowadzania w życie międzynarodowych traktatów i umów, których dane państwo jest stroną.

iv. prowadzić politykę bezpieczeństwa ekonomicznego i społecznego dla klas zacofanych pod względem społeczno-ekonomicznym i kulturowym

v. kontynuować politykę przyjmowania programów naukowej reformy gruntowej poprzez stopniowe zakończenie feudalizmu w zakresie praktyk dotyczących własności gruntów

Ponadto, art. 18 Konstytucji chroni prawo obywateli do zatrudnienia i zabezpieczenia społecznego. Pomimo faktu, że konstytucja zawiera kilka postępowych przepisów gwarantujących obywatelom prawo do bezpieczeństwa żywnościowego, rząd musi jeszcze opracować konkretną strategię lub ramy instytucjonalne w celu rozwiązania powtarzających się problemów braku bezpieczeństwa żywnościowego i bezrobocia wśród obywateli Nepalu.

Plan perspektywiczny dla rolnictwa (APP)

Plan perspektywiczny dla rolnictwa (1997-2017) jest najważniejszym dokumentem polityki sektorowej w zakresie modernizacji rolnictwa w Nepalu i jest realizowany od 1997 roku. Podstawowym założeniem APP jest stymulowanie ogólnego rozwoju gospodarczego kraju poprzez wysoki wzrost produkcji rolnej. Ma ona na celu przyspieszenie wzrostu rolnictwa o 3 procent rocznie. Wzrost ten powinien stymulować pozarolniczy rozwój towarów i usług wymagających dużego nakładu pracy, zarówno na obszarach miejskich, jak i wiejskich. Stworzyłoby to możliwości zatrudnienia dla osób ubogich, zwłaszcza dla ubogich kobiet, a tym samym przyczyniłoby się do zwiększenia dochodów gospodarstw domowych na wsi. Ogólne cele APP są następujące:

i. Przyspieszenie tempa wzrostu w rolnictwie poprzez zwiększenie wydajności czynników produkcji;

ii. zmniejszyć ubóstwo i osiągnąć znaczną poprawę poziomu życia poprzez przyspieszenie wzrostu gospodarczego i zwiększenie możliwości zatrudnienia

iii. przekształcenie rolnictwa z orientacji na własne potrzeby w orientację handlową poprzez dywersyfikację i realizację przewag komparatywnych;

iv. rozszerzenie zakresu transformacji makroekonomicznej poprzez spełnienie warunków dla rozwoju rolnictwa;

v. określić natychmiastowe, krótko- i długoterminowe strategie wdrażania oraz ustanowić jasne wytyczne dotyczące przygotowania przyszłych planów i programów okresowych.

APP została opracowana przy wsparciu finansowym Azjatyckiego Banku Rozwoju w celu złagodzenia powszechnego ubóstwa i poprawy systemów rolniczych Nepalu. Podkreślono w nim dynamikę sektora prywatnego i rolę rynku w rolnictwie. Określiła nawadnianie, nawożenie, technologię oraz drogi i energię elektryczną jako "priorytetowe nakłady", a zwierzęta gospodarskie, uprawy wysokowartościowe, przemysł rolny i leśnictwo jako "priorytetowe wyniki". Zmniejszenie ubóstwa, bezpieczeństwo żywnościowe, zrównoważenie środowiskowe, równość płci i równowaga regionalna w rozwoju zostały uznane przez APP za "skutki". Identyfikacja odpowiednich obszarów produkcji na poziomie okręgu oraz koncentracja wszystkich nakładów produkcyjnych w formie jednego pakietu jest najważniejszą strategią wdrażania. Jest to jeden z najważniejszych priorytetów politycznych mających na celu wypełnienie zobowiązań podjętych przez rząd na Światowym Szczycie Żywnościowym w 1996 r. w celu wyeliminowania głodu.

Chociaż APP jest długoterminowym, wizjonerskim planem w rolnictwie, nie przewidziała ona żadnych specjalnych przepisów dotyczących dostępu grup ludności znajdujących się w niekorzystnej sytuacji do zasobów produkcyjnych, zwłaszcza do ziemi i innych zasobów rolnych. Ponadto zaleciła ona szerokie zastosowanie kapitałochłonnych technologii, takich jak nawozy chemiczne, nasiona hybrydowe i ulepszone rasy w rolnictwie, co prowadzi do dalszej marginalizacji gospodarstw domowych ubogich w zasoby. Nie poświęciła ona wiele uwagi zachowaniu i promowaniu tradycyjnej wiedzy rolników, wyjątkowej siły grup etnicznych znajdujących się w niekorzystnej sytuacji. Istnieją również poważne niedociągnięcia we wdrażaniu tego planu na poziomie okręgu, wynikające z braku koordynacji i problemów z niedofinansowaniem. W związku z tym wpływ APP na bezpieczeństwo żywnościowe zarówno na szczeblu krajowym, jak i lokalnym, jest rozczarowujący.

Z badania wynika, że 99 procent badanych nie posiadało wiedzy na temat perspektywicznego planu rozwoju rolnictwa w regionie, ponieważ powiatowy urząd ds. rozwoju rolnictwa nie zapewnił wystarczającej wymiany informacji między rolnikami.

Jednak program wsparcia planu z punktu widzenia rolnictwa został wymieniony w sprawozdaniu rocznym DADO.

Krajowa polityka rolna w 2004 r.

W 2004 r. Ministerstwo Rolnictwa i Spółdzielczości realizowało krajową politykę rolną. Główne cele tej polityki są następujące:

i. Przyspieszenie rozwoju rolnictwa poprzez zwiększone wykorzystanie ulepszonych technologii,

ii. rozwój komercyjnego i konkurencyjnego systemu produkcji rolnej; oraz

iii. promowanie, wykorzystywanie i ochrona różnorodności biologicznej i zasobów naturalnych

Polityka ta koncentruje się na komercjalizacji rolnictwa. Podobnie jak grupa APP, polityka ta milczy na temat dostępu ubogich społeczności znajdujących się w niekorzystnej sytuacji do ziemi i innych zasobów naturalnych. Na wpół feudalne modele własności i użytkowania gruntów oraz wysoce zniekształcony podział produktywnych zasobów gruntowych, utrzymujące się rozdrobnienie kraju oraz brak elastycznej polityki użytkowania gruntów stanowią poważne wyzwanie dla zapewnienia dostępu i kontroli nad gruntami i zasobami gruntowymi przez ubogie gospodarstwa domowe na obszarach wiejskich Nepalu. Te dwa dokumenty polityczne nie uwzględniają jednak należycie tego faktu. W rezultacie zarówno APP, jak i polityka rolna z 2004 r. wydają się być nieskuteczne w rozwiązywaniu narastających problemów związanych z brakiem bezpieczeństwa żywnościowego w kraju, w szczególności z powodu niskiego poziomu zaangażowania rządu w rzeczywiste reformy w tym sektorze.

Trzyletni plan przejściowy (2007/2008-2009/2010)

Plan ten ma również na celu zmniejszenie odsetka osób ubogich poniżej granicy ubóstwa z obecnych 31% do 24% w trzyletnim okresie realizacji projektu. Integracja społeczna jest również jednym z obszarów priorytetowych. Oznacza to, że nadal skupiamy się na rozwoju rolnictwa i integracji osób ubogich, kobiet, *dalitów* i grup etnicznych.

Trzyletni plan przejściowy przewiduje w szczególności równe prawa dla wszystkich (w tym szanse społeczne i gospodarcze) oraz zmniejszenie przepaści między bogatymi i biednymi oraz wszelkich form dyskryminacji i nierówności (prawnych, kulturowych, społecznych, językowych, religijnych, ekonomicznych, etnicznych, fizycznych i geograficznych). Główne cele kładą nacisk na zmniejszenie ubóstwa i bezrobocia oraz ustanowienie trwałego pokoju. Główne strategie to:

i. Tworzenie i rozszerzanie możliwości zatrudnienia dla kobiet, Dalitów, *Janajati*, młodzieży i wspólnoty *Madhesis*

ii. Wzmocnienie wzrostu gospodarczego sprzyjającego ubogim i opartego na szerokich podstawach, ukierunkowanego na sektor rolny, spółdzielnie i partnerstwa publiczno-prywatne, jak również na sektor prywatny oraz rozwój sektorów produkcji i usług.

iii. Zwiększenie inwestycji w infrastrukturę fizyczną, ze szczególnym uwzględnieniem dróg, irygacji i komunikacji, ze szczególnym uwzględnieniem rolnictwa, turystyki i przemysłu oraz rozwoju dostaw energii elektrycznej.

Plan trzyletni (2009/10 - 2012/13)

Długoterminowa wizja planu polega na stworzeniu zamożnego, pokojowego i sprawiedliwego Nepalu poprzez przekształcenie Nepalu w ciągu dwóch dekad z kraju najsłabiej rozwiniętego w kraj rozwijający się (LDC). Cały naród nepalski będzie korzystał z równych szans, aby zabezpieczyć swoją przyszłość. Wszystkie formy dyskryminacji i nierówności (prawnej, społecznej, kulturowej, językowej, religijnej, ekonomicznej, etnicznej, fizycznej, płci i regionalnej) zostaną wyeliminowane ze społeczeństwa.

Cel

Plan ma na celu poprawę poziomu życia wszystkich mieszkańców Nepalu, zmniejszenie ubóstwa do 21 procent i osiągnięcie Milenijnych Celów Rozwoju do 2015 r. poprzez zrównoważony wzrost gospodarczy, stworzenie godnych i lukratywnych możliwości zatrudnienia, zmniejszenie nierówności gospodarczych, ustanowienie równowagi regionalnej i eliminację wykluczenia społecznego.

Cel

Głównym celem planu jest umożliwienie ludziom odczucia zmiany w ich sposobie życia i jakości życia poprzez wspieranie ograniczania ubóstwa i tworzenia trwałego pokoju poprzez ukierunkowany na zatrudnienie, sprzyjający włączeniu społecznemu i sprawiedliwy wzrost gospodarczy (NPC, Three Year Approach Paper, 2010).

W tym kontekście głównym wyzwaniem dla sektora rolnego jest zwiększenie tempa wzrostu produkcji rolnej i ograniczenie wzrostu cen żywności. Z tych dwóch powodów dostępność i dostępność żywności znalazła się pod presją, a zadanie zapewnienia bezpieczeństwa żywnościowego dla skrajnie ubogich i wiejskich społeczności stało się trudniejsze. Oprócz niskiej produkcji rolnej i wydajności, niepewność związana z deszczami monsunowymi, zmianami klimatycznymi, nieodpowiednimi systemami nawadniania, rosnącą presją na grunty marginalne, ograniczonym stosowaniem odpowiednich technologii, ograniczoną dostępnością rolników do rynków oraz częstym występowaniem chorób zwierząt to niektóre z wyzwań w tym sektorze.

Inne istniejące problemy i wyzwania w tym sektorze to mniej inwestycji w sektorze rolnym (mniej niż przewidywała APP); mniej wysiłków na rzecz przyciągnięcia inwestycji sektora prywatnego w celu komercjalizacji rolnictwa; problem nieregularnych i niewystarczających dostaw nawozów chemicznych na odległych obszarach pagórkowatych; rozwój stref przemysłowych w rolnictwie niezgodny z oczekiwaniami; brak sieci dróg rolniczych; płytkie studnie rurowe i inne urządzenia nawadniające mniej niż wymagane; mniejsze znaczenie komercyjnej hodowli zwierząt gospodarskich; rosnąca przepaść między badaniami i doradztwem w rolnictwie, hodowli zwierząt gospodarskich i rybołówstwie; niewystarczająca infrastruktura fizyczna dla komercjalizacji rolnictwa; brak ulepszonej hodowli zwierząt gospodarskich; brak standardowych laboratoriów i sieci ośrodków rozwoju i rozpowszechniania technologii; niewystarczający rozwój rolno-przemysłowy i technologiczny. Pomimo tych problemów istnieją dobre perspektywy przyczynienia się do rozwoju gospodarki krajowej poprzez zrównoważony rozwój sektora rolnego, dzięki takim mocnym stronom, jak ramy instytucjonalne i zasoby ludzkie na poziomie oddolnym, istnienie polityki i podstawy prawnej, dostępność specjalistycznej wiedzy technicznej, rosnąca atrakcyjność partnerów rozwojowych dla inwestycji w sektorze rolnym oraz priorytet przyznany temu sektorowi przez rząd.

Istnieje duża rozbieżność między polityką i praktyką rządu nepalskiego. Teoretycznie polityka ta brzmi dobrze, jeśli chodzi o walkę z ubóstwem i grupami wykluczonymi społecznie. Jednakże aspekt wdrożenia jest wadliwy. Rządowy mechanizm wdrażania wydaje się być słaby do osiągnięcia celu i planowanego wykorzystania budżetu, co doprowadziło do spowolnienia wzrostu gospodarczego i wzrostu frustracji wśród obywateli wobec machiny państwowej i przywódców politycznych. Naprawdę brakuje dobrych rządów, sprawiedliwości społecznej, ochrony, promowania i korzystania z praw człowieka, demokracji uczestniczącej i praworządności w celu poprawy życia ubogich kobiet i mężczyzn. Partie polityczne koncentrują swoje wysiłki na uczestnictwie w rządzie i wykorzystują zasoby państwowe dla własnych korzyści. Bezkarność kwitnie wszędzie w ochronie partii politycznych, które zakwestionowały rządy prawa w kraju.

Umowy międzynarodowe i systemy handlu zagranicznego

Ogólnie rzecz biorąc, przy kontyngencie handlowym wynoszącym ponad 50 % PKB, średniej stawce celnej wynoszącej około 14 % i praktycznie bez żadnych ograniczeń ilościowych, Nepal jest jedną z najbardziej otwartych i zależnych od handlu gospodarek w Azji Południowej (pomoc na działania, 2006 r., cytowana w WFP, 2005 r.). Polityka sektora rolnego Nepalu została zliberalizowana w drugiej połowie lat 90. i przyspieszyła w momencie przystąpienia do WTO. Celem liberalizacji była poprawa możliwości zatrudnienia i dochodów osób ubogich i znajdujących się w niekorzystnej sytuacji poprzez położenie nacisku na zabezpieczenie społeczne, infrastrukturę fizyczną i rozwój zasobów ludzkich (Pyakuryal, Thapa i Roy, 2005). Zakres liberalizacji został rozszerzony na sektor rolny:

i. Zniesienie dopłat do nakładów i produkcji w rolnictwie;

ii. Deregulacja cen środków produkcji i produktów rolnych poprzez pozostawienie określania cen siłom rynkowym;

iii. Eliminacja dotacji w dystrybucji żywności;

iv. Zwiększenie zaangażowania sektora prywatnego w produkcję, dystrybucję i marketing;

v. Obniżenie taryf celnych na produkty żywnościowe i otwarcie rolnictwa na bezpośrednie inwestycje zagraniczne (BIZ).

Długoletnia umowa o handlu i tranzycie między Nepalem a Indiami jest umową dwustronną o znacznym wpływie na handel i sektor rolny. Umowa, która zapewnia preferencyjny dostęp do rynku, pozwala na bezcłowy przywóz większości wywożonych towarów do Indii i pozwala na pobieranie znacznie obniżonych ceł na przywóz z Indii.

Jest ona również powiązana z różnymi innymi umowami o współpracy, w tym z wymianą technologii dla obopólnych korzyści. Rząd Nepalu nie był proaktywny w poszukiwaniu negocjacji z Indiami w celu rozwiązania tej kwestii. Jednakże niektórzy mieszkańcy wsi korzystają z otwartej granicy, ponieważ mogą dostarczać towary, w tym żywność, z jednego miejsca do drugiego.

5.4.2.2 Czynniki kulturowe i instytucjonalne

Faktem jest, że wpływ dominującej kultury "konsumpcji ryżu" na badanym obszarze rośnie. W przeszłości "ryż" był uważany za środek spożywczy, który był spożywany głównie przez *"Hakimów"* w siedzibie okręgu. Jednakże, większość gospodarstwa domowego była używana do przechowywania pewnej ilości "ryżu" na *festiwalach Dashain* i *Tihar*. W ostatnich latach różne rodzaje lokalnej żywności, takie jak kukurydza, pszenica, trawa krabowa i jęczmień, były spożywane w dużych ilościach przez ludność wiejską. Zostały one również uznane za trwałe i energochłonne. Jednak z powodu interwencji zewnętrznej i efektu demonstracyjnego rządowych biurokratów, społeczności wiejskie powoli zaczęły dewaluować własną lokalną żywność i importować "kulturę Bhate".

W związku ze zmianą nawyków żywieniowych nowe pokolenie straciło wiedzę na temat sposobów pozyskiwania żywności w lesie i straciło zainteresowanie uprawą tradycyjnej żywności w gospodarstwie. Wydaje się, że stworzyło to zależność od zewnętrznego rynku zaopatrzenia w żywność. Ciągły wzrost podaży żywności przez państwo i kierowanie budżetu przeznaczonego dla powiatu na dotowanie transportu żywności jest źródłem niepokoju działaczy społecznych. Twierdzą oni, że należy to ograniczyć, a następnie powstrzymać, wraz z zachętami i programami do uprawy roślin i produkcji większej ilości lokalnej żywności.

5.4.2.3 Role i obowiązki

Zdefiniowanie ról i obowiązków zaangażowanych podmiotów jest ważnym zadaniem dla osiągnięcia konkretnego celu. Mówi się, że "każdy jest odpowiedzialny, nikt nie jest odpowiedzialny". W wielu przypadkach polityka rządu nadal brzmi dobrze, ale poziom jej realizacji jest słaby. Badanie wykazało, że następujące role i obowiązki na poziomie indywidualnym, wspólnotowym i regionalnym/krajowym przyczyniają się do zwiększenia produkcji żywności i zrównoważonych źródeł utrzymania (tabela 5.45). Biuro Rozwoju Rolnictwa oraz Ministerstwo Rolnictwa i Spółdzielczości są punktami centralnymi odpowiednio na szczeblu okręgowym i krajowym. Ministerstwo Finansów i Krajowa Komisja Planowania mają jednak do odegrania kluczową rolę, polegającą na zapewnieniu co najmniej 10 % budżetu krajowego na rozbudowę i badania w dziedzinie rolnictwa.

Tabela 5.45

Mapowanie ról i obowiązków w odniesieniu do bezpieczeństwa żywnościowego i środków utrzymania

Poziom indywidualny	Poziom wspólnotowy	Poziom okręgowy/krajowy
1. uprawa roślin uprawnych w oparciu o ekologię i żyzność gleby	rolnictwa we Wspólnocie w celu osiągnięcia korzyści skali.	-organizowała szkolenia dla rolników w celu poszerzenia wiedzy i umiejętności, sformułowania polityki bezpieczeństwa żywnościowego opartej na potrzebach oraz zaplanowania i przeznaczenia co najmniej 10 % budżetu na rozbudowę i badania w dziedzinie rolnictwa.
2. zwiększenie uprawy ziemniaków.	Zwiększenie produkcji przez grupę producentów o rząd wielkości korzyści skali.	-zapewnić dotowane pożyczki i zarządzanie rynkiem.
3) komercyjna produkcja warzyw.	Zwiększenie produkcji przez grupę producentów o rząd wielkości korzyści skali.	-Zorganizowane szkolenia dla rolników Zaopatrzenie w wysokiej jakości materiał siewny. - Poprawa dostępu do drogi krajowej -Centrum odbioru.
4. spędzać więcej	Zwiększenie produkcji	-nagroda dla dobrych rolników.

czasu w rolnictwie	przez grupę producentów. Porozmawiaj z członkami grupy i przygotuj plan produkcji.	-Zachęcać rolników do produkowania większej ilości żywności na poziomie społeczności.
5. Przestań pić alkohol.	Zakaz spożywania alkoholu w miejscach publicznych.	-Podjęcie działań prawnych przeciwko nadużywaniu alkoholu.
6. specjalizują się w jednej firmie.	Produkować różne produkty w zależności od różnych grup pod względem popytu rynkowego.	-Organizacja specjalnych szkoleń dla specjalnej grupy oferującej surowce rolne na rynku.
7. przystąpienie do spółdzielni i grup producentów	Tworzenie spółdzielni i grup producentów.	-wsparcie w zakresie rejestracji i szkolenia spółdzielni i grup producentów w celu zwiększenia zdolności produkcyjnych

Źródło: Dyskusja w grupach fokusowych, 2011 r.

5.4.2.4 Postrzeganie rolników w stosunku do Agencji Rozwoju Rolnictwa

Z badania wynika, że 2,5% respondentów oceniło usługę doradztwa rolniczego Powiatowego Biura Rozwoju Rolnictwa/Centrum Usług Rolniczych jako "dobrą", 5,5% respondentów jako "uczciwą", a 5% jako "nie dobrą", natomiast respondenci ocenili kategorię "nie wiem" o usłudze doradztwa rolniczego DADO/ASC na badanym obszarze ze względu na słaby dostęp do ASC, a teren ten był rzadko odwiedzany przez młodszych techników/młodszych asystentów technicznych (JT/JTA).

Wynik ten pokazuje, że na rolniczą usługę rozbudowy oferowaną przez rząd Nepalu otrzymało ją tylko 13 procent gospodarstw domowych na badanym obszarze. Lokalni rolnicy stosowali zdegenerowane nasiona zbóż, warzyw i owoców bulwiastych, tak że wydajność na jednostkę powierzchni i produkcji była poniżej średniej krajowej (tabela 5.46).

Tabela 5.46
Postrzeganie DADO przez rolników (N=201)

Kategoria	Częstotliwość:	Procent
Przyznany	0.0	0.0
Dobrze	5	2.5
Wystawa	11	5.5
No dobra	10	5.0
Nie wiem.	175	87.1
Razem	**201**	**100**

Źródło: Opracowanie terenowe, 2011 r.

5.4.2.5 Rolnicy żądają od rządu środków produkcji rolnej

Badanie wykazało, że sprzęt do nawadniania był wymagany przez 94 procent gospodarstw domowych, ulepszono nasiona o 16 procent gospodarstw domowych, środki owadobójcze i pestycydy do środków ochrony upraw o 2,5 procent gospodarstw domowych, kredyty rolnicze o 17 procent gospodarstw domowych, szkolenia rolnicze mające na celu poszerzenie wiedzy i umiejętności 14 procent gospodarstw domowych oraz narzędzia i technologie rolnicze mające na celu poprawę praktyk rolniczych o 3 procent gospodarstw domowych w rządzie Nepalu w celu zwiększenia bezpieczeństwa żywnościowego i zabezpieczenia środków do życia (tabela 5.47). W trakcie badania jedno gospodarstwo domowe zwróciło się o więcej niż jeden wkład z 50 procent dotacji rządu nepalskiego w celu zwiększenia produkcji żywności i dochodów gospodarstw domowych, a tym samym poprawy warunków życia i środków do życia rolników w regionie.

Tabela 5.47
Wymagania dla rolników dotyczące produkcji żywności dla gospodarstw domowych (N=201)

Kategoria	Freq.	Procent	Uwagi
1.nawadnianie	189	94	Nawadnianie powierzchniowe i zbieranie wody deszczowej.
2. ulepszone nasiona	32	16	Ryż, kukurydza, pszenica, warzywa.
3.insektycydy/pestycydy	5	2.5	Roślinne środki owadobójcze

4.kredyty	35	17	Gospodarstwo rolne.
5. kształcenie rolnicze	28	14	Warzywa poza sezonem
Szósty Agri. Narzędzia i technologie	6.0	3.0	Nowe technologie.
7. brak odpowiedzi	0.0	0.0	-
Razem	295	146.5	

Źródło: Opracowanie terenowe 201

Uwaga: z powodu wielokrotnych odpowiedzi całkowity procent przekracza 100 procent. Odsetek ten został jednak obliczony na podstawie łącznie 201 respondentów.

5.4.2.6 Podział budżetu okręgu według sektorów

Tabela 5.48 pokazuje, że w roku fiskalnym 2011/2012 6,07 procent rocznego budżetu w Dailekh Dystrykcie zostanie przeznaczone na sektor rolnictwa, leśnictwa i środowiska, 34,02 procent budżetu na rozwój infrastruktury lokalnej, 52,33 procent budżetu na rozwój społeczny i ludności oraz 7,58 procent budżetu na zasoby ziemi i wody w Dailekh, który jest zatwierdzony przez Radę Rozwoju Dystryktu. Najmniejszy udział (6,07 proc.) otrzymał sektor rolnictwa, natomiast największy (52,33 proc.) udział w całkowitym rocznym budżecie Rs2 050 200 805 miał sektor rozwoju społecznego i ludności. Na szczeblu krajowym rząd Nepalu przekazał Ministerstwu Rolnictwa i Spółdzielczości budżet w wysokości 12,43 mld Rs (3%) w roku budżetowym 2011/2012. Jest to wyższe niż zeszłoroczny budżet. Rolnik w okręgu Dailekh otrzymuje prawie 478 Rs rocznie (260 566 mieszkańców (2009 r.)), podczas gdy rolnik na poziomie krajowym otrzymuje 443 Rs rocznie, w oparciu o liczbę ludności 28 043 744 (2010 r.).

Tabela 5.48
Podział budżetu okręgu według sektorów

Sektory	Regularny budżet	Budżet kapitałowy	Łączna kwota	Procent
Rolnictwo, leśnictwo i środowisko naturalne	50,586,000	73,874,000	124,460,000	6.07
Rozwój infrastruktury lokalnej	135,104,100	522526999	697,397,419	34.02
Rozwój społeczny i ludnościowy	778,568,456	294,299,930	1,072,868,386	52.33
Zasoby lądowe i wodne	4,400,000	151,075,000	155,475,000	7.58
Razem	**968,658,556**	**1,041,775,929**	**2,050,200,805**	**100**

Źródło: Powiatowa Komisja Rozwoju, Dailekh 2011

5.5 Wniosek

Podatność na zagrożenia zagraża żywności i bezpieczeństwu żywnościowemu, w tym również tym, które mają wpływ na zdolność radzenia sobie z nimi. Zdecydowana większość gospodarstw domowych jest narażona na zagrożenia związane z żywnością i bezpieczeństwem żywnościowym.

Obszar objęty dochodzeniem jest obszarem zagrożonym klęskami żywiołowymi. Klęski żywiołowe obejmują osunięcia ziemi, powodzie, susze, obfite opady deszczu, opady śniegu, grad, trzęsienia ziemi itp. Większość ludności wiejskiej pożycza pożyczki od lokalnych kredytodawców, oprocentowane w wysokości 36-60 procent rocznie.

W okręgu Dailekh w ciągu dziesięcioleci walki zbrojnej zginęło 400 osób, a ponad dwa tysiące zostało wysiedlonych. Wpływ konfliktu na źródła utrzymania, dostępność żywności, dostęp do rynków, uprawę roślin, a nawet zbiory plonów na łodydze poważnie wpłynął na sytuację.

Dominującym zajęciem jest rolnictwo, a następnie usługi i handel jako główne zajęcie w zakresie bezpieczeństwa żywnościowego i środków do życia w gospodarstwie domowym. Na tym obszarze prawie pięćdziesiąt procent gospodarstw domowych sprzedaje swoje produkty rolne w celu zapewnienia sobie żywności i środków do życia.

Zdecydowana większość gospodarstw domowych ma dostęp do domów z blaszanymi/przesuwanymi dachami. W okolicy 50 procent gospodarstw domowych ma dostęp do ulicy w ciągu 0,5 godziny, a pozostałe 50 procent ma dostęp do ulicy w jednym kierunku w ciągu 0,5 do 1 godziny. Ułatwiło to dostęp do rynku w celu zakupu żywności i innych produktów oraz zwiększyło mobilność kobiet i mężczyzn na obszarach wiejskich.

Prawie wszystkie gospodarstwa domowe używają drewna opałowego do gotowania żywności. Zdecydowana większość gospodarstw domowych ma dostęp do energii elektrycznej i słonecznej do oświetlenia. W regionie zdecydowana większość gospodarstw domowych jest powiązana z tymi grupami.

Dzienny profil aktywności wynosi 17,5 godzin i 17,0 godzin dla kobiet i mężczyzn 24 godzin w regionie. Tylko kilka kobiet ma prawo do ziemi w porównaniu z mężczyznami w regionie. Prawie sto procent gospodarstw domowych posiadało prawo własności ziemi.

Polityka i praktyki rządu na rzecz ubogich i zmarginalizowanych rolników nie są skuteczne w zakresie poprawy bezpieczeństwa żywnościowego i dochodów rolników. Sektor prywatny jest zaangażowany w zakup i sprzedaż żywności i produktów nieżywnościowych w centralach dzielnic. Społeczność lokalna jest uzależniona od pobliskiego rynku w zakresie zakupu leków weterynaryjnych, ulepszonych nasion warzyw, środków owadobójczych, nawozów chemicznych itp. Jakość i cena produktów wydaje się być wątpliwa ze względu na słaby mechanizm monitorowania i słabe wdrażanie zasad i przepisów przez władze państwowe. Handlarze nie mają dostępu do usług doradztwa rolniczego świadczonych przez regionalne biuro rolne. System zarządzania w rolnictwie wydaje się być słaby, co prowadzi do braku bezpieczeństwa żywnościowego i niezrównoważonych warunków życia na obszarach wiejskich.

Rozdział 6
Bezpieczeństwo żywnościowe i strategia utrzymania

6.1 Tło

Niniejszy rozdział poświęcony jest szeroko pojętym strategiom w zakresie bezpieczeństwa żywnościowego/ratowania życia, opartym zarówno na zasobach naturalnych, jak i innych niż naturalne. Strategie zabezpieczenia środków utrzymania to interakcja między wyposażeniem gospodarstwa domowego w uprawnienia, zmieniającymi się strukturami i procesami, które określają strategie zabezpieczenia środków utrzymania lub działania zdefiniowane przez gospodarstwo domowe. W podrozdziale dotyczącym zasobów naturalnych opisano uprawę zbóż i roślin strączkowych, uprawę warzyw i owoców, klasyfikację środków produkcji rolnej w produkcji żywności, zachowanie różnorodności biologicznej, wspólnotowy etos ochrony środowiska oraz wspólnotowe strategie produkcji żywności dla bezpieczeństwa żywnościowego i środków utrzymania gospodarstw domowych. Zasoby nienaturalne wyjaśniają wyniki przekazów pieniężnych i bezpieczeństwo żywnościowe. W wynikach badań nad bezpieczeństwem żywnościowym dokonano dalszej analizy sytuacji w zakresie samowystarczalności żywnościowej, wzorców konsumpcji, wkładu upraw i przekazów pieniężnych jako strategii na rzecz bezpieczeństwa życia gospodarstw domowych. Niniejszy rozdział ma na celu dostarczenie informacji w kontekście Celu 3.

6.2 W oparciu o zasoby naturalne

6.2.1 Uprawa zbóż i roślin strączkowych

Ryż, kukurydza, pszenica, proso liściowe i jęczmień są głównymi roślinami zbożowymi na badanym obszarze. Ryż jest uprawiany na terenach nawadnianych w sezonie letnim. Kukurydza jest uprawiana na terenach górskich w sezonie letnim. Pszenica i jęczmień są uprawiane w sezonie zimowym na terenach nawadnianych i w górach. Proso palcowe jest przesadzane w porze deszczowej i zbierane w listopadzie (tabela 6.49). Ziarno zbóż jest głównym produktem spożywczym na badanym obszarze. Miejscowi wolą chleb pszenny raz dziennie. Ryż jest jednak najbardziej preferowaną żywnością w obszarze badań. Na tym obszarze produkuje się również soję, czarne gramy, orzeszki ziemne, groch bydlęcy, soczewicę, ciecierzycę i musztardę. Uprawa zbóż i roślin strączkowych jest główną strategią mającą na celu zapewnienie bezpieczeństwa żywnościowego w regionie.

Tabela: 6,49

Udomowienie roślin zbożowych we Wspólnocie

Nazwa ogólna	Nazwa naukowa	Wykorzystanie zbóż we Wspólnocie
1.czarny gram	*Fazowy Radiatus*	Puls
2. jęczmień	*Hordeum Vulgare*	karmienie zwierząt gospodarskich
3.ciecierzyca	*Cicer arietinum L.*	Tętno i smażone
4. krowie łajno	*winnica sinensis*	Puls i smażony
5. matka ziemi	*Arachis hypogaea L.*	Spożywać w postaci usmażonej
6. trawa krabowa	*Eleusine coracana Gaertn*	Podstawowe produkty spożywcze, takie jak chleb i likier
7. soczewka	*soczewka esculenta moench*	Puls
8. kukurydza	*Zea Mays L.*	Podstawowa żywność i pasza dla zwierząt
9. musztarda	*Brassica campestris Linn*	Olej jadalny
10. groszek	*Pisum spp.*	Tętno i smażone
11. ryż	*oryza sativa*	Podstawowa żywność
12. soja	*Glycine max L. Merril*	Spożywać jako smażoną żywność i warzywa
13. pszenica	*Triticum Aestivum L.*	Podstawowa żywność jako chleb
14. sezam	*Sesamum indicum L.*	Pickle
15. trzcina cukrowa	*Saccharum officinarum L.*	Stosowane soki i melasa

Źródło: Dyskusja grupowa, 2011 r.

Poniżej przedstawiono studium przypadku dotyczące rolnictwa mieszanego w celu zwiększenia bezpieczeństwa żywnościowego (ramka 6.6):

Ramka 6.6: Większa produkcja żywności dzięki uprawom mieszanym!

Jestem Nanda Ram Thapa w wieku 61 lat. Mieszkam w Kalbhairab-4, wioska *Bhukaha* w dystrykcie Dailekh. Moja rodzina składa się z 4 członków. Jestem właścicielem ziemi 12 Ropani *Khet* i 7 Ropani *Bari*. Jestem farmerem klasy średniej. Jestem samowystarczalny od 12 miesięcy. Hoduję na ziemi ryż, pszenicę, kukurydzę i warzywa. Zawsze uprawiam pszenicę razem z grochem, musztardą i żółtą musztardą. Moglibyśmy otrzymać groszek i gorczyca jako plon premiowy z systemu mieszanego rolnictwa. Do grochu nie potrzebujemy stawki, jeśli rośniemy razem z pszenicą. Rośliny pszenicy jako podpora dla grochu. W podobny sposób uprawiałem ciecierzycę razem z musztardą. Ciecierzyca może również rosnąć w mniej żyznej glebie. Poprawia on żyzność gleby. Ciecierzycę spożywamy jako roślinę strączkową i całą pieczoną lub gotowaną. Słoma z ciecierzycy i grochu jest doskonałą paszą dla zwierząt gospodarskich. Jest to powszechne w wiosce. Na korzeniach znajdują się liczne guzki. Obecne w tych guzkach bakterie Rhizobium, które wiążą azot atmosferyczny, zwiększają żyzność gleby. Uprawa mieszana jest starożytną tradycją w obszarze badań.

W badaniu stwierdzono, że kryteria selekcji odmian w uprawach zbóż w celu zwiększenia plonu z jednostki powierzchni zostały ustalone przy pomocy dyskusji grupy fokusowej z rolnikami ze Stacji Badań Rolniczych w Dailekh i rolnikami z badanego obszaru. Agronomowie przedstawili w sumie trzynaście kryteriów selekcji odmian, podczas gdy lokalni rolnicy zaproponowali siedemnaście kryteriów dotyczących dobrych właściwości odmian. Interesujące jest to, że większość kryteriów została uznana za podobne między naukowcami i rolnikami. Jednakże rolnicy przedstawili nieco więcej kryteriów niż agronomowie, takich jak zawartość tłuszczu w ziarnie, wysoka cena rynkowa, odporność na wodę, łatwość rozdrabniania, długi okres trwałości i łatwe kiełkowanie w przypadku ryżu (tabela 6.50). Rolnicy mogliby odmówić zatwierdzenia odmiany, jeżeli nie spełniałaby ona kryteriów rolników w przypadku uwolnienia odmian roślin zbożowych z rolniczych stacji badawczych.

Tabela 6.50
Porównanie kryteriów wyboru odmian zbóż przez agronomów i rolników

Kryteria stosowane przez naukowców z dziedziny rolnictwa	Kryteria stosowane przez rolników
1. wczesna dojrzałość	Wczesna dojrzałość
2. wysoka wydajność	Odporny na choroby i owady
3) zdolność do przystosowania się do pasa ekologicznego	Odpowiedni dla środowiska lokalnego
4) odporność na owady i choroby	Wysoka produkcja słomy
5. dobry smak	Dobry smak
6) brak zakwaterowania	Ziarna z nadrukiem pogrubionym
7. równomierność dojrzewania	Tolerancja na suszę
8.odporność na suszę	Wysoki popyt rynkowy

9) nadające się do uprawy międzyplonów (kukurydza)	Wysoka cena rynkowa
10. wysoka pojemność słomy	Nie tłuką się podczas zbiorów
11. niska moc wejściowa reaguje	Wysoka wydajność
12. rodzic o ugruntowanej pozycji (co najmniej jeden) na terenie lokalnym	Wodoszczelność
13. pełne pokrycie powłoką	Łatwe do frezowania
14.-	Długi okres trwałości
15.-	W przypadku ryżu, sadzonka może być łatwo wykorzeniona
16.-	Brak zakwaterowania podczas burzy
17.-	Dobre plony w stanie obornika

Źródło: Wywiad z kluczowymi informatorami, 2011 r.

6.2.2 Uprawa warzyw i praktyki międzyplonowe

Uprawy warzyw są uprawiane na badanym obszarze w sezonie letnim i zimowym. Do letnich upraw warzyw zalicza się ogórki, smakoszy gorzkich, smakoszy gąbek, dynie, fasolę, chilly, kajot (*skush*), smakoszy węży, smakoszy butelek, smakoszy spiczastych, smakoszy popiołu, smakoszy grzebieni itd. Głównymi warzywami zimowymi są ziemniaki, rzodkiewki, musztarda, pomidory, brinjal, groszek, czosnek, cebula, kapusta, kalafior, itp. Zdecydowana większość rolników uprawia warzywa głównie do celów konsumpcyjnych. Niektórzy rolnicy zaczęli uprawiać warzywa zimowe do celów komercyjnych na badanym obszarze.

Według DOA i SNV "pomidor jest najważniejszym produktem roślinnym na wzgórzach". Szacowana wydajność szacowana jest na 1,5-2,0 ton na Ropani (500 metrów kwadratowych powierzchni), a dochód brutto wynosi od 22 500 do 30 000 Rs na Ropani. Fasola szparagowa i strąki zielonego grochu, uprawiane na ponad 2500 m3 , to kolejna kategoria warzyw o dużym potencjale, ponieważ są przyjazne dla kobiet i środowiska (makarony korzeniowe, które wiążą azot atmosferyczny); niskie koszty i wysokie plony, itp. Marchew i rzodkiewka mają również duży potencjał na wzgórzach i w górach. Uprawy te są przyjazne dla kobiet i mają wysoki potencjał dochodowy oraz duży niezaspokojony popyt. Czosnek jest kolejnym potencjalnym produktem. Uznawany jest za lepszy plon pieniężny dla drobnych rolników na wysokich wzgórzach i w górach. Posiada rynek eksportowy do Indii. Jest mniej psujący się. Cebula znalazła potencjalny obszar uprawy ze względu na zastąpienie jej importem i wysoki plon z jednostki powierzchni" (DOA & SNV 2009, s. 9-11).

Tabela 6.51 poniżej przedstawia praktykę uprawy międzyplonów w gminie. Intercropping jest zwyczajową praktyką w obszarze badań. Przytłaczająca większość rolników (95 %) posiada kukurydzę międzyplonową (groch bydlęcy, soja, ziemniaki, fasola itp.), ryż (soja, czarne gramy, groch bydlęcy w zaporach tarasowych), pszenicę (gorczyca, groch, ciecierzyca itp.).) oraz ziemniaków z rzodkiewkami i musztardą szerokolistną, podczas gdy tylko 5% rolników nie zgłosiło praktyk międzyplonowych z powodu braku ziemi i braku zainteresowania.

Tabela 6.51
Wspólnotowa praktyka uprawy międzyplonów (N=201)

Intercropping	Częstotliwość:	Procent
Praktyka uprawy międzyplonów	191	95
Brak praktyki uprawiania międzyplonów	10	05
Brak odpowiedzi	0.0	0.0
Razem	**201**	**100**

Źródło: Opracowanie terenowe, 2011 r.

Poniżej przedstawiono studium przypadku produkcji warzyw (Ramka 6.7):

Ramka 6.7: Uprawa warzyw zmienia życie rolników na wsi

Nazywam się Ratna Khadka (kobieta) w wieku 43 lat. Mieszkam w komitecie rozwoju wsi *Katti* - 9, Bikram Tole w dzielnicy Dailekh. Od 2-3 lat zacząłem uprawiać warzywa. W zeszłym roku zarobiłem 16.000,0 Rs sprzedając świeże warzywa na lokalnym rynku w *Bestadzie.* Uprawiłem kapustę, ogórki, dynie, pomidory, czosnek, cebulę, fasolę i ziemniaki na powierzchni 1,5 Ropani (750 m2). To pokryło koszty mojego gospodarstwa domowego. Teraz stanąłem wobec problemu sprzedaży wszystkich produktów roślinnych na rynku, ponieważ podaż była większa niż popyt rynkowy. Więc w tym roku rozdałem sąsiadom świeże warzywa za darmo.

Kupuję nasiona warzyw od Dailekh Bazaar i *Bestada.* Potrzebuję nowoczesnych szkoleń w zakresie produkcji warzyw oraz zapewnienia nawadniania w celu zwiększenia plonów i dochodów w rolnictwie. Stan zdrowia członków mojej rodziny poprawił się w porównaniu z poprzednimi latami dzięki regularnemu spożywaniu wystarczającej ilości świeżych warzyw. Z mojego doświadczenia wynika, że uprawa warzyw jest bardziej opłacalna niż uprawa ryżu i kukurydzy pod względem wydajności i dochodu na jednostkę powierzchni.

6.2.3 Uprawa owoców

Główne owoce uprawiane na tym obszarze to pomarańcza, gruszka, gujawa, banan, cytryna, itp. Produkcja pomarańczy stała się popularna w celach konsumpcyjnych i handlowych. Jednak niektórzy rolnicy zaczęli zwiększać swój potencjał i wysokie dochody pieniężne i mogą z nich korzystać duża liczba rolników ze wszystkich klas społecznych. Przez mango, owoce chlebowca, granaty, drzewo maślane, morwę itp. w obszarze badań (tabela 6.52). DOA i SNV wskazały, że wśród owoców jabłko jest produktem o wysokim priorytecie na dużych wysokościach (2000-2800 m n.p.m.) ze względu na zastąpienie go przywozem. Na terenie Ropani, gdzie produkuje się od 1 650 kg do 2 200 kg owoców, można uprawiać 15-20 jabłoni. Daje to około 25.000-33.000 Rs dochodu brutto na *Ropani/rok.* Orzech włoski i pomarańcza to inne produkty owocowe w górach lub na wzgórzach. Orzech włoski jest nietrwałą rośliną orzechową o wysokim niezaspokojonym zapotrzebowaniu. Orange to również produkt o niezaspokojonym zapotrzebowaniu rynku. Jest on również przyjazny dla płci i nie jest pracochłonny. Północne obszary górskie położone na wysokości 800-1 500 m n.p.m. są najbardziej odpowiednimi obszarami do komercyjnej uprawy pomarańczy (DOA i SNV 2008, s. 9-11). Pomarańcza Dullu jest bardzo popularna na rynku. Łańcuch wartości pomarańczy został przedstawiony w załączniku 6.28.

Tabela 6.52
Udomowienie drzew owocowych we Wspólnocie

Nazwa Nepalu	Nazwa naukowa
Amla	*emblica officinalis*
Granat	*Granat punicki*
Bhogate	*Citrus grandis (Osbeck)*
Brzoskwinia	*Prunus persica*
Orange	*Sieć owoców cytrusowych*
Sweet Orange	*Cytrusowa sinezy*
Bimiro	*Medyka z owoców cytrusowych (L)*
Duża cytryna	*Owoce cytrusowe Limonka(Birma)*
Gruszka	*Pyrus communis (L)*
Jabłko	*Malus pumila (L)*
Jyamir	*Cytrusowe Jambhiri(luscious)*

Lemon	*Owoce cytrusowe aurantifolia*
Guava	*Psidium guajava(L)*
Śliwka	*Prunus salicina (L)*
Persimmon	*Diospyros kaki*
Mango	*Mangifera indica*
Owoc Jack'a	*Artocarpus heterophyllus*
Tiju	*NA*
Ananas	*ananas comosus*
Banan	*Musa sp.*
Papaja	*Carica-Papaya*
Orzech włoski	*Juglans sp.*

Źródło: Dyskusja grupowa, 2011 r.

Poniżej przedstawiono studium przypadku Fruits for Healthy Living (ramka 6.8)

Pole 6.8: Owoce dla zdrowego życia

Istnieje coraz większe zapotrzebowanie na bardziej pożywną żywność niż zboża. Niektóre owoce zawierają duże ilości kalorii, węglowodanów i witamin. Porównawcza wartość energetyczna wyprodukowana przez jeden hektar pszenicy i niektóre rośliny owocowe wskazuje, że pszenica zawiera 5.623.090 kcal, w porównaniu z 22.390.960 kcal w palmie daktylowej (Bose, 1985, Shrestha, 1998). Konieczne jest zatem włączenie owoców do diety człowieka. Owoce mają wystarczającą wartość odżywczą i dlatego są nie tylko pomocne w przezwyciężaniu niedożywienia, ale także ważne w budowaniu zdrowszego narodu (Shrestha, 1998). Okręg Dailekh jest odpowiedni dla owoców cytrusowych, gruszek, guawy, papai, bananów, mango, orzechów włoskich itp., które przyczyniają się do bezpieczeństwa żywnościowego, zaopatrzenia w substancje odżywcze i zwiększenia dochodów gospodarstw domowych. Owoce mają zdolność antyoksydacyjną, która pomaga zwiększyć siłę odporności w organizmie człowieka.

6.2.4 Ranking środków produkcji rolnej w produkcji żywności

Metoda dyskusji grupowej została wykorzystana do uszeregowania wkładu społeczności w bezpieczeństwo żywnościowe. Z badania wynika, Īe respondenci zajmowali pierwsze miejsce pod wzglĊdem wáasnoĞci ziemi ze wzglĊdu na jej podstawowe Ĩródáo bezpieczeĔstwa ĪywnoĞciowego i cennych zasobów ĪywnoĞciowych, drugie pod wzglĊdem wiedzy i umiejĊtnoĞci w zakresie ulepszonych technologii rolniczych, trzecie pod wzglĊdem nasion zwiększających plony na jednostkowej powierzchni oraz czwarte pod wzglĊdem irygacji z uwagi na wiĊkszą intensywnoĞü upraw, produkcji warzyw handlowych itp. Respondenci zajęli piąte miejsce w rankingu dotyczącym nawozów, dostępu do dróg i dostępu do rynku ze względu na wzrost plonów, transportu i sprzedaży produktów rolnych na rynku po uczciwej cenie; szóste w rankingu dotyczącym kredytów na zarządzanie przedsiębiorstwem i rozwój działalności związanej z produkcją roślinną i zwierzęcą; a siódme w rankingu dotyczącym pracy kontraktowej ze względu na terminowe sadzenie, intensywne rolnictwo i zbiory w celu zwiększenia bezpieczeństwa żywnościowego i podaży handlowej (tabela 6.53). Jednakże niektóre z tych czynników produkcji są równie ważne, takie jak ziemia, szkolenia rolnicze, nasiona, nawadnianie, nawozy, praca itp.

Tabela 6.53

Ranking środków produkcji rolnej na rzecz bezpieczeństwa żywnościowego

Problemy	Irygacja	Nasiona	Nawóz	Dostęp do drogi	Osoby zarabiające wynagrodzenie	Kredyty	Własność gruntu	Rynek Dostęp	Agri Trgs.
1. nawadnianie	X	1	3	4	1	1	7	1	9
2. nasiona	X	X	2	2	2	2	7	2	9
3. nawozy	X	X	X	3	3	3	7	8	9
4. dostęp do drogi	X	X	X	X	4	4	7	4	9
5. Pracownik najemny	X	X	X	X	X	6	7	8	9
6 punktów	X	X	X	X	X	X	7	8	9
7. własność gruntów	X	X	X	X	X	X	X	7	7
8. dostęp do rynku	X	X	X	X	X	X	X	X	9
Dziewiąty	X	X	X	X	X	X	X	X	X

Agri. Szkolenia									
Wynik	4	5	3	3	0	1	8	3	7
Ranking	**IV**	**III**	**V**	**V**	**VII**	**VI**	**I**	**V**	**II**

Źródło: Dyskusja grupowa, 2011 r.

6.2.5 Ochrona różnorodności biologicznej

Nepal jest obdarzony bogatą różnorodnością roślin i zwierząt. Różne gatunki biologiczne nie tylko odgrywają rolę w nawiązywaniu symbiotycznych relacji między sobą, ale także mają dużą wartość ekonomiczną. Relacje ludzi z ich środowiskiem zmieniły się z czasem, co ma wpływ na różnorodność biologiczną krajobrazu. Z powierzchnią zaledwie 0,1% globalnej powierzchni (147.181 km2)' Nepal jest domem dla jednych z najbardziej spektakularnych obszarów przyrodniczych na świecie. Nepal posiada ponad 2% roślin kwitnących na świecie, około 9% gatunków ptaków i około 4% gatunków ssaków na świecie. Pod względem bogactwa gatunków Nepal zajmuje 11. miejsce w Azji i 25. na świecie.

W Nepalu odnotowano ponad 400 gatunków upraw rolnych i ogrodniczych, w tym 200 gatunków warzyw (NAA, 1995 cytowane w ADB i ICIMOD, 2006). Spośród nich, około 50 gatunków zostało udomowionych do celów handlowych i prywatnych. W handlu uprawianych jest piętnaście owoców o ponad 100 odmianach, 50 warzyw o 200 odmianach i 10 odmianach ziemniaków. Niektóre dzikie genotypy zostały również zidentyfikowane i udomowione przez miejscową ludność ze względu na ich wartość ekonomiczną (ADB i ICIMOD, 2006, s. 42). Agrobioróżnorodność Dailekh została opisana poniżej.

Zachowanie lokalnych odmian upraw

W badaniach stwierdzono, że 9 lokalnych odmian ryżu, 2 lokalne odmiany kukurydzy, 2 lokalne odmiany pszenicy, 3 lokalne odmiany prosa lisiego, 2 lokalne odmiany jęczmienia, 1 lokalna odmiana ziemniaka, 5 lokalnych odmian Kołokasi (*Pidalu*), 2 lokalne odmiany batatów, 2 lokalne odmiany gryki i 1 lokalna odmiana prosa (*Chinu*) były uprawiane przez rolników na polu (tabela 6.54). Jednak lokalne odmiany ryżu i ziemniaków były zagrożone wyginięciem z powodu zastąpienia ulepszonych odmian. Z punktu widzenia hodowli roślin, miejscowy zarazek jest ważnym atutem dla rozwoju odmian odpornych na choroby i owady. Powiatowy Urząd Rozwoju Rolnictwa nie posiada planu ani programu ochrony in situ. Świadomie lub nieświadomie, rolnicy na badanym obszarze prowadzą w pewnym stopniu konserwację in-situ, która nie jest wystarczająca do uratowania plazmy zarodkowej. Dahal et al. stwierdzili, że nepalska Rada Badań nad Rolnictwem, we współpracy ze społecznościami rolników i ekoregionalnymi rolniczymi stacjami badawczymi, gromadzi również zasoby genetyczne roślin i chroni 10 781 nasion 90 gatunków roślin w Krajowym Centrum Rolniczych Zasobów Genetycznych. Oczekuje się, że wspólnotowe banki nasion w kraju otrzymają około 6000 nowych akcesji nasion uprawnych niezależnie. W ostatnim czasie Centrum prowadziło również prace nad utworzeniem i obsługą krajowego mechanizmu wymiany informacji (NISM) dla swoich akcesji, wspieranego przez Organizację Narodów Zjednoczonych ds. Do Międzynarodowego Banku Genów w IRRI (Filipiny) i Narodowego Instytutu Nauk Agrobiologicznych w Japonii przystąpiło odpowiednio 2 545 i 2 030 osób, a około 2 500 osób przystąpiło do upraw w innych bankach genów centrów CGIAR, w tym AVRDC, ICRISAT, ICARDA i CIMMYT (Dahal i Khanal, 2011).

Tabela 6.54

Lokalne odmiany upraw we Wspólnocie

Gatunki roślin uprawnych	Odmiany lokalne	Uwagi
1 ryż	1. *Gude-Kalo Basmati* 2. *Gopal* 3. *Jhyale* 4. *Ghursale* 5. *Pahele* 6. *Bhatte* 7. *Darnali* 8. *Anga* 9. *Jaran itd.*	Wiele lokalnych odmian ryżu jest na skraju wyginięcia.
2. kukurydza	1. *Chaure Makai (Thulo)* 2nd *Hade Makai (Sano).*	-Używanie w chlebie -Używany w *Bhat*
3.pszenica	1.*mudule (Thulo Bala) - bez* włosów 2. *sano gahu (Masino Bala) - bez* włosów.	Rolnicy są zazwyczaj uprawiani na polu.
4. trawa krabowa	1. *dalle (kalo kodo)* 2. *jhapre kodo* 3. *tyhache kodo* (wczesność)	Rolnicy są zazwyczaj uprawiani na polu.
5. jęczmień	1. *Sima jau-Charpate* bez włosów 2. *Jhuse jau (Sano)* z włosami	Rolnicy są zazwyczaj uprawiani na polu.
6. ziemniak	1. lokalny *rato* - okrągły kształt.	Niektórzy rolnicy są uprawiani na polu.
7. kolokazja	1. *Seto pidalu* 2.*Rato pidalu*, 3. grzywa *pidalu*, 4. *hatipau* 5. *dudhe pidalu*	Niektórzy rolnicy są uprawiani na polu.

8. korzeń ignamu	1. *rato tarul* 2. *seto tarul*	Niektórzy rolnicy są uprawiani na polu.
9.gryka	1. *mithe* (czerwona słoma) 2. *słowo kluczowe*	Niektórzy rolnicy są uprawiani na polu.
proso 10 prosa	1. rodzimy *Chinu*	Rolnicy są uprawiani na wysokich wzgórzach.

Źródło: Dyskusja w grupach fokusowych, 2011 r.

Zachowanie różnorodności biologicznej w rolnictwie przez mężczyzn i kobiety

W tabeli 6.55 przedstawiono rolę mężczyzn i kobiet w zachowaniu różnorodności biologicznej w rolnictwie na badanym obszarze. Z badania wynika, że rola i obowiązki kobiet w porównaniu z mężczyznami w zakresie ochrony różnorodności biologicznej w rolnictwie są bardziej wyraźne w Indiach i krajach zamorskich ze względu na sezonową migrację mężczyzn. W porównaniu z mężczyznami, kobiety odegrały większą rolę w przechowywaniu materiału siewnego na miejscu, przechowywaniu zbiorów pieniężnych, przechowywaniu materiału siewnego, nawożeniu roślin, operacjach międzykulturowych i zbiorze plonów, natomiast mężczyźni wykonali więcej pracy w zakresie przechowywania materiału siewnego warzyw, sadzenia drzew owocowych, siewu materiału siewnego, prowadzenia szkółki warzywnej i prac irygacyjnych niż kobiety na badanym obszarze.

Tabela 6.55
Zachowanie różnorodności biologicznej w rolnictwie przez kobiety i mężczyzn

Płeć	Mężczyźni	Kobiety
1. konserwacja materiału siewnego in situ	4	6
2. przechowywanie materiału siewnego zbóż	2	8
3. przechowywanie nasion warzyw	8	2
4. sadzenie drzew owocowych	8	2
5. magazynowanie upraw gotówkowych	2	8
6) konserwacja owoców bulwiastych	5	5
7. nawożenie upraw	4	6

8. wysiewanie nasion	6	4
9. działania międzykulturowe	2	8
10) zarządzanie szkółką warzywną	8	2
11. nawadnianie	8	2
12. żniwa	2	8
13. wprowadzanie do obrotu produktów rolnych	5	5
Wynik	64	66
Ranking	**II**	**I**

Źródło: Dyskusja grupowa, 2011 r.

Poniżej przedstawiono studium przypadku lokalnej odmiany pomidora uprawianej na polu pomidorów (ramka 6.9):

Pole 6.9: Lokalna odmiana pomidora: cudowne warzywo!

Jestem Keshav Thapa w wieku 64 lat. Mieszkam w Kalbhairab-4, Thapatole w dzielnicy Dailekh. W zeszłym roku posadziłem lokalną odmianę pomidorów w miesiącu *Bhadra* (sierpień). Rozpoczęła ona owocowanie od *Mangsira* (listopad) i będzie owocować do końca *Jestha* (maj). Umrze po deszczu. Produkuje w sumie 5 kg owoców miesięcznie i roślin. W swoim cyklu życia produkuje 35-40 kg/roślinę. Koszt wynosi 1400-1600 Rs na roślinę i rok. Wyprodukowaliśmy *Chatni*, które podczas gotowania jest mieszane z innymi warzywami i makaronem. Lokalna odmiana pomidora okazała się odporna na choroby i smaczna, przetrwała 10 miesięcy i ma duże grono w porównaniu z ulepszoną odmianą pomidora. Można go łatwo sprzedać na lokalnym rynku w cenie 40 Rs / kg. Według pana Thapa, z punktu widzenia bezpieczeństwa żywnościowego jest to jak "bawół mleczny". Jakże wspaniała jest tutejsza odmiana pomidora w rejonie badań.

Zachowanie różnorodności biologicznej w rolnictwie przez klasę społeczną

Badania wykazały, że rola klasy społecznej, do której zalicza się klasę zamożniejszą, średnią i ubogą, odgrywa rolę w utrzymaniu bioróżnorodności rolniczej w regionie. W badaniu stwierdzono, że role i obowiązki klasy wyższej, średniej i ubogiej w zachowaniu różnorodności biologicznej w rolnictwie są pierwsze, drugie i trzecie (tabela 6.56). Rola klasy wyższej i średniej w zachowaniu bioróżnorodności w rolnictwie jest znacznie większa niż rola osób ubogich ze względu na większe zasoby naturalne, które są zajmowane w społeczeństwie.

Tabela 6.56
Wkład rolnictwa w zachowanie różnorodności biologicznej przez klasę społeczną

Rola klasy społecznej / Parametry	Lepsza klasa zarobkowa	Klasa średnia	Biedna klasa
1. konserwacja na miejscu zbóż i nasion roślin	5	5	3
2. przechowywanie materiału siewnego zbóż	3	7	3
3. przechowywanie nasion warzyw	5	6	2
4. plantacje drzew owocowych	8	6	1
5) przechowywanie owoców pieniężnych	8	6	1
6) konserwacja owoców bulwiastych (ziemniaków, kolokazji, ignamu itp.)	6	6	3
7. nawożenie upraw	8	8	2
8. wysiewanie nasion	8	6	3
9. działania międzykulturowe	6	6	3
10) szkółkarskie zarządzanie uprawami roślin warzywnych	7	7	2
11. nawadnianie upraw	8	6	2
12. żniwa	7	5	1
13. wprowadzanie do obrotu produktów rolnych	6	3	0
Wynik	85	81	26
Ranking	**I**	**II**	**III**

Źródło: Dyskusja w grupie, 2011 r.

6.2.6 Etos ochrony przyrody we Wspólnocie

Słownikowe znaczenie etosu to zbiór idei i postaw związanych z konkretną grupą ludzi lub konkretnym rodzajem działalności (Słownik Collinsa, 1987). Tabela 6.57 przedstawia etos ochrony zbiorowości z tradycji starożytnej na badanym obszarze. Etos jest źródłem rdzennej wiedzy technicznej społeczności wiejskich, które zachowały różnorodność biologiczną, bezpieczeństwo żywnościowe i zrównoważone źródła utrzymania z pokolenia na pokolenie w społecznościach wiejskich.

Tabela 6.57

Etos ochrony wspólnotowej w zakresie żywności i zarządzania zasobami leśnymi

Etos ochrony przyrody	Metody tradycyjnej konserwacji
1.wyjazd na brzeg	Nie ma zwyczaju orania ziemi podczas pełni księżyca i ciemności.
2. nie wycinać drzew iglastych i prętowych	W przeszłości ludzie czcili drzewa *Pipal* i Bar, które były uważane za boga odpowiednio *Bisznu* i *Mahadiewa.*
3. nie wycinać drzewa swami *(Ficus benjamina).*	Bogini Boga mieszka na drzewie swami. Więc istnieje wiara społeczna w nie wycinanie Drzewa Swami.
4. nie przynosić zbiorów w poniedziałek	Oczekuje się, że zbiory będą mniej owocne, jeśli zostaną zebrane w poniedziałek.
5. nie wychodzić w soboty	Praca nie powiedzie się, jeśli ktoś wyjdzie w sobotę jako hinduski system przekonań.
6. czcicie krowy jako świętego zwierzęcia	Podczas *uroczystości w Dipawali* ludzie czcili krowę.
7. nie wolno używać drzewa uszkodzonego przez burze z piorunami.	Drewno uszkodzone przez burze nie jest wykorzystywane do budowy domów.
8. podawać świeżo dojrzewający ryż bogu *cielęcemu* jako *Nuhagi*	Po podaniu nowego ryżu Bogu i rozpoczęciu zbiorów

9. nie wycinać drzew wokół świątyni	Bóg będzie wściekły, gdy drzewa wokół świątyni zostaną ścięte.
10. kult węża w *Nagpanchami*	Szanujcie węża poprzez kult w dniu *Nagpanchami.*
11. nie polować na ciężarne jelenie	Chronić samicę dla reprodukcji i dbać o ekosystem.
12. nie zabijać lisa	Lis powinien być chroniony w celu zachowania różnorodności biologicznej i ekosystemu.
13. przygotować dziesiątą szkółkę ryżu w *Jestha*	Ponowne sadzenie sadzonek w ciągu 15-20 dni *Ashad*

Źródło: Wywiad z kluczowymi informatorami, 2011 r.

6.2.7 Strategie wspólnotowe na rzecz zrównoważonej produkcji żywności

Załącznik 6.29 przedstawia wspólnotowe strategie na rzecz zrównoważonej produkcji żywności w obszarze objętym badaniem. Społeczności wiejskie zastosowały się do szczegółowych strategii zrównoważonej produkcji żywności w oparciu o ramy jako działania wspólnotowe, cele wspólnotowe, co jeszcze należy zrobić? Co powinniśmy zacząć robić? I co mamy przestać robić? Metoda dyskusji grupowej została przyjęta w celu przedstawienia zrównoważonych strategii społeczności w zakresie lokalnej produkcji żywności oraz zwiększenia dochodów rolniczych gospodarstw domowych na badanym obszarze.

Poniżej przedstawiono studium przypadku samowystarczalności żywnościowej rolnika (ramka 6.10)

Pole 6.10: Min Bahadur nie kupuje ryżu od Chupry!

Jestem Min Bahadur Shahi, 58 lat. Mieszkam w *Kalbhairab-8*, wioska Toraya w dystrykcie Dailekh. Od 12 miesięcy zaopatruję się samodzielnie w żywność z własnej produkcji. Nigdy nie kupowałem ryżu na *lokalnym* targu *w Chuprze* i nie mam żadnych planów zakupu ryżu w przyszłości. Jestem jednym z najwyższych producentów ryżu w tej wiosce. W zeszłym roku wyprodukowałem 24 mury ryżu, 7 mórów kukurydzy, 7 mórów pszenicy, 1 mór musztardy i 16 *pathi* jęczmienia. Hodowałem bawoła mordercę, który kosztował 50.000 Rs. Mój syn pojechał do Arabii Saudyjskiej, by tam pracować. W mojej rodzinie jest 6 członków. W rolnictwie działamy na własny rachunek. Kupowaliśmy tylko sól i cukier do spożycia. Jesteśmy również samowystarczalni w zakresie drewna opałowego i pasz. Jeśli będziemy mieli wystarczająco dużo systemów nawadniających, poprawi się nasz status społeczny.

Interesuje mnie lokalna odmiana nasion. Miejscowa odmiana pszenicy zapewnia zadowalający plon w małym oborniku. Jest odporny na choroby i owady. Ma dobry smak w porównaniu z ulepszonymi odmianami pszenicy. Używam odmiany ryżu *Mansuli*. Uprawiłem lokalną odmianę kukurydzy. Nigdy nie używałem środków owadobójczych/pestycydów do zwalczania owadów i szkodników. W przyszłości też nie chcę używać środków owadobójczych. W obszarze badań tylko nieliczni rolnicy, tacy jak Man Bahadur Shahi, są samowystarczalni pod względem żywności pochodzącej z ich własnej produkcji.

6.3 Działalność nieoparta na zasobach naturalnych lub odbywająca się poza gospodarstwem rolnym

6.3.1 Remigracja

W ostatnich latach migracja zarobkowa stała się częstym zjawiskiem w społeczeństwie nepalskim w celu zabezpieczenia życia i środków do życia ludzi ubogich. Według badania gospodarczego Nepalu (2009/10), gospodarka tego kraju jest w dużym stopniu uzależniona od przekazów pieniężnych. Dochody z przekazów pieniężnych są wydawane głównie na importowane dobra konsumpcyjne i nieruchomości, a zatem nie przyczyniają się.... do zrównoważonych inwestycji ani do ograniczania ubóstwa. NLSS-III wskazał, że udział gospodarstw domowych otrzymujących przekazy pieniężne wzrósł z 23 procent w 1995/96 r. do około 56 procent w 2010/11 r., a udział dochodów gospodarstw domowych pochodzących z przekazów pieniężnych wzrósł w tym samym okresie z około 27 procent do około 31 procent. Udział przekazów pieniężnych z Indii zmniejszył się o około 22 punkty procentowe w ciągu ostatnich 15 lat. W tym samym okresie nastąpił jednak wzrost o 47 punktów procentowych z innych krajów. Łączna kwota przekazów pieniężnych wzrosła około pięciokrotnie w ujęciu nominalnym z około 46 mld NR w roku 2003/04 do 259 mld NR w roku 2010/11, przy czym podobny wzrost odnotowano w przypadku przekazów per capita (CBS, NLSS-III, 2011, s. 3).

Według Banku Światowego, 30% gospodarstw domowych w Nepalu otrzymuje przekazy pieniężne (Bank Światowy, 2011). Przekazy pieniężne od młodych mężczyzn pracujących w Zatoce Perskiej, Indiach i Malezji stanowią około połowy niedawnego silnego wzrostu DNB Nepalu (5,3% w roku budżetowym 2008 i 4,7% w roku budżetowym 2009). Zaobserwowano pewne pozytywne zmiany w społeczeństwie, prowadzące do poprawy warunków życia, świadomości, szacunku społecznego, upodmiotowienia kobiet i władzy decyzyjnej, jak podają zagraniczne agencje zatrudnienia w Nepalu. Według Lokshina, migracja zarobkowa, między innymi, wnosi istotny wkład w ograniczenie ubóstwa. Migracja generuje kapitał finansowy i ludzki. W Nepalu przekazy pieniężne są odpowiedzialne za prawie 20 procent spadku ubóstwa od 1995 r. na tle zbrojnego powstania i spowolnienia gospodarczego (Lokshin, Bontch, Glinskaya, 2007). Ranabhat (2008) zwrócił uwagę na wyzwania, które obejmują słaby dostęp do informacji, brak głosu migrantów (na niższym szczeblu), brak misji dyplomatycznej/ attaché roboczego, brak porozumienia dwustronnego, konwencja MoU/ONZ z 1990 r. (nie obowiązuje), brak zasobów agencji rządowych (Ministerstwo Pracy), nieudokumentowana/nielegalna migracja, brak zarządzania właściwym wykorzystaniem przekazów pieniężnych, brak programów przed wyjazdem, po przyjeździe, programów reintegracyjnych, brak rządowych programów wsparcia, itp.

Rząd Nepalu musi podjąć aktywne działania, które obejmują budowanie stosunków dwustronnych, tworzenie sieci kontaktów, inicjowanie protokołów ustaleń między krajami przyjmującymi i docelowymi oraz promowanie poczucia odpowiedzialności wobec pracowników nepalskich na zagranicznym rynku pracy (Ranabhat, 2008). Ogólnie rzecz biorąc, pracownicy nepalscy pracują w zawodach 3D (Dirty, Danger and Difficulty) bez ochrony prawnej w krajach przyjmujących, co stanowi zagrożenie dla życia i środków utrzymania pracowników nepalskich, gdzie odnotowano szereg zabójstw z życia codziennego.

Z badania wynika, Īe 36,22 procent ludnoĞci wiejskiej uzyskiwaáo dochody z biur rządowych, 5,51 procent osób otrzymywało przekazy z paĔstw Zatoki Perskiej, a 43,31 procent osób otrzymywało przekazy z Indii, 7 procent osób otrzymywało przekazy z Malezji, a prawie 8 procent osób otrzymywało przekazy z innych Īródeá w regionie. Ogólnie rzecz biorąc, 63 procent gospodarstw domowych na obszarze objętym przeglądem otrzymuje przekazy pieniężne z różnych źródeł, w tym z usług rządowych i pozarządowych w kraju.

W badaniu stwierdzono, że 33 osoby (25,98%) otrzymywały od Rs 20 000 do Rs 50 000 rocznie, 66 osób (51,97%) otrzymywało od Rs 51 000 do 100 000 rocznie, 12 osób (9,45%) otrzymywało od Rs 100 001 do 150 000 rocznie, 14 osób (11,02%) otrzymywało od Rs 151 000 do 200 000 rocznie, a 2 osoby otrzymywały ponad 200 000 rocznie w obszarze objętym badaniem (tabela 6.58). Przekazy pieniężne jako strategia utrzymania w znacznym stopniu przyczyniły się do zapewnienia bezpieczeństwa żywnościowego gospodarstw domowych i środków do życia na wsi w badanym obszarze.

Analiza statystyczna: W teście Chi-kwadratowym (χ^2) wartość p wynosi 0,000. Ponieważ wartość p jest bardzo mała niż poziom istotności ($\alpha = 0{,}05$), mamy wystarczająco dużo dowodów, aby odrzucić hipotezę zerową na poziomie istotności 0,05. W związku z tym odrzucamy hipotezę zerową i stwierdzamy, że dochody z przekazów pieniężnych osób z badanego obszaru są istotnie związane z krajem docelowym. Innymi słowy, proporcje osób należących do różnych kategorii dochodów z tytułu przekazów pieniężnych różnią się znacznie pomiędzy krajami docelowymi.

Tabela 6.58
Transfery otrzymane przez gospodarstwo domowe (N=127)

Źródła przekazów pieniężnych	Razem	%	Dochód (Rs)				
			20,000 do 50,000	51,000 do 100,000	100,001 do 150,000	151,000 do 200,000	> 200,000
urzędy państwowe	46	36.22	6	28	7	4	1
Państwa Zatoki Perskiej	7	5.51	2	2	2	1	0
Indie	55	43.31	22	28	0	5	0
Malezja	9	7.09	0	4	0	4	1
Inne	10	7.87	3	4	3	0	0
Łącznie HH	**127**	**100**	**33**	**66**	**12**	**14**	**2**
Procent	-	100	25.98	51.97	9.45	11.02	1.57
W teście Chi-kwadratowym, wartość p = 0,000							

Źródło: Opracowanie terenowe 2011

6.4 Wyniki w zakresie bezpieczeństwa żywnościowego

6.4.1 Samowystarczalność żywnościowa

Samowystarczalność żywnościowa to zdolność gospodarstwa domowego do samodzielnego wyżywienia się z własnej produkcji. Badanie wykazało, że 9,5 procent gospodarstw domowych znalazło samowystarczalność żywnościową z własnej produkcji, podczas gdy przytłaczająca większość gospodarstw wiejskich (90,5 procent) miała deficyt żywności w regionie.

Budżet na deficyt żywności jest w dużym stopniu uzależniony od zewnętrznego, rynkowego łańcucha dostaw żywności. Siły rynkowe same ustalają ceny żywności i samodzielnie sprzedają ją na rynku, gdzie ludność wiejska została zmuszona do zakupu żywności po wyższej cenie. Rządowe mechanizmy regulacyjne okazały się nieskuteczne, ponieważ konsumenci byli wykorzystywani przez przedsiębiorców. Jakość oferowanych na rynku zbóż spożywczych jest kolejną żałosną kwestią. System syndykatów transportowych jeszcze bardziej zaostrzył wzrost cen zbóż spożywczych, zwłaszcza na wzgórzach i w górach, w tym na badanym obszarze (tabela 6.59).

Analiza statystyczna: Szacunek punktowy udziału gospodarstw domowych, które są samowystarczalne pod względem żywności, wynosi 9,5 %. Skutkuje to przedziałem ufności 95% (0,055, 0,135) dla udziału w populacji. Oznacza to, że w 95% przypadków udział gospodarstw domowych z samowystarczalnością żywnościową wynosi od 5,5% do 15,5%.

Tabela 6.59
Samowystarczalność żywnościowa gospodarstw domowych (N=201)

Samowystarczalność żywnościowa	Częstotliwość:	Procent	Uwagi
Żywność samowystarczalna HHs	19	9.5	Ziarna zbóż, które są uważane za samowystarczalne w zakresie żywności wyłącznie na poziomie

			gospodarstw domowych
Deficyt żywności HHs	182	90.5	Zasadniczo w regionie występuje deficyt żywności przez 3-9 miesięcy.
Łącznie HH	**201**	**100**	

Źródło: Opracowanie terenowe, 2011 r.

Poniżej przedstawiono studium przypadku dotyczące uprawy ziemniaków w celu zapewnienia bezpieczeństwa żywnościowego (ramka 6.11):

Ramka 6.11: Karna Bahadur zyskuje bezpieczeństwo żywnościowe dzięki uprawie ziemniaków!

Jestem Karna Bahadur Thapa, lat 45. Mieszkam we wsi *Bhukaha*, *Kalbhairab-4* w okręgu Dailekh. Moja rodzina składa się z 6 członków. Mam 5 Ropani z wyżyny. W przeszłości nasza własna produkcja pokrywała zapotrzebowanie na żywność tylko przez 5 miesięcy. Przez dwa lata zacząłem uprawiać ziemniaki w 3 Ropani na wyżynie. W ubiegłym roku wyprodukowałem 18 kwintali ziemniaków i sprzedałem w sumie 15 kwintali po 30 Rs na kg na lokalnym rynku. Zarobiłem 45,000 rupii. Za te pieniądze kupiłem ryż i ważne towary konsumpcyjne. Teraz rozwiązałem problem braku bezpieczeństwa żywnościowego w mojej rodzinie z powodu uprawy ziemniaków. Uprawa ziemniaka stała się wspaniałym prezentem w moim życiu, który ma zapewnić bezpieczeństwo żywnościowe gospodarstwom domowym i zwiększyć dochody. Jeszcze dwa lata temu musiałem polegać na pracy zarobkowej i wspólnej uprawie jako na strategiach radzenia sobie. Potrzebuję odpornych na pęknięcia sadzeniaków ziemniaka, aby osiągnąć zrównoważony dochód z rolnictwa.

Tabela 6.60 przedstawia czasowy przebieg braku bezpieczeństwa żywnościowego w Dystrykcie Dailekh, w tym obszar objęty dochodzeniem. Grupa doświadczonych mieszkańców wsi została zapytana o czasowy przebieg braku bezpieczeństwa żywnościowego w Dailekh i zareagowała w oparciu o wydarzenia katastrof i konfliktów zbrojnych w następujący sposób:

Tabela 6.60

Temporalne trendy w zakresie braku bezpieczeństwa żywnościowego w Dailekh

Data	Wydarzenia	Strategie kopiowania
BS 1990 (1934)	Trzęsienia ziemi i ulewne deszcze, które zniszczyły domy i straciły zmagazynowane jedzenie, powodując brak żywności i innych rzeczy.	• Migracja dużej liczby ludzi do *Bardiya* i *Doti*. • Niektórzy ludzie zmarli z powodu głodu. • Sprzedaż biżuterii w rozsądnych cenach.
BS 2028 (1972)	Powodzie i osunięcia ziemi, które zniszczyły uprawy, zwierzęta gospodarskie i życie ludzi, doprowadziły do niedoborów żywności w regionie.	• Sprzedane bydło. • Sprzedano ziemię na zakup żywności.
BS 2062 (2005/06)	Ciężki stan konfliktu zbrojnego, który przesunął wielu ludzi, spowodował niedobór żywności i artykułów nieżywnościowych.	• Gość z krewnymi do zakwaterowania • Sezonowa migracja do Indii i Terai • Otrzymał wsparcie od rządu.
BS 2065 (2008/09)	Długa susza, która miała wpływ na wydajność upraw, doprowadziła do niedoboru żywności na tym obszarze. Miejscowi zjedli zgniły ryż, który WFP wyrzucił, co spowodowało, że wielu mieszkańców wsi zachorowało.	• Sezonowa migracja do Indii i Terai • Program "Żywność dla pracy • Pożyczanie od pożyczkodawców.
BS 2066 (2009)	Wybuch biegunki spowodowany złą jakością żywności i zanieczyszczoną wodą.	• Mówi się, że zginęło w sumie 30 osób.

Źródło: Dyskusja w grupie, 2011 r.

6.4.2 Wzorce konsumpcji zbóż

Proporcjonalna akumulacja ujawniła, że 36 procent ziaren zbóż, zwłaszcza ryżu i prosa lisiego, wykorzystuje się do spożycia przez ludzi, 16 procent ziaren zbóż wykorzystuje się na paszę dla zwierząt, a 48 procent ziaren wykorzystuje się jako likier przez społeczności wiejskie i urzędników rządowych w regionie (tabela 6.61). Za główną przyczynę braku bezpieczeństwa żywnościowego uznano przygotowywanie likieru z trawy krabowej i ryżu. Spożywanie alkoholu przez mężczyzn w społecznościach wiejskich doprowadziło do częstych zjawisk powodujących przemoc domową, wzrost obciążenia kobiet pracą, utratę pieniędzy, niedobory żywności i niedożywienie wśród kobiet i dzieci w regionie.

Tabela 6.61

Wzorce konsumpcji trawy krabowej i ryżu

Konsumpcja	Wynik	Procent	Uwagi
Żywność ludzka	9	36	Użycie chleba i gotowanego ryżu.
Alkohol	12	48	Przygotowanie likieru i spożycie w gminach.
karmienie zwierząt gospodarskich	4	16	Do karmienia zwierząt gospodarskich należy używać stałej części alkoholu (*kat*).
Razem	**25**	**100**	

Źródło: Wywiad z kluczowymi informatorami, 2011 r.

6.4.3 Wkład upraw i przekazów pieniężnych w bezpieczeństwo żywnościowe

W badaniu dotyczącym akumulacji proporcjonalnej stwierdzono, że zboża, warzywa, owoce, ziemniaki i zwierzęta gospodarskie przyczyniają się do bezpieczeństwa żywnościowego gospodarstw domowych - odpowiednio 36%, 8%, 4%, 4% i 12%. Podobnie, leśnictwo, handel, przekazy pieniężne i lokalne zatrudnienie przyczyniły się odpowiednio w 4 %, 4 %, 20 % i 8 % do bezpieczeństwa żywnościowego w regionie. Produkcja zbóż i przekazy pieniężne przyczyniły się w znacznym stopniu do bezpieczeństwa żywnościowego gospodarstw domowych (tabela 6.62).

Tabela 6.62

Wkład różnych kultur i przekazów pieniężnych w bezpieczeństwo żywnościowe

Przedsiębiorstwa zajmujące się produkcją roślinną	Wynik	Procent	Uwagi
Uprawy zbóż	9	36	ryż, kukurydza, pszenica, trawa krabowa i jęczmień

Warzywa	2	8	Warzywa zimowe i letnie
Owoce	1	4	Pomarańcza, gruszka, cytryna, mango, banan, guawa itp.
Ziemniak	1	4	Ziemniaki zimowe i letnie
Hodowla bydła	3	12	Hodowla bawołów, bydła, kóz, świń i drobiu
Leśnictwo	1	4	Dzika żywność, drewno opałowe, drewno, rośliny lecznicze i aromatyczne, itp.
Handel	1	4	Sklepy z glosariuszami, herbaciarnie itp.
Przelew bankowy	5	20	Migracja zarobkowa w Indiach, stanach Zatoki Perskiej, Malezji, Korei itd.
Lokalne zatrudnienie	2	8	Służby rządowe, pracownicy organizacji pozarządowych, pracownicy kontraktowi itp.
Razem	**25**	**100**	-

Źródło: Powiatowy Urząd Rozwoju Rolnictwa, Dailekh, 2011 r.

6.4.4 Dystrybucja żywności do pracy

Badanie wykazało, że 36 procent przeznaczono na drogi wiejskie, 12 procent na budowę szkół, 20 procent na małe nawadnianie, 4 procent na plantacje, 16 procent na karmienie w szkołach i 12 procent na opiekę nad matką i dzieckiem w ramach programu "Food-for-Work" sponsorowanego przez Światowy Program Żywnościowy ONZ w regionie. Około 68% pomocy żywnościowej przeznaczono na prace budowlane, a 32% na plantacje, żywienie dzieci w wieku szkolnym oraz działania z zakresu opieki zdrowotnej nad matkami i dziećmi na omawianym obszarze (załącznik 6.30).

6.4.5. Ranking preferencyjny zbóż spożywczych

Badanie wykazało, że respondenci zajmowali pierwsze miejsce w rankingu dla ryżu i ziemniaków, drugie dla pszenicy, trzecie dla słodkich ziemniaków, czwarte dla kukurydzy, soi, fasoli i grochu bydlęcego, piąte dla ignamów, szóste dla kolokasji, siódme dla trawy krabowej, ósme dla jęczmienia, na podstawie smaku i preferencji dla ziaren spożywczych w badanym obszarze. Ryż zajmował najwyższą pozycję wśród produktów spożywczych pod względem preferencji i prestiżu społecznego w społeczeństwie. Ryż był podawany gościom i uroczystościom w gminie jako tradycyjna kultura i religia (tabela 6.63).

Tabela 6.63
Ranking preferencyjny zbóż spożywczych według członków Wspólnoty

Rośliny uprawne	Odpowiedz. Ja	Odpowiedź II.	Odpowiedź III.	Suma punktów	Średni wynik	Ranking
Kukurydza	8	8	8	24	8	**IV**
Pszenica	10	9	10	29	9.20	**II**
Ryż	10	10	10	30	10	**I**
trawa krabowa	4	4	6	14	4.2	**VII**
Ziemniak	10	10	10	30	10	**I**
Jęczmień	3	5	3	11	3.3	**VIII**
Soja	9	4	10	23	8	**IV**
Cowpea	8	9	8	25	8	**IV**
Colocasia	9	4	7	20	6.2	**VI**
Słodki ziemniak	10	10	8	28	9	**III**
Yam Root	8	6	8	22	7	**V**
Fasola	10	6	9	25	8	**IV**
Razem	99	85	97			

Źródło: Wywiad z kluczowymi informatorami, 2011 r.

6.4.6 Strategie życiowe rolników

Badanie wykazało, że respondenci zajmowali pierwsze miejsce w uprawie ryżu, drugie w sezonowej migracji do Indii, trzecie w płacach za pracę, czwarte w uprawie pszenicy, a piąte w uprawie kukurydzy jako strategie radzenia sobie z problemami typowych rolników z niższej klasy średniej w regionie. W celu oceny wariantów strategii radzenia sobie ze strategiami zdefiniowano łącznie siedem wskaźników i przeprowadzono rozmowę z kluczowym informatorem ds. oceny przy użyciu dziesięciu pełnych ocen.

Respondent otrzymał dziesięć rogali do oceny w każdej opcji z jednym wskaźnikiem. Ostatecznie, ogólny wynik został obliczony i uszeregowany w oparciu o zasługi (tabela 6.64).

Tabela 6.64

Strategie kopiowania dla bezpieczeństwa żywnościowego gospodarstw domowych i możliwości utrzymania się

Opcje / Wskaźniki	Uprawa ryżu	Uprawa pszenicy	Uprawa kukurydzy	Wynagrodzenia	Sezonowa migracja do Indii
1.własność	10	3	10	5	5
2. produktywny	3	2	2	6	5
3. większy dochód	3	2	1	5	6
4. bolesne	7	3	3	7	8
5. łatwy do sprzedania na rynku	9	10	5	5	5
6. czas potrzebny do rozpoczęcia pracy	5	3	3	7	7
7. reputacja społeczna	8	5	3	2	2
8. wyższe zarobki	5	3	2	6	5
9. łatwy do pracy	5	6	5	6	6
Wynik	55	37	34	48	49
Ranking	**I**	**IV**	**V**	**III**	**II**

Źródło: Wywiad z kluczowymi informatorami, 2011 r.

Poniżej przedstawiono studium przypadku dotyczące strategii radzenia sobie przez Dalit (ramka 6.12).

Pole 6.12: W jaki sposób Tila Tamata zapewnia bezpieczeństwo żywnościowe swojego gospodarstwa domowego!

Jestem Tika Tamata (Dalit) w wieku 61 lat. Mieszkam w Jumla Kaphaltole, Katti VDC-9 z dzielnicy Dailekh. Moja rodzina składa się z 7 członków. Posiadam 2 Ropani Khet i 3 Ropani z Bari Land z 4 miesiącami samowystarczalności żywnościowej. W ciągu ostatniego roku udało mi się zapewnić bezpieczeństwo żywnościowe dzięki następującym strategiom:

Strategie kopiowania	Wynik	Procent
1. Uprawa ryżu	4	16
2. uprawa pszenicy	4	16
3.uprawa kukurydzy	2	08
4. zarobki	7	28

5.przesyłka pieniężna z Indii	8	32
Razem	**25**	**100**

Byłem w 66% zależny od zarobków i przekazów pieniężnych, podczas gdy 33% (cztery miesiące) zależało od gospodarstw wiejskich w zakresie bezpieczeństwa żywnościowego gospodarstw domowych. Jest to typowy przypadek ubogich rolników Dalitów na badanym obszarze. Do określenia strategii radzenia sobie z chorobą wykorzystano metodę akumulacji proporcjonalnej.

Według WFP dalitowie są bardziej niż jakakolwiek inna grupa narażeni na susze, powodzie i głód; i są najmniej przygotowani do radzenia sobie z nimi (WFP, 2008).

6.4.7 Dobre samopoczucie w gospodarstwie domowym

Klasyfikacja dobrobytu opiera się na postrzeganiu miejscowej ludności. Pomaga to zrozumieć postrzeganie przez mieszkańców bogactwa i dobrobytu oraz ich poglądy na różnice społeczno-gospodarcze między gospodarstwami domowymi. Dobre samopoczucie jest bardziej zorientowane na jakość życia. Jest to specyficzne dla danej kultury i trudne do zmierzenia. Jednak Ranking Bogactwa oferuje unikalną metodę poznawania lokalnych pomysłów na dobre samopoczucie. Jest to względna ocena zamożności lub dobrobytu ludzi (Kumar, 2002). W trakcie badania sporządzono listę gospodarstw domowych, a nazwiska ich szefów zapisano na osobnych kartkach. Następnie poproszono grupę kluczowych informatorów, dobrze znających społeczność lokalną, o uszeregowanie gospodarstw domowych. Każdy indywidualny kluczowy informator sporządził ranking według własnych kryteriów zamożności. W ten sposób gospodarstwa domowe zostały uszeregowane przez wszystkich kluczowych informatorów. Złożony indeks został później obliczony przy użyciu opisowej metody statystycznej.

Poniżej przedstawiono podsumowanie analizy rankingu dobrobytu wraz ze wskaźnikami postrzeganymi przez Wspólnotę (tabela 6.65). Z badania wynika, że w regionie znajduje się 20 procent osób lepiej sytuowanych, 35 procent środka, 29 procent środka dolnego i 16 procent skrajnie ubogich. Wskaźniki lepszej klasy obejmowały 10-12 miesięcy bezpieczeństwa żywnościowego, dochody z usług, przekazy pieniężne, ziemię dobrej jakości, dobry status społeczny, lepszy dostęp do władzy politycznej, 20 *Ropanów* ziemi, itp. Wskaźniki klasy średniej obejmowały 7-9 miesięcy samowystarczalności żywnościowej, przekazy pieniężne otrzymane z zagranicy, 15 Ropani z ziemi, itp. Niższa klasa średnia była oceniana na podstawie 4-6 miesięcy samowystarczalności żywnościowej, płac robotników rolnych, własności 3-5 Ropanów ziemi niskiej jakości, przekazów pieniężnych z Indii (50 0000-60 000 rupii/rok), itp. Ogólne wskaźniki dla skrajnie ubogiej klasy obejmowały 0-3 miesiące samowystarczalności żywnościowej, 0-3 Ropani z ziemią niskiej jakości, robotników rolnych, niewielu otrzymało przekazy pieniężne z Indii (30,000-40,000 Rs / rok), niewielu było bez ziemi i dzieliło zbiory.

Analiza statystyczna: W teście Chi-kwadratowym (χ^2) wartość *p wynosi* 0,013. Ponieważ wartość *p* jest mniejsza od poziomu istotności (α = 0,05), mamy wystarczająco dużo dowodów, aby odrzucić hipotezę zerową przy poziomie istotności 0,05. W związku z tym odrzucamy hipotezę zerową i dochodzimy do wniosku, że ranking zamożności ludności na badanym obszarze jest w znacznym stopniu powiązany z komisją rozwoju wsi. Innymi słowy, proporcje osób należących do różnych kategorii zamożności znacznie się różnią w poszczególnych komitetach rozwoju wsi.

Tabela 6.65
Dobry ranking według gospodarstw domowych (N=201)

Komitety Rozwoju Wsi	Lepiej się zbieraj Klasa	Middle Klasa	Niższa klasa średnia	klasa ultra-niska	Łącznie HHs
Cielęcina rekinkowata VDC					
Ward-4 Bhukaha	17	12	12	09	50
Stacja 8-Toraya	11	16	10	13	50
Catti VDC					
Ward-1 Thuwa Tole	05	21	20	04	50
Ward-9 Majhgaon	07	21	16	07	51
Łączna kwota	**40**	**70**	**58**	**33**	**201**
Procent	20	35	29	16	100
W teście chi-kwadratowym wartość p = 0,013					

Źródło: Dyskusja w grupach fokusowych, 2011 r.

6.4.8 Postrzeganie wspólnoty w kierunku zmiany statusu społecznego

Z badania wynika, że 0,5 proc. gospodarstw domowych miało ten sam status, 23,4 proc. lepszy status społeczny, prawie 70 proc. gorszy, a 6,5 proc. nie znało swojego statusu społecznego 10 lat temu w regionie. Podobnie 2 procent gospodarstw domowych miało ten sam status, 79 procent miało lepszy status społeczny, prawie 13 procent miało gorszy status, a 6 procent nie znało swojego statusu społecznego po (obecnie) 10 latach w okolicy. Dowiadujemy się, że zdecydowana większość gospodarstw domowych (79 procent) miała lepszy status społeczny, który z czasem zmienił się w porównaniu do ostatnich 10 lat (23 procent) na tym obszarze. Pokazuje to dobry wskaźnik rozwoju społecznego w gminie ze względu na komunikację, transport, dostęp do rynku, interwencje rozwojowe i zmiany polityczne, itp. (Tabela 6.66).

Tabela 6.66
Zmiana statusu społecznego przed i po 10 latach w podziale na gospodarstwa domowe

Status społeczny 10 lat temu	Częstotliwość:	Procent	Obecny status społeczny	Częstotliwość:	Procent
Ten sam (nie zmieniać)	1	0.5	Ten sam	3	02
Lepiej	47	23.4	Lepiej	159	79
Gorzej	140	69.6	Gorzej	26	13
Nie wiem.	13	6.5	Nie wiem.	13	6
Razem	**201**	**100.0**	**Razem**	**201**	**100**

Źródło: Opracowanie terenowe, 2011 r.

Analiza statystyczna: W teście z wartość *p wynosi* 0,000. Ponieważ wartość *p* jest mniejsza od poziomu istotności (α = 0,05), mamy wystarczająco dużo dowodów, aby odrzucić hipotezę zerową przy poziomie istotności 0,05. W związku z tym odrzucamy hipotezę zerową i stwierdzamy, że status społeczny osób w badanym obszarze zmienia się znacząco w odstępie 10 lat.

Do tej samej analizy dołączony jest następujący wykres liniowy. Punkt procentowy osób, które mówią lepiej, wzrósł z 23,4% do 79,1%, natomiast punkt procentowy osób, które mówią gorzej, spadł radykalnie z 69,7% do 12,9% (rys. 6.6).

Rys. 6.6 Zmiany w statusie społecznym

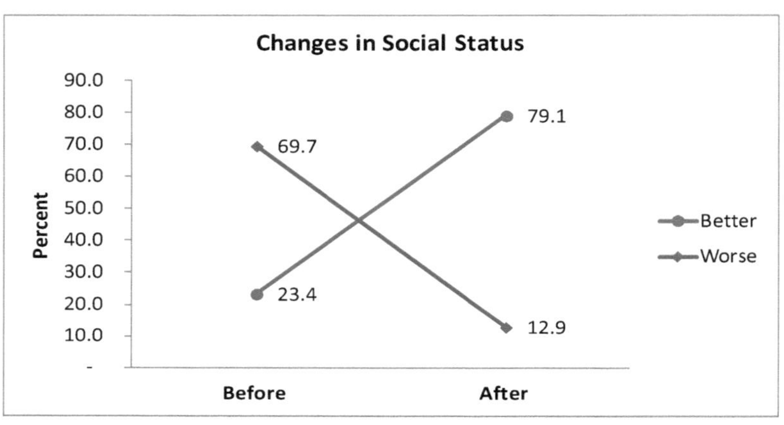

6.4.9 Zmiany trendów w produkcji rolnej

W badaniu stwierdzono, że produkcja zbóż, stosowanie nawozów chemicznych i produkcja zwierzęca mają tendencję spadkową, podczas gdy dostęp do dróg, systemów nawadniania, ulepszonego materiału siewnego i poziomu dochodów w regionie wykazuje tendencję wzrostową w okresie dziesięciu lat od 2001 do 2011 roku. Pozytywny wpływ na życie ludzi po dziesięciu latach zaobserwowano dzięki przekazom pieniężnym z zagranicy, możliwościom zatrudnienia w rządzie i organizacjach pozarządowych, dostępowi do rynków w okolicznych wioskach oraz uprawie warzyw postrzeganej przez lokalne społeczności w regionie (tabela 6.67). Tendencja do kupowania ryżu na rynku lokalnym ogromnie wzrosła na przestrzeni lat, podczas gdy konsumpcja kukurydzy, trawy krabowej i jęczmienia jako podstawowych produktów spożywczych spadła w tym samym okresie ze względu na zwiększony poziom dochodów i dostęp do rynku. Dochody pozarolnicze były z czasem odpowiedzialne za tę zmianę w obszarze, który potwierdza scenariusz krajowy.

Tabela 6.67

Zmiany w produkcji i praktyce rolnej w latach 2058-2067 BS

Okresy	Zboża Rośliny uprawne	Dostęp do drogi	Nawóz chemiczny	Wielkość bydła	Irygacja	Nasiona	Dochód	Wpływ na ludzi
2058 (2001)	8	2	6	8	5	4	5	-Ve z powodu konfliktu
2068 (2011)	5	6	3	4	6	6	8	++Ve

Źródło: Wywiad z kluczowymi informatorami, 2011 r.

Poniżej przedstawiono studium przypadku dotyczące hodowli bawołów (ramka 6.13):

Ramka 6.13: Hodowla bawołów dla dochodów gospodarstwa domowego!

Jestem Moti Ram Thapa w wieku 60 lat. Mieszkam w *Kalbhairab-4*, wioska *Bhukaha* w dystrykcie Dailekh. Moja rodzina składa się z pięciu członków. Posiadam 9 ziem Ropani *Khet* i 5 ziem Ropani *Bari* z 12 miesiącami samowystarczalności żywnościowej. Mam 2 woły, 3 kozy i bawoła. Bawół, którego zawsze wychowywałem na mojej farmie. Mój bawół daje 5 miotów mleka dziennie. Te bawoły dają mleko do 8 miesięcy porodu. Odchody bawołów są przydatne do produkcji roślinnej. Mleko, jogurt i ghee są odżywcze dla naszego zdrowia. To zwierzę jest narzędziem zapewniającym bezpieczeństwo żywnościowe naszego gospodarstwa domowego i zwiększającym dochody na pokrycie wydatków na edukację i zdrowie w mojej rodzinie. Koszt mojego bawoła to 60,000 Rs. Bawół jest zwierzęciem wielofunkcyjnym dla rolników. Obecnie hodowla bawołów podupada ze względu na brak siły roboczej. Spożywa trzy zielonki Bhari (25 kg/Bhari) i 1 kg mączki kukurydzianej. Nie mogłem już karmić moich bawołów z powodu braku ziarna paszowego. Hodowla nie jest łatwa dla wszystkich rolników. Bawoły są jak słonie dla rolników w górach. Hodowla bawołów jest bardziej powszechna wśród rolników z klasy średniej niż wśród bogatych i biednych.

6.4.10 Wydatki gospodarstw domowych

Badanie wykazało, że 19,94 procent (11 304 Rs) wydano na żywność, 15,40 procent (8731 Rs) na odzież, 25,58 procent (14 502 Rs) na edukację, 18,01 procent (10 214 Rs) na zdrowie i 11 procent na zdrowie.05 procent (6.266 Rs.) jest wydawany na święta społeczne (*Dashain, Tihar*, etc.), 0.73 procent (415 Rs.) na środki produkcji rolnej i 9.29 procent (5.268 Rs.) na zakup telewizji, radia i telefonów komórkowych wydanych przez gospodarstwa domowe w minionym roku. Co ciekawe, tylko 0,73 proc. wydatków przeznaczono na zakup Ğrodków produkcji rolnej, co jest istotne dla zwiĊkszenia produkcji ĪywnoĞci gospodarstw domowych, natomiast 9,29 proc. na zakup odbiorników telewizyjnych i radiowych oraz telefonów komórkowych (tabela 6.68).

Tabela 6.68
Średnie wydatki gospodarstw domowych na żywność i produkty nieżywnościowe

Kategoria	Kwota (Rs)	Procent
Żywność	11,304	19.94
Shelter	0.0	0.0
szalik	8,731	15.40
Edukacja	14,502	25.58
Zdrowie	10,214	18.01
Obchody społeczne	6,266	11.05
Środki produkcji rolnej	415	0.73
Telewizja, radio i telefony komórkowe	5,268	9.29
Razem	**56,700**	**100**

Źródło: Opracowanie terenowe 2011

Poniżej przedstawiono studium przypadku dotyczące strategii radzenia sobie przez Dalitów (ramka 6.14):

Ramka 6.14: Jak biedny dalicki rolnik przezwycięża brak bezpieczeństwa żywnościowego!

Jestem Til Bahadur Sunar (Dalit) w wieku 54 lat. Mieszkam w *Kalbhairab Village* Development Committee-4, wioska *Bhukaha* w dystrykcie Dailekh. W mojej rodzinie mam pięciu członków (jedną kobietę). Mam 4 Ropani na ziemi *Khet* i 3 Ropani na ziemi *Bari* i posiadam mały, jednopiętrowy dom. Produkujemy ryż, pszenicę i kukurydzę. Jesteśmy samowystarczalni żywnościowo tylko przez 6 miesięcy dzięki własnej produkcji. Przeciwdziałamy niedoborom żywności poprzez naprawę roślin ozdobnych, prace rolne na zlecenie i sprzedaż bambusa. Mam cztery laski bambusowe. Sprzedaję bambus w cenie 100 Rs za roślinę w naszej wiosce. Jest to przydatna roślina dla naszego dodatkowego źródła utrzymania. Ogranicza erozję gleby. Użyliśmy bambusa do karmienia zwierząt. Od 7 lat cierpię na astmę, która ma wpływ na moją wydajność pracy. Nasi trzej mali synowie czytali w szkole podstawowej. Ciężar prac domowych pozostał na barkach mojej żony jako żywiciela rodziny. Niepewna sytuacja żywnościowa w gospodarstwie domowym pozostała głównym problemem w mojej rodzinie.

W zeszłym roku przyjęłam następujące strategie dotyczące bezpieczeństwa żywnościowego:

Strategie kopiowania	Okres: (miesiące)	Uwagi
Uprawa ryżu	3	Kraj związkowy *Khet*
Uprawa pszenicy	2	Kraj związkowy *Khet*
Uprawa kukurydzy	1	Kraj Bari
Sprzedaż bambusa	1	Sadzone na obszarach marginalnych
Przelew bankowy	1	Przelew bankowy z Indii
Wynagrodzenia	1	Praca sezonowa
Prace naprawcze w zakresie ozdób	3	Praca sezonowa

6.4.11 Wydatki budżetowe w odniesieniu do klasy społecznej

Proporcjonalna akumulacja pokazała, że lepsza klasa wyższa wydała 20 procent, klasa średnia 40 procent, niższa klasa średnia 64 procent, a ultra-uboga klasa 80 procent na zakup żywności z ich dochodów w obszarze badań. Z badania wynika, że istnieje duża liczba przypadków ubóstwa konsumentów, ponieważ gospodarstwa domowe z niższej klasy średniej i bardzo ubogiej wydawały odpowiednio 64 i 80 proc. swoich dochodów na zakup żywności (tabela 6.69).

Tabela 6.69
wydatki gospodarstwa domowego na żywność w odniesieniu do klasy społecznej

Klasa społeczna	Suma punktów	Wynik	Procent
Better-Up	25	5	20
Middle	25	10	40

Dolny środek	25	16	64
Bardzo biedny	25	20	80

Źródło: Opracowanie terenowe, 2011 r.

Poniżej przedstawiono studium przypadku szkółki ogrodniczej (Ramka 6.15):

Ramka 6. 15: Szkółka drzew staje się źródłem utrzymania!

Jestem Kanak Thapa, 55 lat. Mieszkam w *Bhukaha, Kalbhairab-4* w dzielnicy Dailekh. Moja rodzina składa się z 7 członków. Mam 12 Ropani *Khet* i 3 Ropani z *Bari* Land. Mam bawoła, dwa woły, dwa króliki i osiem kóz. Mam tylko 8 miesięcy samowystarczalności żywnościowej z własnego systemu produkcji.

Założyłem szkółkę ogrodniczą w 2046 roku BS (1990) jako strategię radzenia sobie z bezpieczeństwem żywnościowym i środkami do życia w gospodarstwie domowym. Teraz mam w sumie 12.825 różnych drzew owocowych w szkółce, w tym pomarańcza, cytryna, słodka pomarańcza, jackfruit, duża cytryna, granat, *timur*, orzech włoski, persimmon, szparagi, kawa, itp. Dostarczam sadzonki do okręgów Jumla, Surkhet, Jajarkot, Mugu, Kalikot i Dailekh, zgodnie z życzeniem rolników i Powiatowego Urzędu Rozwoju Rolnictwa. W zeszłym roku zarobiłem 80.000 Rs (osiemdziesiąt tysięcy) sprzedając drzewa owocowe. Obejmuje to wydatki na edukację, jedzenie i inne rzeczy dla mojej rodziny. Dwa lata temu kupiłem dom (100 000,0 Rs) i 5 Ropani z ziemi *Khet* (60 000 Rs), za które zapłaciłem w sumie 160 000,0 Rs (160 000,0 Rs). Ten przedszkolny biznes pozostał dodatkowym biznesem w mojej rodzinie, aby generować dochód.

Brakuje mi siły roboczej do pracy w przedszkolu. Potrzebuję doradztwa technicznego i wsparcia ze strony techników rolnictwa, aby udoskonalić moje gospodarstwo w nadchodzących latach.

Niektórzy sąsiedzi również zaczęli ogrodnictwo, widząc mój żłobek. Cieszę się, że ten lukratywny biznes generuje dodatkowe dochody w celu zapewnienia bezpieczeństwa żywnościowego i środków do życia.

6.5 Analiza luk

Badanie wykazało, że luki w głównych organizacjach działających w dziedzinie bezpieczeństwa żywnościowego i bezpieczeństwa środków do życia na poziomie polityki i praktyki w tej dziedzinie nie są w pełni wypełnione. Poinformowano o istnieniu w tym obszarze zarówno konwencjonalnych, jak i nieukierunkowanych na bezpieczeństwo żywnościowe programów pomocy. Brakowało konkretnego programu planowania i wdrażania w zakresie bezpieczeństwa żywnościowego w celu rozwiązania problemu niedożywienia, głodu i zrównoważonej produkcji żywności na szczeblu wspólnotowym, a także rozwoju przedsiębiorstw rolnych w celu zwiększenia bezpieczeństwa żywnościowego gospodarstw domowych i dochodów gospodarstw. Rząd Nepalu, Ministerstwo Rozwoju Rolnictwa, nie sformułował jeszcze polityki bezpieczeństwa żywnościowego w celu przezwyciężenia niedoboru żywności, głodu i niedożywienia w społecznościach wiejskich. Zdecydowana większość młodych ludzi odchodzi od rolnictwa na rzecz zagranicznych miejsc pracy ze względu na brak atrakcyjnej polityki i praktyk w sektorze rolnym. Sektor rolny jest jednak motorem rozwoju obszarów wiejskich i ograniczania ubóstwa w Nepalu. Brak jest koncentracji na dodawaniu wartości do upraw rolnych/medycznych wysokiej jakości oraz na dostępie do rynku, udogodnieniach transportowych i strategiach zastępowania importu, zwłaszcza w górach i na wzgórzach, w celu generowania większych zysków z towarów rolnych na dużych wysokościach (załącznik 6.31).

W porównaniu z innymi krajami, Nepal ma niską wydajność na jednostkę powierzchni. Ponadto stwierdzono, że produktywność na jednostkę powierzchni badanego obszaru była niższa od średniej krajowej (załącznik 6. 32). Odnotowano brak specjalnych programów rolniczych mających na celu zwiększenie bezpieczeństwa żywnościowego gospodarstw domowych i zabezpieczenie środków do życia na badanym obszarze.

6.6 Wniosek

Ryż, kukurydza, pszenica, proso liściowe i jęczmień są głównymi roślinami zbożowymi w regionie. Zboże jest najważniejszym podstawowym pożywieniem. Uprawy warzyw są uprawiane w sezonie letnim i zimowym. Główne owoce uprawiane na tym obszarze to pomarańcza, gruszka, gujawa, banan, cytryna, itp. *Pomarańcza Dullu* jest bardzo popularna na rynku.

W tym obszarze własność gruntów, szkolenia rolnicze, ulepszone technologie rolnicze, nasiona, nawadnianie, komercyjna produkcja warzyw, nawozy, dostęp do dróg, dostęp do rynku, kredyty, praca na umowę zlecenie itp. wydają się być kluczowymi środkami produkcji rolnej dla zrównoważonego bezpieczeństwa żywnościowego i dochodów gospodarstw.

Role i obowiązki kobiet w porównaniu z mężczyznami w rolnictwie mają kluczowe znaczenie dla zachowania różnorodności biologicznej ze względu na sezonowe migracje mężczyzn w Indiach i krajach zamorskich. Ludzie otrzymywali dochody z biur rządowych, przekazów pieniężnych z państw Zatoki Perskiej, Indii, Malezji i innych źródeł. Przekazy pieniężne, jako strategia utrzymania, w znacznym stopniu przyczyniły się do bezpieczeństwa żywnościowego gospodarstw domowych i środków utrzymania na obszarach wiejskich. Prawie jedna dziesiąta gospodarstw domowych na tym obszarze posiada żywność, która jest samowystarczalna. Przygotowanie brandy z trawy krabowej i ryżu jest odpowiedzialne za brak bezpieczeństwa żywnościowego. W regionie uprawa ryżu, sezonowa migracja do Indii, zarobki, uprawa pszenicy i kukurydzy są najważniejszymi strategiami zapewnienia środków do życia typowym rolnikom z niższej klasy średniej.

Bardzo niewiele gospodarstw domowych na tym obszarze miało ten sam status, prawie jedna czwarta miała lepszy status społeczny, a ponad dwie trzecie gospodarstw miało gorszy status 10 lat temu. Podobnie niewiele gospodarstw miało ten sam status, prawie cztery piąte gospodarstw miało lepszy status społeczny, a ponad 15 procent gospodarstw miało gorszy status społeczny po 10 latach. Dowiadujemy się, że większość gospodarstw domowych ma obecnie lepszy status społeczny, który z czasem zmienił się w porównaniu do ostatnich 10 lat. Produkcja zbóż, wykorzystanie nawozów chemicznych i zwierząt gospodarskich wykazują tendencję spadkową, podczas gdy dostęp do dróg, urządzeń irygacyjnych, lepsze nasiona i poziom dochodów wzrastają w ciągu dziesięciu lat od 2001 do 2011 roku. Przekazy pieniężne z zagranicy, możliwości zatrudnienia w rządzie i organizacjach pozarządowych, dostęp do rynków w okolicznych wioskach i uprawa warzyw mają pozytywny wpływ na życie ludzi po dziesięciu latach. Tendencja do kupowania ryżu na rynku lokalnym ogromnie wzrosła na przestrzeni lat, podczas gdy konsumpcja kukurydzy, trawy krabowej i jęczmienia jako podstawowych produktów spożywczych znacznie spadła w tym samym okresie ze względu na wzrost poziomu dochodów i dostępu do rynku.

Istnieje duża liczba przypadków ubóstwa konsumentów, przy czym niższe klasy średnie i bardzo biedne gospodarstwa domowe wydają odpowiednio prawie dwie trzecie i cztery piąte swoich dochodów na zakupy żywności w badanym obszarze. W głównych organizacjach działających w dziedzinie bezpieczeństwa żywnościowego i źródeł utrzymania istniały luki w polityce i praktyce.

Rozdział 7
Podsumowanie, wnioski i zalecenia

7.1 Podsumowanie

Brak bezpieczeństwa żywnościowego i bezrobocie to problem ludności wiejskiej w Nepalu. Żywność jest postrzegana jako towar, a nie jako niezbędny towar. To jest odmowa prawa człowieka do żywności. Regiony na środkowym i dalekim zachodzie, w tym dystrykt Dailekh, są obszarami Nepalu, w których występuje niedobór żywności. Szacuje się, że w środkowo- i dalekowschodnich dzielnicach rozwijających się od 20 do 30% ludności zużywa mniej niż 1600 Kcal/dzień. Tradycyjnie najbardziej krytyczny czas w tych obszarach przypada na okres od połowy czerwca do sierpnia.

7.1.1 Metodologia badań

Przyjęto ramy utrzymania oparte na teorii uprawnień, która opiera się na badaniach nad bezpieczeństwem żywnościowym. Podejście oparte na teorii uprawnień do głodu ocenia zdolność ludzi do pozyskiwania żywności za pomocą środków prawnych dostępnych w społeczeństwie, w tym za pomocą całej dostępnej produkcji, handlu, dziedziczenia, przekazywania i innych metod pozyskiwania żywności. W trakcie badań terenowych zastosowano ekspercka metodę badań społecznych. Przeprowadzono ją w terenie, wybierając próbę respondentów z określonej populacji i wysyłając im znormalizowany kwestionariusz. Oprócz kwestionariusza do badań gospodarstw domowych, do zebrania informacji ilościowych i jakościowych z terenu wykorzystano obserwację bezpośrednią, dyskusję w grupach fokusowych, wywiad z kluczowymi informatorami, studium przypadku oraz koszyk narzędzi partycypacyjnej oceny obszarów wiejskich.

Do badania wybrano dwa komitety rozwoju wsi powiatu Dailekh, w skład których wchodzą dwa powiaty *Kalbhairab* i dwa powiaty komitetu rozwoju wsi *Katti* jako obszar modelowy dla badania. Ogółem w próbie wybrano 201 gospodarstw domowych z 273 gospodarstw.

Podejście partycypacyjne zostało przyjęte podczas badania, angażując kobiety, mężczyzn, dalitów i grupy etniczne jako aktywnych partnerów w rozwoju obszarów wiejskich. Przygotowano i wykorzystano kwestionariusz do zebrania danych ilościowych z terenu. Badacz zebrał dane z badanych obszarów na podstawie operatu próbkowania/listy przy zastosowaniu procedury losowego pobierania próbek. Informacje pierwotne i wtórne zostały przeanalizowane przy użyciu narzędzi opisowych do opisu niezależnych zmiennych. Podobnie, zmienne zależne, takie jak wydajność upraw na jednostkę powierzchni, dostęp do rynku, miesięczna samowystarczalność żywnościowa, źródła dochodu itp. były mierzone przy użyciu technik ilościowych.

7.1.2 Środowisko geograficzne i społeczno-gospodarcze (w oparciu o Cel 1)

Na badanym obszarze najwyższy odsetek ludności należy do grup wiekowych 15-49 i 6-14 lat, które reprezentowane są odpowiednio w 48,9 proc. i 23,1 proc. Łączna liczba ludności wyniosła 1 227 osób, przy czym 201 gospodarstw domowych objętych próbą reprezentowanych było przez 50,45 proc. kobiet i 49,55 proc. mężczyzn. Ogólny wskaźnik płci wynosi 98, a średnia wielkość rodziny została podana jako 6 osób. Obszar objęty dochodzeniem został przedstawiony jako wieloskładnikowy i etniczny. Chhetris stanowiła 50,2 procent, Dalici 28,4 procent, Bramini 14,4 procent, a Janajati 7 procent ogółu gospodarstw domowych.

Duża część gospodarstw domowych wskazała, że większość podstawowych usług w jednym kierunku można osiągnąć w ciągu 2-3 godzin. Większość gospodarstw domowych ma dostęp do placówek służby zdrowia, poczty, szkół, cudownych uzdrowicieli, lokalnego rynku i zarządców dróg w ciągu 0,5 godziny na terenie badań. Większość gospodarstw domowych (61,4%) ma dostęp do centrum usług rolniczych w ciągu 1-2 godzin. Zdecydowana większość gospodarstw domowych (85 %) ma dostęp do centrum obsługi zwierząt gospodarskich w ciągu 2-3 godzin. Prawie wszystkie gospodarstwa domowe mają dostęp do drogi w ciągu 0,5-1 godzin w jednym kierunku. Cena rynkowa towarów i usług została obniżona dzięki lepszemu dostępowi do kierownika drogi w obszarze badań.

Dostępność i jakość usług poprawiła się w ciągu ostatniej dekady w zakresie placówek służby zdrowia, poczty, elektryczności, telefonu, szkół, rynku lokalnego i dróg. Jednak dostępność, dostępność i jakość Centrum Usług Rolniczych i Centrum

Usług dla Zwierząt Gospodarskich nie była pozytywna ze względu na niską dostępność i niską jakość usług. W rodzinie dominował wzorzec konsumpcji żywności oraz rola synów, ojców i wnuków w podejmowaniu decyzji dotyczących gospodarstwa domowego. W regionie istnieje silna pozycja społeczeństwa patriarchalnego.

7.1.3 Podatność, uprawnienia, struktury i procesy związane z bezpieczeństwem żywnościowym i środkami utrzymania (w oparciu o cel 2)

Geograficzne, społeczne, gospodarcze i kulturowe wyłączenie oraz nierówności zwiększają podatność na brak bezpieczeństwa żywnościowego w regionie. Dwa procent kobiet zarejestrowało własność ziemi, a 2,5 procent gospodarstw domowych nie posiada ziemi na badanym obszarze. Na tym obszarze 90,5 procent gospodarstw domowych ma niedobory żywności. Na tym obszarze 16 procent gospodarstw domowych jest zależnych przede wszystkim od płac rolniczej siły roboczej.

Około 83,1 procent ankietowanych obserwowało zmiany klimatu w ciągu ostatnich 7-8 lat. Zmiany klimatyczne doprowadziły do wczesnej dojrzałości upraw, zmiany w siedliskach roślin, wzrostu suszy w zasobach wodnych, przedłużonej suszy oraz większej liczby owadów i chorób w uprawach, u zwierząt i ludzi itp.

Obszar ten jest podatny na klęski żywiołowe. Klęski żywiołowe obejmują osunięcia ziemi, powodzie, susze, obfite opady deszczu, opady śniegu, grad, trzęsienia ziemi itp. W obszarach, które również przyczyniły się do powstania błędnego koła ubóstwa, klęski żywiołowe spowodowały utratę życia i środków do życia.

Pojawienie się chorób w uprawach i inwentarzu żywym, jak również zarażenie owadami spowodowało spadek wydajności i niski zysk ekonomiczny dla rolników. Zaburzenia układu pokarmowego i nerwowego, tyfus, żółtaczka i grypa są najczęstszymi chorobami człowieka w regionie.

Większość ludności wiejskiej pożycza pożyczki od lokalnych kredytodawców, oprocentowane w wysokości 36-60 procent rocznie. W ciągu dziesięcioleci walk zbrojnych w dystrykcie Dailekh zginęło w sumie 400 osób. Podobnie 2,700 osób zostało przesiedlonych. Wielu wysiedleńców wróciło do swoich domów, ale bardzo biedni ludzie pozostali robotnikami w Surkecie i Nepalgunju.

Wskaźnik alfabetyzacji kobiet wynosi 61,18 procent, podczas gdy wskaźnik alfabetyzacji mężczyzn w tym obszarze wynosi 77,49 procent. Dominującym zawodem jest rolnictwo (96,5 proc.), a następnie usługi pozarolnicze (3,5 proc.) jako główne zajęcie związane z bezpieczeństwem żywnościowym i utrzymaniem gospodarstwa domowego. Na tym obszarze 41,8 procent i 29,4 procent gospodarstw domowych miało dostęp do usług pocztowych w szpitalach i służbie zdrowia, podczas gdy 65,7 procent i 3,5 procent gospodarstw domowych miało dostęp do prywatnych klinik i Indii odpowiednio do leczenia. Około 95,5 procent gospodarstw domowych zwraca się do uzdrowicieli religijnych jako do pierwszej linii frontu w leczeniu chorób.

Na tym obszarze 36 procent gospodarstw miało co najmniej jednego bawoła, a prawie 20 procent gospodarstw stwierdziło, że w swoim gospodarstwie hodowało 2-3 bawoły. Na tym obszarze 10 procent gospodarstw miało co najmniej jedno bydło, prawie 47 procent gospodarstw miało 2-3 bydło, a 14 procent gospodarstw hodowało w swoich gospodarstwach 4-6 sztuk bydła.

Prawie 28 procent gospodarstw miało 1-3 kozy, prawie 32 procent gospodarstw miało 4-6 kóz, 8,5 procent gospodarstw miało 7-10 kóz, a 3 procent gospodarstw miało 11-15 kóz w swoich gospodarstwach. Według badania, 95 procent gospodarstw domowych nie hodowało świń w swoich gospodarstwach. Na tym obszarze 20 procent gospodarstw miało 1-5 kurczaków, 7 procent gospodarstw miało 6-10 kurczaków, 1 procent gospodarstw miał 11-15 kurczaków, a kolejny 1 procent gospodarstw miał 16-20 kurczaków w swoim gospodarstwie. Hodowla zwierząt gospodarskich jest uważana za jedną ze strategii zabezpieczania żywności dla rolników na obszarach wiejskich.

Na tym obszarze 45 procent gospodarstw domowych sprzedaje swoje produkty rolne w celu zapewnienia sobie żywności i środków do życia. Około 96,5 proc. gospodarstw domowych posiada domy z blaszanymi/przesuwanymi dachami, podczas gdy 3,48 proc. gospodarstw domowych posiada domy kryte strzechą. Prawie wszystkie gospodarstwa domowe mają dostęp do wody pitnej poprzez rury stojące, do których można dojść pieszo w ciągu 15 minut. Zdecydowana większość gospodarstw domowych (97%) posiada ulepszone toalety. Prawie wszystkie gospodarstwa domowe używają drewna opałowego do gotowania żywności. Na tym obszarze 46,27 procent gospodarstw domowych ma dostęp do energii wodnej, a 49,25 procent ma dostęp do energii słonecznej do oświetlenia.

W regionie 1 procent gospodarstw domowych posiada komputer, 2 procent telefon stacjonarny, 80 procent gospodarstw domowych posiada telefon komórkowy, 3,5 procent gospodarstw domowych posiada nowoczesny sprzęt rolniczy, 6,5 procent gospodarstw domowych ma telewizor, a prawie 49 procent gospodarstw domowych ma radio. Na tym obszarze 93,5 proc. gospodarstw domowych jest związanych z organizacjami społecznymi. Otrzymali oni od grup pewną formę korzyści społeczno-ekonomicznych w celu podniesienia statusu społecznego w społeczności.

Dzienny profil aktywności kobiet i mężczyzn został podany odpowiednio jako 17,5 godziny i 17,0 godziny po 24 godziny. Młode kobiety i mężczyźni zgłosili, że chodzą do szkoły czytać i że migrują sezonowo do Indii i krajów zamorskich, ponieważ ich rodzice ponoszą dodatkowe obciążenie pracą związaną z działalnością domową i rolniczą.

Łącznie 2% kobiet ma prawo do ziemi, podczas gdy 98% mężczyzn ma prawo do ziemi ze względu na tradycyjne praktyki, patriarchalne społeczeństwo, niski status kobiet, politykę i praktyki rządu itp. Na tym obszarze 97,5 procent gospodarstw domowych posiada ziemię, podczas gdy tylko 2,5 procent gospodarstw domowych jest zarejestrowanych jako bezrolne. Na tym obszarze 75 procent gospodarstw domowych uprawiało całą posiadaną ziemię, podczas gdy 25 procent gospodarstw utrzymywało odłogi z powodu braku siły roboczej, z dala od miejsca zamieszkania i problemu małp niszczących uprawy.

W sumie 34 dziko rosnące gatunki roślin jadalnych są często wykorzystywane w społecznościach jako warzywa, owoce, przyprawy itp. na badanym obszarze. Społeczności gromadzą i sprzedają na rynku lecznicze i aromatyczne gatunki roślin jako źródło dochodu dla bezpieczeństwa żywnościowego i środków utrzymania gospodarstw domowych.

Rząd Nepalu i darczyńcy wspierają ludność w poprawie bezpieczeństwa życia w oparciu o istniejące możliwości. Nie wystarczy jednak poprawić jakość życia i środków do życia ludzi z powodu braku zaangażowania politycznego, niestabilności politycznej, słabego wdrażania przez urzędników rządowych, szalejącej korupcji i niskiego morale biurokracji itp.

Rolnicy są niezadowoleni z usług świadczonych przez urzędników państwowych w regionie. Polityka i praktyki rządowe na rzecz ubogich i zmarginalizowanych rolników nie są skuteczne w zwiększaniu bezpieczeństwa żywnościowego i dochodów rolników w zrównoważony sposób.

Sektor prywatny zajmował się zakupem i sprzedażą żywności i innych artykułów w siedzibie powiatu oraz w korytarzu drogowym Surkhet-Dailekh. W sumie w powiecie zarejestrowanych było 16 lokalnych dostawców Agro-Vet. Lokalna społeczność jest uzależniona od pobliskiego rynku, na którym można kupić leki weterynaryjne, ulepszone nasiona warzyw, środki owadobójcze, nawozy chemiczne i tym podobne. Jakość i cena produktów wydaje się wątpliwa ze względu na słaby mechanizm monitorowania i słabe wdrożenie zasad i przepisów agencji rządowych.

Istnieją trzy główne ośrodki rynkowe, takie jak *Chupra, Bestada* i Dailekh Bazaar dla zakupu i sprzedaży towarów rolnych. Prawie wszystkie gospodarstwa domowe mają dostęp do rynku w ciągu godziny w jednym kierunku, do którego można dojść pieszo w jednym kierunku do główki ulicy.

Miejscowi importują w sumie 46 towarów konsumpcyjnych na ten obszar z zewnątrz i tylko 9 towarów eksportują z badanego obszaru na rynek zewnętrzny. Tendencja ta wydaje się niezrównoważona i nietrwała z ekonomicznego punktu widzenia. Różnica w cenie pomiędzy rolnikami a sprzedawcami detalicznymi wynosiła 5-30 Rs za kg na rynku lokalnym.

Plan perspektywiczny dla rolnictwa (1997-2017) jest najważniejszym dokumentem polityki sektorowej w zakresie modernizacji rolnictwa w Nepalu i jest realizowany od 1997 roku. Ma ona na celu przyspieszenie wzrostu rolnictwa o 3 procent rocznie. Ministerstwo Rozwoju Rolnictwa wprowadziło w życie politykę rolną państwa w 2004 roku. W szczególności trzyletni plan przejściowy przewiduje równe prawa dla wszystkich oraz zmniejszenie przepaści między bogatymi a biednymi oraz wszelkich form dyskryminacji i nierówności.

Centralnym punktem kontaktowym na poziomie powiatu jest Biuro Rozwoju Rolnictwa, które podlega Ministerstwu Rozwoju Rolnictwa. Ministerstwo Finansów i Krajowa Komisja Planowania mają jednak do odegrania kluczową rolę, polegającą na przeznaczeniu co najmniej 10 % budżetu krajowego na działania związane z rozszerzaniem działalności rolniczej i badaniami naukowymi.

W obszarze tym 2,5% respondentów oceniło usługi doradcze Powiatowego Biura Rozwoju Rolnictwa/ Centrum Obsługi Rolniczej jako "dobre", 5,5% jako "uczciwe", a 5% jako "nie dobre", natomiast zdecydowana wiĊkszoĞü respondentów oceniła usługi doradcze DADO/ASC w obszarze jako "nie wiem" z powodu záomnego dostĊpu do

ASC. Z rolniczej usługi rozbudowy oferowanej przez rząd Nepalu korzystało tylko 13 procent gospodarstw domowych. Lokalni rolnicy wykorzystują zdegenerowane nasiona zbóż, warzyw i roślin ziemniaczanych, które dają niskie plony.

W obszarze objętym badaniem 94 procent gospodarstw domowych zwróciło się o systemy nawadniające, 16 procent gospodarstw domowych ulepszyło nasiona, 2,5 procent gospodarstw domowych stosowało środki owadobójcze i pestycydy do środków ochrony upraw, 17 procent gospodarstw domowych zwróciło się o kredyt rolniczy, 14 procent gospodarstw domowych przeszło szkolenie rolnicze w celu zwiększenia wiedzy i umiejętności, a 3 procent gospodarstw domowych zwróciło się do rządu Nepalu o narzędzia i technologie rolnicze mające na celu poprawę praktyk rolniczych, aby zwiększyć bezpieczeństwo żywnościowe i zapewnić sobie środki do życia. W trakcie badania jedno gospodarstwo domowe zwróciło się do rządu nepalskiego o więcej niż jeden wkład w dotacje w celu zwiększenia produkcji żywności na poziomie wspólnotowym.

7.1.4 Bezpieczeństwo żywnościowe i strategia utrzymania (w oparciu o cel 3)

Ziarno jest najważniejszym podstawowym pożywieniem. Miejscowi woleli chleb pszenny raz dziennie. Ryż jest jednak najbardziej preferowanym ziarnem spożywczym. Uprawa zbóż i roślin strączkowych była najważniejszą strategią na rzecz bezpieczeństwa żywnościowego i utrzymania. Uprawy roślinne są uprawiane w tym regionie w sezonie letnim i zimowym.

Respondenci zajmowali pierwsze miejsce pod względem własności ziemi ze względu na jej główne źródło bezpieczeństwa żywnościowego i cenny zasób środków do życia, drugie pod względem wiedzy i umiejętności w zakresie ulepszonych technologii rolniczych, trzecie pod względem nasion zwiększających plony na jednostkę powierzchni, a czwarte pod względem nawadniania ze względu na większą intensywność upraw, komercyjną produkcję warzyw itp. Respondenci zajęli piąte miejsce w rankingu dotyczącym nawozów, dostępu do dróg i rynku ze względu na wzrost plonów, transportu i sprzedaży produktów rolnych na rynku po uczciwej cenie; szóste w rankingu dotyczącym kredytów na zarządzanie przedsiębiorstwem i rozwój działalności rolniczej i hodowlanej; a siódme w rankingu dotyczącym pracy kontraktowej ze względu na terminowe sadzenie, intensywne rolnictwo i zbiory w celu zwiększenia bezpieczeństwa żywnościowego lub dostaw handlowych. Jednakże niektóre z tych czynników produkcji są równie ważne jak ziemia, szkolenia rolnicze, nasiona, nawadnianie, nawozy, praca itp. dla bezpieczeństwa żywnościowego gospodarstw domowych i zrównoważonych źródeł utrzymania.

Role i obowiązki kobiet w porównaniu z mężczyznami w rolnictwie mają kluczowe znaczenie dla zachowania różnorodności biologicznej ze względu na sezonowe migracje mężczyzn w Indiach i krajach zamorskich. W badanym obszarze 36,22 proc. ludności wiejskiej uzyskiwało dochody z agencji rządowych, 5,51 proc. osób otrzymywało przekazy z państw Zatoki Perskiej, 43,31 proc. osób otrzymywało przekazy z Indii, 7 proc. osób otrzymywało przekazy z Malezji, a prawie 8 proc. osób otrzymywało przekazy z innych źródeł. Na tym obszarze 25,98 procent otrzymało od 20.000 do 50.000 Rs rocznie, 51,97 procent od 51.000 do 100.000 Rs rocznie, 9,45 procent od 100.001 do 150.000 Rs rocznie, 11,02 procent od 151.000 do 200.000 Rs rocznie, a 1 procent od ponad 200.000 Rs rocznie. Przekazy pieniężne jako strategia utrzymania w znacznym stopniu przyczyniły się do bezpieczeństwa żywnościowego gospodarstw domowych i bezpieczeństwa środków do życia na obszarach wiejskich w regionie.

Na tym obszarze 9,5 % gospodarstw domowych jest samowystarczalnych pod względem zaopatrzenia w żywność z własnego systemu produkcji, podczas gdy zdecydowana większość gospodarstw wiejskich (90,5 %) ma deficyt żywności.

W obszarze objętym badaniem 36 procent ziaren zbóż, zwłaszcza ryżu i prosa lisiego, wykorzystano do spożycia przez ludzi, 16 procent ziaren zbóż wykorzystano na paszę dla zwierząt, a 48 procent na brandy. Produkcja ługu z prosa lisiego i ryżu jest odpowiedzialna za brak bezpieczeństwa żywnościowego. Uprawy zbóż, warzywa, owoce, ziemniaki i zwierzęta gospodarskie przyczyniły się do bezpieczeństwa żywnościowego gospodarstw domowych odpowiednio w 36%, 8%, 4%, 4% i 12%. Uprawy zbóż i przekazy pieniężne w znacznym stopniu przyczyniły się do bezpieczeństwa żywnościowego gospodarstw domowych.

Respondenci zajęli pierwsze miejsce dla ryżu i ziemniaków, drugie dla pszenicy, trzecie dla słodkich ziemniaków, czwarte dla kukurydzy, soi, fasoli i rzepaku, piąte dla ignamów, szóste dla kolokasji, siódme dla trawy krabowej i ósme dla jęczmienia, na podstawie smaku i preferencji dla zbóż spożywczych w regionie. Wśród produktów żywnościowych ryż zajmował najwyższe miejsce pod względem preferencji i prestiżu społecznego w społeczeństwie. Ryż służy jako tradycyjna kultura i religia dla gości i uroczystości w społeczności.

Respondent zajmował pierwsze miejsce pod względem uprawy ryżu, drugie pod względem sezonowej migracji do Indii, trzecie pod względem wynagrodzenia za pracę, czwarte pod względem uprawy pszenicy, a piąte pod względem uprawy kukurydzy jako strategii życiowej typowych dla rolników z niższej klasy średniej w regionie. W obszarze tym zgłosiło się 20 procent lepiej sytuowanej, 35 procent klasy średniej, 29 procent niższej klasy średniej i 16 procent klasy ultra-uboższej.

W badanym obszarze 23,4 proc. gospodarstw domowych miało lepszy status społeczny, prawie 70 proc. gorszy, a 6,5 proc. nie znało swojego statusu społecznego 10 lat temu. Podobnie 2 procent gospodarstw domowych miało ten sam status, 79 procent miało lepszy status społeczny, prawie 13 procent miało gorszy status, a 6 procent nie znało swojego statusu społecznego po 10 latach. Dowiadujemy się, że większość gospodarstw domowych (79 proc.) ma obecnie lepszy status społeczny, który zmienił się z czasem w porównaniu do ostatnich 10 lat. Zaobserwowano pewne niezwykłe zmiany w rozwoju społecznym społeczności w związku z komunikacją, transportem, dostępem do rynku, interwencjami rozwojowymi i wolnością polityczną, itp.

Produkcja zbóż, wykorzystanie nawozów chemicznych i produkcja zwierzęca mają tendencję do zmniejszania się, podczas gdy dostęp do dróg, systemów nawadniania, ulepszonych nasion i poziomu dochodów zazwyczaj wzrasta w ciągu dziesięciu lat od 2001 do 2011 roku. Zaobserwowano, że pozytywny wpływ na życie ludzi po dziesięciu latach wynika z przekazów pieniężnych z zagranicy, możliwości zatrudnienia w rządzie i organizacjach pozarządowych, dostępu do rynków w okolicznych wioskach oraz uprawy warzyw w postrzeganiu lokalnych społeczności. Tendencja do kupowania ryżu na rynku lokalnym ogromnie wzrosła na przestrzeni lat, podczas gdy konsumpcja kukurydzy, trawy krabowej i jęczmienia jako podstawowych produktów spożywczych znacznie spadła w tym samym okresie ze względu na zwiększony poziom dochodów i dostęp do rynku. Za tę zmianę w regionie z biegiem czasu odpowiedzialne były dochody pozarolnicze.

W okolicy 19,94 procent (Rs 11.304) w żywności, 15,40 procent (Rs 8731) w odzieży, 25,58 procent (Rs 14.502) w edukacji, 18,01 procent (Rs 10.214) w zdrowiu,

11,05 procent (Rs 6.266) w uroczystościach społecznych (*Dashai, Tiwar* itd.).), 0,73 % (Rs 415) w środkach produkcji rolnej i 9,29 % (Rs 5,268) w zakupie telewizji, radia i telefonów komórkowych przez gospodarstwa domowe. Warto zauwaĪyü, Īe tylko 0,73 procent wydatków przeznaczono na zakup Ğrodków produkcji rolnej, co jest istotne dla zwiĊkszenia produkcji ĪywnoĞci gospodarstw domowych.

7.2 Wniosek

Bezpieczeństwo żywnościowe pozostało w ostatnich latach palącym problemem. Zdecydowana większość (90,5%) gospodarstw domowych na tym obszarze cierpi na niedobory żywności. Większość gospodarstw domowych jest podatna na zagrożenia związane z żywnością i bezpieczeństwem żywnościowym. Podatność na zagrożenia stanowi zagrożenie dla żywności i bezpieczeństwa żywnościowego, w tym dla umiejętności radzenia sobie z problemami.

Klęski żywiołowe i przyczyny strukturalne są czynnikami przyczyniającymi się do braku bezpieczeństwa żywnościowego w regionie. Obszar ten jest podatny na klęski żywiołowe. Klęski żywiołowe obejmują osunięcia ziemi, powodzie, susze, obfite opady deszczu, opady śniegu, grad, trzęsienia ziemi itp. Zmiany klimatyczne przyczyniły się do zmian w siedliskach roślin i braku bezpieczeństwa żywnościowego w ciągu ostatnich 7-8 lat.

Przyczyny strukturalne obejmują niewystarczające inwestycje w rolnictwo, feudalny system własności gruntów, słabą infrastrukturę, wykorzystanie zbóż do produkcji alkoholu, słaby system dystrybucji, złe zarządzanie, rosnące ceny paliw, politykę rolną, mniej zorientowaną na ubóstwo i zależną od płci, brak siły roboczej w rolnictwie itp. Przyczyną braku bezpieczeństwa żywnościowego w regionie jest brak bezpieczeństwa politycznego i gospodarczego. Budżet na deficyt żywności jest w dużym stopniu uzależniony od zewnętrznego, rynkowego łańcucha dostaw żywności. Przygotowanie brandy z trawy krabowej i ryżu jest kolejnym czynnikiem wpływającym na brak bezpieczeństwa żywnościowego.

Dostępność i jakość usług wzrosła w ciągu ostatniej dekady. Jednak dostępność, dostępność i jakość centrów usług rolniczych i centrów obsługi zwierząt gospodarskich nie są aktywne na badanym obszarze. Polityka i praktyka rządu jest mniej skuteczna na korzyść rolników wiejskich w zakresie poprawy bezpieczeństwa żywnościowego i dochodów gospodarstw rolnych, ze względu na niestabilność polityczną, brak zaangażowania politycznego, biurokratyczne zachowania związane z poszukiwaniem czynszu, słaby mechanizm absorpcji przez społeczność, słabe wdrażanie i słaby monitoring itp. W regionie istniały tradycyjne programy, które nie były nastawione na bezpieczeństwo żywnościowe. Rząd Nepalu, Ministerstwo Rozwoju Rolnictwa, nie sformułował jeszcze polityki bezpieczeństwa żywnościowego w celu przezwyciężenia niedoborów żywności, głodu i niedożywienia w społecznościach wiejskich. Większość ludności wiejskiej pożycza pożyczki od lokalnych kredytodawców, oprocentowane w wysokości 36-60 procent rocznie.

Dominującym zajęciem jest rolnictwo, a następnie usługi i handel jako główne zajęcie w zakresie bezpieczeństwa żywnościowego i środków do życia w gospodarstwie domowym. Niewiele kobiet ma prawo do ziemi, a przytłaczająca większość mężczyzn ma prawo do ziemi na tym obszarze. Pozycja kobiet w społeczeństwie została utrzymana jako podrzędnych obywateli ze względu na brak równych praw na ziemi i innych produktywnych dóbr.

Sektor prywatny jest aktywnie zaangażowany w zakup i sprzedaż żywności i innych produktów w tych obszarach. Miejscowa ludność jest uzależniona od pobliskiego rynku w zakresie zakupu leków weterynaryjnych, ulepszonych nasion warzyw, środków owadobójczych, nawozów chemicznych i tym podobnych. Dostęp do Służby Doradztwa Rolniczego Regionalnego Biura Rolnictwa jest ograniczony. Nawadnianie, kredyty, ulepszone nasiona, transport, szkolenia rolnicze, chłodnie, dostęp do rynku, komercyjna uprawa warzyw/owoców i inne środki produkcji rolnej mają kluczowe znaczenie dla zwiększenia bezpieczeństwa żywnościowego i dochodów gospodarstw domowych.

Role i obowiązki kobiet, w porównaniu z mężczyznami, mają zasadnicze znaczenie dla zachowania różnorodności biologicznej w rolnictwie. Rola klasy zamożniejszej i średniej w utrzymaniu bioróżnorodności w rolnictwie jest znacznie większa w społeczeństwie niż w klasie ubogiej. Społeczności wiejskie przyjęły konkretne strategie na rzecz zrównoważonej produkcji żywności jako tradycyjny Wiadom. Nie zostało to odpowiednio zbadane i opracowane przez rząd i organizacje pozarządowe w celu zwiększenia bezpieczeństwa żywnościowego gospodarstw domowych i dochodów na obszarach wiejskich. Ludność wiejska otrzymywała dochody z urzędów państwowych, przekazów pieniężnych z Indii, Malezji, państw Zatoki Perskiej i innych źródeł jako strategie życiowe. Przekazy pieniężne jako strategie utrzymania w znacznym stopniu przyczyniły się do bezpieczeństwa żywnościowego gospodarstw domowych i produktów nieżywnościowych. Pozytywny wpływ na życie ludzi po dziesięciu latach wynika z przekazów pieniężnych z zagranicy, możliwości zatrudnienia w rządzie i organizacjach pozarządowych, dostępu do rynków w okolicznych wioskach oraz uprawy warzyw.

Potrzebne jest zaangażowanie polityczne, kierowane przez rolników komercyjne usługi upowszechniania wiedzy rolniczej, środki produkcji rolnej, takie jak dostęp do dróg, rynków, nawadniania, importowanych nasion, kredytów, środków fitosanitarnych, służb weterynaryjnych oraz terminowe szkolenia rolników we Wspólnocie w celu zwiększenia bezpieczeństwa żywnościowego gospodarstw domowych i zapewnienia im środków do życia. Brak bezpieczeństwa żywnościowego i niepewne środki do życia są cichym zabójcą. Bezpieczeństwo żywnościowe i bezpieczne źródła utrzymania są zatem podstawowym prawem człowieka do wspierania pokoju i bezpieczeństwa w społeczeństwie. Bezpieczeństwo żywnościowe i bezpieczeństwo źródeł utrzymania jest złożoną kwestią polityczną i gospodarczą. Nierównomierna dystrybucja żywności jest głównym problemem w obszarze badań.

7.3 Zalecenia

W odniesieniu do strategii krótko- i długoterminowych sformułowano następujące zalecenia polityczne.

7.3.1 W perspektywie krótkoterminowej:

1. Rząd i darczyńcy powinni wzmocnić program "Żywność dla pracy" w regionach Środkowego i Dalekiego Zachodu oraz w innych obszarach, w których występują poważne niedobory żywności. Należy do tego podchodzić z

ostrożnością, nie podważając przy tym lokalnych zdolności produkcyjnych.

2. Rząd Nepalu i agencje finansujące powinny wspierać drobnych rolników, koncentrując się na środkach bezpieczeństwa żywnościowego, takich jak dotacje do środków produkcji rolnej (nasiona, nawozy, pestycydy, techniki wysokowydajne), wsparcie na rzecz nawadniania na małą skalę, nawadniania kroplowego, promowania powiązań rynkowych i rozwoju technologii na rzecz osób ubogich itp. we współpracy z sektorem prywatnym, organizacjami pozarządowymi, spółdzielniami producentów i organizacjami społecznymi. Wykazano, że nawadnianie zwiększa produkcję roślinną i wydajność na jednostkę powierzchni oraz zwiększa intensywność upraw. Mogłoby to zwiększyć całkowitą produkcję ziarna o co najmniej 50 procent.

3. Społeczność, komitety rozwoju wsi i rząd Nepalu powinny monitorować zmiany w bezpieczeństwie żywnościowym i strategiach utrzymania na poziomie gospodarstw domowych, zarówno na obszarach wiejskich, jak i miejskich, oraz podejmować odpowiednie działania. Instytucje społeczności lokalnych, partie polityczne, nauczyciele szkolni, działacze społeczni, doradcy rolni, urzędnicy VDC, dziennikarze, agenci ds. zmian w rolnictwie i rolnicy powinni prowadzić proces monitorowania bezpieczeństwa żywnościowego w społeczności lokalnej.

4. Lokalni rolnicy powinni skupić się na uprawie roślin o krótkim okresie dojrzewania, takich jak warzywa, ziemniaki, kurczaki, grzyby itp.

7.3.2 W perspektywie długoterminowej:

1. Technologia SRI (System of Rice Intensification) jest przydatna do zwiększenia wydajności ryżu nawet przy niskich nakładach zewnętrznych. Powinien on zatem być wykorzystywany przez Powiatowe Biuro Rozwoju Rolnictwa na poziomie rolników w celu zwiększenia plonów na jednostkę powierzchni, zapewniając w ten sposób bezpieczeństwo żywnościowe gospodarstw domowych i zrównoważone środki utrzymania na obszarach wiejskich. W celu wprowadzenia technologii SRI należy zaplanować program podnoszenia świadomości społecznej.

2. Rząd Nepalu musi sformułować zintegrowaną krajową politykę bezpieczeństwa żywnościowego i podjąć odpowiednie działania w celu zapewnienia bezpieczeństwa żywnościowego gospodarstw domowych i zrównoważonych środków utrzymania na obszarach wiejskich. Cały program rolny, obejmujący zwierzęta gospodarskie, leśnictwo, spółdzielnie, agrobiznes, drogi wiejskie, informację, edukację i komunikację oraz marketing, powinien być zintegrowany w oparciu o łańcuchy wartości surowców rolnych w celu zwiększenia bezpieczeństwa żywnościowego gospodarstw domowych i dochodów rolników.

3. Planowanie, budżetowanie, programowanie, monitorowanie i ocena rolnictwa powinny stać się priorytetem rządu nepalskiego z punktu widzenia bezpieczeństwa żywnościowego. Konwencjonalny rodzaj programów dla rolnictwa, hodowli, leśnictwa i rybołówstwa powinien zostać zrestrukturyzowany wokół kwestii bezpieczeństwa żywnościowego w celu promowania wzorców produkcji, dystrybucji i konsumpcji żywności.
4. W Nepalu podział gruntów jest nierównomierny, dlatego też państwo powinno wdrożyć reformę redystrybucji w koncepcji zarządzania gruntami. Mechanizm zabezpieczenia społecznego musi iść w parze z programem reformy rolnej, tak aby osoby, które nie będą pracowały w rolnictwie i które dostarczą ziemię rolnikowi, miały pewność zatrudnienia. Minimalny próg działek rolnych musi być oparty na strefach ekologicznych (terai, wzgórza, góry i obszary miejskie/wieśskie) i nie może być stosowany na terenie całego kraju.

5. Podejście oparte na zmniejszaniu ryzyka związanego z klęskami żywiołowymi mogłoby być przydatne do zwiększenia bezpieczeństwa żywnościowego na szczeblu wspólnotowym. Powinien on zostać przyjęty przez agencje rządowe i organizacje pozarządowe w kontekście programu środków utrzymania na obszarach wiejskich w Terai, na wzgórzach i w górach, gdzie występuje duża podatność na zagrożenia. Plan awaryjny w zakresie bezpieczeństwa żywnościowego powinien zostać przygotowany na poziomie VDC w celu zaradzenia poważnym niedoborom żywności w społecznościach. Powinien być prowadzony i zarządzany przez komitety rozwoju wsi i liderów społeczności

lokalnych.

6. Własność ziemi oraz rozbudowa i badania rolnicze miały zostać przekształcone przez rząd Nepalu w oparciu o sprawiedliwość i równość społeczną w celu ułatwienia transformacji gospodarczej. Postawa i zachowanie biurokracji muszą zostać przekierowane na rozwój rolnictwa kierowany przez rolników, rolnictwo komercyjne i środowiskowe badania naukowe w dziedzinie rolnictwa, w tym partycypacyjne planowanie, monitorowanie i ocenę, a nie na odgórne polityki i strategie. Drobni producenci rolni muszą znaleźć się w centrum prac nad rozwojem rolnictwa, aby zapewnić trwałą poprawę bezpieczeństwa żywnościowego i środków utrzymania gospodarstw domowych.

7. Rząd Nepalu, rolnicy i zainteresowani darczyńcy powinni skoncentrować się na zwiększeniu wydajności rolnictwa w zakresie kukurydzy, pszenicy, ryżu, prosa lisiego, jęczmienia, gryki, warzyw, owoców, zwierząt gospodarskich (uznając rolnictwo i hodowlę zwierząt gospodarskich za ważną strategię utrzymania), niedrzewnych produktów leśnych i ich aspektów handlowych, programów generowania dochodów itp. poprzez skupienie się na ubogich i zmarginalizowanych, z udziałem ubogich kobiet, mężczyzn, dalitów, grup etnicznych, osób żyjących z HIV/AIDS i innych grup wykluczonych społecznie (np. osób w różnym stopniu upośledzonych) w celu poprawy statusu społecznego i jakości bogactwa gospodarstw domowych. Zapewnienie, aby region Środkowego i Dalekiego Zachodu był co najmniej równy z całym krajem.

8. Dostęp do podstawowych usług infrastrukturalnych musi zostać poprawiony przez rząd Nepalu na wzgórzach i w Terai. Państwo musi podjąć inicjatywę na rzecz przezwyciężenia ubóstwa poprzez podstawowe usługi, takie jak edukacja, opieka zdrowotna, dostęp do dróg, usługi upowszechniania wiedzy rolniczej, komunikacja, centra rynkowe i zaplecze bankowe.

9. Należy rozważyć sieci bezpieczeństwa socjalnego, takie jak technologia dla ubogich rolników i wsparcie w sektorze rolnym. Ubogie rodziny borykające się

z niestabilnymi cenami potrzebują gwarancji minimalnego dochodu i programu zabezpieczenia pieniędzy na pracę, aby przetrwać wstrząsy i zaspokoić swoje podstawowe potrzeby. Należy zapewnić siatkę bezpieczeństwa socjalnego w postaci dopłat pieniężnych dla ubogich i potrzebujących. W tym zakresie potrzebne są większe zasoby i pomoc techniczna ze strony społeczności międzynarodowej.

10. Podjęcie działań już teraz w celu zmniejszenia braku bezpieczeństwa żywnościowego, w szczególności biorąc pod uwagę potrzeby kobiet jako opiekunów, leśników i osób przygotowujących żywność. Ubogie kraje, takie jak Nepal, powinny domagać się międzynarodowego wsparcia w zakresie odpowiednich środków, które 1) muszą być skierowane do kobiet jako kluczowych członków gospodarstwa domowego odpowiedzialnych za opiekę nad rodziną, poszukiwanie żywności i innych ważnych przedmiotów (takich jak woda i drewno opałowe) oraz jako podmiotów przygotowujących żywność (które są również odpowiedzialne za przechowywanie ziarna), 2) bezpieczeństwo żywnościowe jest chronicznym problemem i wymaga krótko-, średnio- i długoterminowego planu wielosektorowego oraz 3) wymaga międzynarodowej pomocy.

11. Wspólnota powinna promować lokalne lub miejscowe uprawy podstawowe i zwyczaje żywieniowe oraz badać ich wykorzystanie i produkcję na poziomie lokalnym. Rządowy program rozwoju rolnictwa powinien być priorytetem w tej dziedzinie. Istnieje potrzeba zwiększenia inwestycji w rozwój rolnictwa, a w szczególności wsparcia programu dla ubogich rolników. Należy położyć większy nacisk na wspieranie wzrostu wydajności w tradycyjnych, drobnych uprawach, takich jak kukurydza, pszenica, proso lisogonowe, jęczmień, gryka, rośliny strączkowe (soja, groch, ciecierzyca, groch krowi, fasola ryżowa, czarny gram, fasola, groch gołębi, soczewica itp. W ten sposób wyeliminowane zostaną największe koszty transportu żywności w ekologicznej strefie wzgórz i gór.

12. Ponieważ różnorodność biologiczna jest również niezbędna dla bezpieczeństwa

żywnościowego, Wspólnota i rząd Nepalu powinny uchwalić i wdrożyć skuteczne prawo w celu ochrony zróżnicowanych strategii rolniczych.

13. Rząd Nepalu i agencje finansujące powinny skoncentrować się na usunięciu podstawowych przyczyn braku bezpieczeństwa żywnościowego w tych obszarach, ponieważ potrzeba mniej środków w porównaniu z obecną strategią reagowania, która jest wdrażana co roku. Darczyńcy powinni wziąć to pod uwagę i w związku z tym odpowiednio zaplanować. Zwiększenie inwestycji donatorów i rządu krajowego w małe gospodarstwa rolne w celu zapewnienia konsumpcji żywności w gospodarstwach domowych.

14. Rząd Nepalu i agencje finansujące powinny uznać, że zmiany klimatu zaostrzą problemy związane z bezpieczeństwem żywnościowym i będą wymagały pilnych działań łagodzących i dostosowawczych. Społeczność lokalna powinna skupić się na technologiach adaptacji do zmian klimatu w odniesieniu do zbóż, warzyw, owoców i zwierząt gospodarskich.

15. Rząd Nepalu powinien skoncentrować swoje badania na wykorzystaniu przewagi komparatywnej wzgórz i gór. Na przykład różnice klimatyczne i ekologiczne na wzgórzach i w regionach górskich stwarzają możliwości dla niszowych produktów ekologicznych, takich jak owoce, warzywa, rośliny lecznicze, zioła, przyprawy, agroleśnictwo, altana, produkcja nasion i wiele innych upraw wysokiej jakości.

16. Rząd Nepalu powinien przeznaczyć co najmniej 10 procent budżetu krajowego na rozbudowę rolnictwa, badania, marketing i tworzenie wartości towarów rolnych w celu osiągnięcia wyższego zysku gospodarczego. Rolnicy powinni również inwestować pieniądze w środki produkcji rolnej, takie jak nawozy, opryskiwacze, importowane nasiona, leki weterynaryjne, importowane stada hodowlane (byki, kozy itp.), aby zwiększyć plon na jednostkę powierzchni.

17. Rząd Nepalu powinien zapewnić co najmniej jednego technika rolniczego w każdym komitecie rozwoju wsi, aby zapewnić usługi doradcze na poziomie

gospodarstw domowych w celu zwiększenia produkcji żywności i zróżnicowania środków utrzymania na wsi.

18. Rolnicy i rząd Nepalu powinni założyć wspólnotowe banki nasion i ziarna w celu produkcji ulepszonych nasion i lokalnej selekcji rodzimych odmian roślin uprawnych oraz w celu poprawy dostępu do nasion w każdym gospodarstwie domowym zarządzanym i należącym do lokalnych społeczności. W każdym komitecie ds. rozwoju wsi należy udostępnić zapas zapas zboża żywnościowego w celu rozwiązania problemu chronicznego braku bezpieczeństwa żywnościowego.

19. Rolnicze Podmioty Wprowadzające Zmiany (ACM) powinny być przeszkolone i dobrze wyposażone przez rząd Nepalu, darczyńców i organizacje pozarządowe w każdym dystrykcie/społeczności, aby wzmocnić, zorganizować, przekształcić i wesprzeć kampanię ekologicznie zrównoważonych rolników na rzecz bezpieczeństwa żywnościowego, bezpieczeństwa i środków fitosanitarnych, aby przekształcić rolnictwo z rolnictwa na własne potrzeby w rolnictwo komercyjne i stworzyć miejsca pracy zarobkowej.

20. Rząd Nepalu i władze lokalne powinny ustanowić wspólnotowy system samoregulacji w celu zwiększenia bezpieczeństwa żywnościowego gospodarstw domowych i dochodów gospodarstw rolnych, ze wsparciem dla przygotowywania biznesplanów przez grupy producentów. Istnieje potrzeba zapewnienia wsparcia za pośrednictwem Powiatowego Biura Rozwoju Rolnictwa/ośrodków usług rolniczych oraz Komitetu Rozwoju Wsi w celu wzmocnienia działań wspólnotowych na rzecz osiągnięcia zrównoważonej produkcji ĪywnoĞci poprzez wprowadzenie nowoczesnych technologii i etosu zachowania lub tradycyjnej mĊdroĞci, wzrostu gospodarczego z zachowaniem sprawiedliwoĞci, zdrowia Ğrodowiska i lokalnej zdolnoĞci do przetrwania poprzez rozwój instytucjonalny, taki jak grupy producentów, spółdzielnie, marketing oparty na áaĔcuchu wartoĞci itd.

21. Duża ilość jedzenia jest zamieniana na alkohol. Powinno to być kontrolowane

przez lokalną społeczność, komitety rozwoju wsi i urzędy administracji okręgowej, a alternatywne środki, takie jak owoce niskiej jakości (gruszka, pomarańcza, jabłko itp.), mogłyby być promowane w produkcji alkoholu.

22. Społeczność lokalna powinna skupić się na zbieraniu wody deszczowej do celów irygacyjnych, aby zwiększyć produkcję rolną i poprawić bezpieczeństwo żywnościowe. Staw wyłożony tworzywem sztucznym wydaje się być ekonomiczną technologią służącą do oszczędzania wody deszczowej oraz do wykorzystania w produkcji warzyw w porze suchej.

23. Lokalni rolnicy powinni skoncentrować się na agroleśnictwie w obszarach przygranicznych, aby produkować paszę, paliwo i wodę glebową. Bambus i trawa miotłowa (*Amliso*) powinny być sadzone przez każdego rolnika jako biznes przynoszący dochody.

7.4 Propozycje dotyczące dalszych badań

Pozostałe obszary dochodzenia zostały opisane poniżej.

1. **Analiza kosztów i korzyści:** Koszty uprawy oraz analiza kosztów i korzyści zbóż, warzyw, owoców i zwierząt gospodarskich stanowią ważną kwestię przy określaniu ekonomicznie opłacalnych upraw. Nie przeprowadzono analizy kosztów i korzyści zbóż, warzyw, owoców, roślin okopowych, agroleśnictwa i zwierząt gospodarskich w odniesieniu do bezpieczeństwa żywnościowego gospodarstw domowych i dochodów rolników w regionie. Stosunek kosztów do korzyści jest nietkniętą kwestią w tych badaniach, która jest obszarem do dalszego badania.

2. **Analiza budżetowa:** Ważną kwestią jest przydzielenie wystarczających środków budżetowych dla sektora rolnego w celu zwiększenia bezpieczeństwa żywnościowego i środków utrzymania na obszarach wiejskich. Mądra analiza budżetowa przeprowadzona przez Komisję Rozwoju Wsi w odniesieniu do różnych sektorów nie została przeprowadzona w trakcie badania. To jest obszar dalszych dochodzeń.

3. **Zmiany klimatu:** Rzeczywisty wpływ zmian klimatu na zboża, ogrodnictwo i zwierzęta gospodarskie nie został szczegółowo zbadany. Powstaje pytanie o wpływ zmian klimatu na rolnictwo. Jest to zatem obszar dalszych szczegółowych badań.

4. **Globalizacja: Globalizacja** ma wpływ na bezpieczeństwo żywnościowe i strategie utrzymania na obszarach wiejskich, w tym na sektor rolnictwa. Wpływ globalizacji na bezpieczeństwo żywnościowe i strategie życia na obszarach wiejskich jest zatem tematem badań.

Załączniki

Załącznik 2.1
Trzy modele rolnictwa dla bezpieczeństwa żywnościowego

Modele / Parametry	Model kontroli państwowej Zielonej Rewolucji	Model korporacyjny	Zrównoważony model małych gospodarstw rolnych
siła napędowa	Agencje wielostronne; kierowane przez rząd	Grupy; związane z handlem	drobni rolnicy, kobiety i kobiety prowadzące gospodarstwa rolne, kierujące się naturą i ludźmi
Struktura produkcji i dystrybucji	Centralna/duża odległość, duże "food miles	Bardziej scentralizowane, dłuższe dystanse "Mile żywności", które przyczyniają się do zmiany klimatu w zakresie emisji CO2	Transport zdecentralizowany, lokalny i regionalny, niskie "food miles".
Preferowane metody	Wkłady chemiczne/wysokie nakłady zewnętrzne	Zwiększony wkład zewnętrzny// wzmocniona chemisacja/ inżynieria genetyczna	Organiczny/ekologiczny/ niskie wejście zewnętrzne
Status różnorodności	Monokultury	Bardziej rozległe monokultury	Polikultury
Produktywność	Niska wydajność wykorzystania zasobów, wysokie dotacje na ochronę środowiska	Niższa wydajność wykorzystania zasobów, wyższe dotacje na ochronę środowiska	Wyższa wydajność wykorzystania zasobów, brak dotacji na ochronę środowiska
Charakterystyka społecznoekologiczna	Niezrównoważony / Niedemokratyczny	Niedemokratyczny/ Niezrównoważony	Demokratyczny/zrównoważony

Źródło: Shiva, 2002, s. 470

Załącznik 2.2

Globalne organizacje i sieci reagujące na bezpieczeństwo żywnościowe

Sektor/specjalność	Organizacje międzyrządowe	Inne organizacje
Wyspecjalizowane organizacje w sektorze rolnym	Organizacje żywności i rolnictwa Międzynarodowego Funduszu Rozwoju Rolnictwa ONZ Światowa Organizacja Zdrowia Zwierząt Światowy Program Żywnościowy Globalna platforma darczyńców na rzecz rozwoju obszarów wiejskich (w tym darczyńców dwustronnych)	Globalne sieci organizacji rolniczych (np. Międzynarodowa Federacja Producentów Rolnych, Via Campesina) Międzynarodowe przedsiębiorstwo rolne (np. Monsanto, Dow Chemicals) Sieci supermarketów Grupa Doradcza ds. Międzynarodowego Rozwoju Rolnictwa
Organizacje i sieci międzysektorowe z udziałem rolnictwa	Codex Alimentarius	Żniwa Plus
Organizacje rozwojowe i organizacje wspierające programy rolne	Grupa Banku Światowego Program Narodów Zjednoczonych ds. Rozwoju	Prywatne fundacje i agencje finansujące (np. Rockefeller, Gates Foundation) Pozarządowe organizacje rozwojowe (np. Oxfam, CARE, Katolickie Służby Pomocy)
Wyspecjalizowane organizacje ekologiczne	Program Ochrony Środowiska Narodów Zjednoczonych Międzyrządowy Zespół ds. Zmian Klimatu Fundusz na rzecz Globalnego Środowiska	Ekologiczne organizacje pozarządowe (np. World Wide Fund for Nature, Greenpeace) International Union for the Conservation of Nature
Wyspecjalizowane organizacje w innych sektorach	Światowa Organizacja Zdrowia Światowa Organizacja Handlu Światowy Fundusz Rozwoju na rzecz Kobiet	Międzynarodowe firmy farmaceutyczne i biotechnologiczne Międzynarodowa Organizacja Normalizacyjna.
Ogólne organy globalnego zarządzania	Szczyt G8 ; G8+5 Sekretariat, Zgromadzenie i Rada Gospodarczo-Społeczna Narodów Zjednoczonych	-

Źródło: WDR, 2008 R.

Załącznik 2.3
Strategie zabezpieczania środków do życia/ mechanizmy finansowania dla ubogich w Bangladeszu

Dystrykt	Kobiety	Mężczyźni
Kurigram	Praca w rolnictwie; praca dorywcza; migracja z gospodarstwami domowymi; sezonowa praca seksualna; handel na małą skalę; praca dzieci.	Praca w rolnictwie; praca dorywcza; migracja; handel detaliczny; przemyt; rybołówstwo; praca dzieci.
Brahmanbaria	Mały handel; niektóre prace krawieckie/ Szycie, drób, inwentarz żywy.	Niektóre rolnicze/ praca dorywcza (budownictwo); migracja.
Bhola	Niektórzy pracownicy rolni; migracja; małe przedsiębiorstwa; praca dzieci.	Praca rolnicza i dorywcza; rybołówstwo i praca w sektorze rybołówstwa jako siła robocza; migracja; praca dzieci.

Źródło: Mitra & Rahman, 2002

Załącznik 2.4

Ramy dostosowania do zmian klimatu w zakresie bezpieczeństwa żywnościowego

Sektor/podsektor	Strategia	Środki dostosowawcze
A. Dostępność żywności Zarządzanie produkcją roślinną	Samowystarczalność żywnościowa	- Rozwój i selekcja tolerancyjnych odmian i gatunków roślin poprzez badania adaptacyjne w warunkach suszy, upałów i powodzi - Stosować odmiany bardziej odporne na choroby i szkodniki - Promowanie lokalnych i rodzimych upraw - Opracowanie odmian wczesnej dojrzałości - Dostosowanie danych dotyczących siewu na podstawie rozkładu opadów - Zmiana w stosowaniu nawozów/pestycydów - Inwestowanie w centra zasobów - Zapewnienie dobrej jakości materiału siewnego i sadzeniowego - Wdrożenie programu produkcji żywności i samowystarczalności żywnościowej w oddalonym okręgu deficytowym
Infrastruktura rolnicza	Zwiększona wydajność	-Rozbudowa drogi rolniczej - Poprawa i renowacja istniejącego systemu nawadniania - Promowanie systemów zbierania wody deszczowej i mikro-nawadniania w regionach górskich - Opracowanie struktury rynku, punktów zbiórki i systemu informacyjnego - Promocja kolejki linowej grawitacyjnej w celu zmniejszenia kosztów transportu - Poprawa technologii po zbiorach w celu zmniejszenia strat
Przeprojektowanie systemu uprawy	korekta Zrównoważony rozwój	-Promowanie drugorzędnych, rodzimych upraw, bulw i fasoli na obszarach górskich i suchych - Promowanie upraw ogrodniczych, agroleśnictwa, ziół i NTFP - Wspieranie wiązania azotu i uprawy roślin strączkowych - Promocja stosowania nawozów

		organicznych i pestycydów organicznych w oborniku - Wdrażanie technologii oszczędzających zasoby - zróżnicowanie upraw, upraw wielokrotnych i międzyplonów - uprawiać płodozmian i chronić agrobioróżnorodność - Zintegrowane zarządzanie substancjami odżywczymi i poprawa żyzności gleby
Hodowla i zarządzanie inwentarzem żywym	Poprawa produkcji	- Poprawa praktyk żywieniowych - Hodowla zwierząt dla większej tolerancji i wydajności - Rośliny, odpowiednie gatunki roślin pastewnych i traw - Poprawa stanu pastwisk i wypasu - Lepsze zarządzanie i służby weterynaryjne - Lepszy nadzór i kontrola nad szkodnikami i chorobami transgranicznymi - Dywersyfikacja produktów zwierzęcych
B. Dostęp do żywności (fizyczny i ekonomiczny dostęp do żywności)	Modernizacja lokalnej żywności Produkcja i Dochód	- Inwestycje w wysokiej jakości uprawy i surowce - Ustanowienie wspólnotowego banku nasion i żywności - Rozwój sieci rynkowych - Usuwanie barier rynkowych i handlowych - Tworzenie lokalnych miejsc pracy dla niezabezpieczonych gospodarstw domowych - Kontrola cen i subsydiowana żywność dla ubogich i potrzebujących - Wdrożenie programu Cash-for-Work - Program produkcji żywności - Ukierunkowana dystrybucja żywności jako pomoc nadzwyczajna
C. Stosowanie środków spożywczych	Osiągnięcie odżywiania Bezpieczeństwo	- Wdrożenie programu przygotowywania żywności i różnorodności żywieniowej - Włączenie odmian do systemu dystrybucji żywności oraz Konsumpcja - Promocja ogrodnictwa i konsumpcji warzyw

		- podnoszenie świadomości w zakresie zrównoważonej i odżywczej żywności, praktyk sanitarnych i opieki zdrowotnej
D. Stabilność i zrównoważony rozwój	promowanie stabilności w produkcji żywności, Zaopatrzenie i utrzymanie Odbudowa	- Ustanowienie i wzmocnienie systemu wczesnego ostrzegania - Wprowadzenie ubezpieczeń upraw i zwierząt gospodarskich - Program zarządzania ryzykiem katastrofy, oraz Gotowość na wypadek sytuacji kryzysowej w rolnictwie - rozwój i rozszerzenie zakresu pomocy w przypadku klęsk żywiołowych w rolnictwie, oraz Fundusz na rzecz odbudowy w ramach Ministerstwa (MOAC) - Poprawa zdolności produkcyjnych nepalskich przedsiębiorstw spożywczych -Jednostka DRM w MOAC - Ocena słabych punktów i tworzenie map
E. Wsparcie polityczne dla bezpieczeństwa żywnościowego	Środowisko budowlane dla uzyskania żywności Bezpieczeństwo	-Opracowanie kompleksowego krajowego planu bezpieczeństwa żywnościowego - Ustanowienie Departamentu Bezpieczeństwa Żywnościowego i Zmiany Klimatu Departament w Ministerstwie Rolnictwa i Spółdzielczości - Poprawa zdolności NARC do generowania wiedzy i technologii pod wpływem zmian klimatu - Przyjęcie krajowej ustawy o bezpieczeństwie żywnościowym i ustawy o użytkowaniu gruntów - Podkreślenie polityki żywnościowej i biotechnologicznej w odniesieniu do bezpieczeństwa biologicznego, LMO i żywności GMO - Wdrożenie i egzekwowanie dobrowolnych wytycznych w celu wspierania stopniowej realizacji prawa do odpowiedniej żywności w kontekście krajowego bezpieczeństwa żywnościowego

Źródło: 127. sesja Rady FAO, 2004 i Dahal et al. 2010.

Dodatek: 2.5

Produkcja i bilans ziarna jadalnego w Nepalu (MT)

Rok	Produkcja jadalna ogółem	Całkowite zapotrzebowanie	Bilans	Saldo w %.
1996/97	3972587	4079135	-106548	-3.00
1997/98	4027349	4178077	-150728	-4.00
1998/99	4097612	4279491	-181879	-4.00
1999/00	4451939	4383443	68496	1.56
2000/01	4513179	4424192	88987	2.01
2001/02	4543049	4463027	80022	1.79
2002/03	4653385	4619962	33423	0.72
2003/04	4884371	4671344	213027	4.56
2004/05	4942553	4779710	162843	3.60
2005/06	4869440	4890993	-21553	-0.44
2006/07	4815284	4995194	-179910	-3.60
2007/08	5195211	5172844	22367	0.43
2008/09	5160400	5293316	-132916	-2.51
2009/10	4967469	5297444	-329972	-6.023
2010/11	5512875	5402242	110634	2.05

Źróćło: Dahal & Khanal, 2010, Dahal et al. 2011

Załącznik 2.6								
OGÓLNA DOSTĘPNOŚĆ I POPYT NA ŻYWNOŚĆ JADALNĄ 2009/10								
	PRODUKCJA JEDNAKOWA (mt)					Jadalny w całości	Wniosek -	Bilans
DISTRICT	Ryż	Kukurydza	Pszenica	Proso	Jęczmień	za kogoś (mt.)	mt)	(+,-)
TAPLEBOY	8374	19810	1788	2471	72	32515	29677	2838
SANKHUWASHAWA	11630	12560	1953	8169	8	34320	35076	-756
SOLUKHUMBU	1611	25369	2764	1701	61	31507	23619	7888
E. GÓRNA	21616	57739	6504	12342	141	98342	88372	9970

PANCHTHAR	8051	14688	4996	5834	140	33710	47310	-13600
ILLAM	19515	45772	7291	2932	20	75530	67830	7700
TERHATHUM	10020	15109	2552	2257	30	29969	26037	3932
DHANKUTA	12783	44429	3933	7384	3	68532	38787	29745
BHOJPUR	19265	33144	3069	4244	11	59733	45515	14218
KHOTANG	12166	37153	4070	11761	108	65258	52772	12486
OKHALDHUNGA	5856	16675	2743	10030	38	35341	36352	-1011
UDAYAPUR	21386	27291	8910	2818	10	60415	70299	-9884
E.HILLS	109042	234261	37564	47261	360	428488	384902	43586
JHAPA	144001	41275	27752	1757	2	214786	145342	69444
MORANG	133262	26318	41086	1420	0	202086	182942	19144
SUNSARI	72745	9195	36362	1021	0	119323	139507	-20184
SAPTARI	81731	1714	28580	203	0	112228	122847	-10619
SIRAHA	57381	411	24833	617	0	83242	123933	-40691
E.TERAJA	489120	78913	158613	5017	2	731665	714571	17094
E.REGION	619778	370913	202682	64620	503	1258495	1187845	70650
DOLAKHA	3367	5962	3948	3381	63	16721	45758	-29037
SINDHUPALCHOK	15563	36037	9492	17875	0	78967	68380	10587
RASUWA	1535	2060	1111	859	94	5660	10138	-4478
C. GÓRNA	20466	44059	14552	22114	157	101348	124276	-22928
RAMECHAP	8460	36103	5582	4934	21	55101	49319	5782

SINDHULI	7068	23038	7116	8585	12	45819	67367	-21548
KAVRE	17345	37788	14448	2921	201	72704	91216	-18512
BHAKTAPORE	10686	1392	8106	81	14	20279	55102	-34823
LALITPUR	11545	11644	6303	640	68	30201	82786	-52585
KATHMANDU	19567	8721	11667	689	2	40645	284444	-243799
NUWAKOT	31423	30895	9273	5735	1	77327	67963	9364
DHADING	18756	13825	6325	6109	95	45110	80783	-35673
MAKWANPUR	24526	26045	6773	2592	7	59943	94472	-34529
C. HILLS	149375	189451	75593	32288	422	447129	873452	-426323
DHANUSHA	89362	349	50238	348	0	140298	144931	-4633
MAHOTTARI	36446	1780	36658	346	14	75244	120259	-45015
SARLAHI	51689	9814	45239	142	14	106898	139384	-32486
DZIAŁALNOŚĆ RAWOWA	60814	396	29772	53	14	91049	120402	-29353
BARA	100441	1287	79282	82	18	181111	124431	56680
PARSA	82341	7198	62508	61	9	152117	110352	41765
CHITWIA	46459	23650	18988	1515	82	90694	104676	-13982
		PRODUKCJA JEDNAKOWA (mt)				Jadalna siatka	Wniosek -	Bilans
DISTRICT	Ryż	Kukurydza	Pszenica	Proso	Jęczmień	za kogoś (mt.)	mt)	(+,-)
C.TERAI	467552	44474	322685	2547	151	837411	864438	-27024

C.REGION	637393	277984	412830	56949	730	1385888	1862166	-476275
MANANG	0	286	509	2	64	862	2490	-1628
MUSTANG	0	467	867	3	101	1438	3220	-1782
V.MOUNTAIN	0	753	1376	6	166	2300	5710	-3410
GORKHA	23847	31728	5789	10291	29	71684	67185	4499
LAMY BOY	13793	28087	5528	6659	7	54075	41455	12620
TANAHU	24675	42994	2752	5917	2	76340	74299	2041
KASKI	33104	28599	12279	14866	31	88879	92919	-4040
PARBAT	12004	26170	5483	7451	48	51156	36316	14840
SYANGJA	28075	69295	10389	15717	32	123507	72576	50931
PALPA	11385	32407	10874	2099	14	56778	62530	-5752
MYAGDI	5210	20506	4644	2542	154	33056	26662	6394
BAGAGAGE	7309	37439	9826	19472	350	74397	63016	11381
GULMI	13418	31314	12737	3237	163	60870	68578	-7708
ARGHAKHANCHI	10385	27474	10850	797	131	49637	48758	879
W.HILLS	183205	376013	91151	89050	959	740379	654294	86085
NAWALPARASI	75596	13347	37868	447	24	127281	123477	3804
RUPANDEHI	131960	514	85027	89	8	217599	158199	59400
KAPILBASTU	86706	259	76673	113	72	163823	105909	57914
W.TERAJ	294261	14120	199568	649	104	508703	387585	121118
W.REGION	477466	390886	292096	89705	1229	1251382	1047589	203793
DOLPA	306	2610	2350	255	86	5607	6592	-985
MUGU	1264	525	1314	1276	511	4890	9906	-5016
HUMLA	449	83	67	1041	197	1836	9056	-7220
JUMLA	2864	4286	2756	3366	1236	14509	19923	-5414
CALICOT	3465	6280	4068	1048	231	15091	23628	-8537

MW.BERG	8348	13784	10554	6986	2261	41933	69105	- 2717 2
RUKUM	6083	27907	10511	861	287	45649	44762	887
ROLPA	7439	13494	9175	859	142	31109	49079	- 1797 0
PYUTHAN	6320	8506	12504	1625	158	29114	50639	- 2152 5
SALYAN	10983	29876	14355	1880	372	57465	50001	7464
JAYARKOT	5438	15224	8290	2530	116	31600	31697	-97
DAILEKH	13469	28389	7289	2311	70	51527	53298	-1771
SURKHET	24073	32812	24767	2201	372	84225	70234	1399 1
MW.HILLS	73805	156208	86891	1226 8	1517	330689	34971 0	- 1902 1
ZAGROŻENIE	61361	17829	22315	149	8	101662	10231 4	-652
BANKI	55640	672	34838	0	3	91153	86749	4404
		PRODUKCJA JEDNAKOWA (mt)				Jadalna siatka	Wnios ek -	Bilan s
DISTRICT	Ryż	Kukury dza	Pszeni ca	Proso	Jęczmi eń	za kogoś (mt.)	mt)	(+,-)
BARDIYA	69128	6357	37494	0	3	112981	85069	2791 2
MW.TERAI	186128	24858	94648	149	14	305796	27413 2	3166 4
MW. REGION	268282	194850	19209 3	1940 2	3791	678418	69294 7	- 1452 9
BAJURA	2327	506	2429	1613	231	7106	24383	- 1727 7
BAJHANG	4798	1721	3769	1474	323	12085	37647	- 2556 2
DARCHULA	3998	7167	4247	946	293	16651	27489	- 1083 8
FW.MOUNTAIN	11123	9394	10445	4033	847	35842	89519	-

								53677
ACHHAM	7361	3713	5539	2718	27	19358	54302	-34944
DOTI	9746	358	20873	4344	49	35370	49663	-14293
BAITADI	5387	10778	4066	772	136	21139	55054	-33915
DADELDHURA	7049	1648	8867	292	33	17889	29968	-12079
FW.HILLS	29543	16497	39344	8125	246	93756	188987	-95231
KAILALI	79375	17689	50561	251	181	148058	141749	6309
KANCHANPUR	62975	4225	48282	146	1	115630	86642	28988
FW.TERAJA	142350	21914	98844	397	183	263688	228391	35297
FW.REGION	183017	47805	148633	12556	1275	393286	506897	113611
N E P A L :	2185936	1282438	1248333	243231	7529	4967469	5297444	-329972
Góra	61552	125729	43431	45481	3572	279765	376982	-97217
Wzgórze	544971	972430	330544	188991	3504	2040441	2451345	-410904
Terai	1579412	184279	874358	8759	452	2647263	2469117	178149
Razem	2185936	1282438	1248333	243231	7529	4967469	5297444	-3299

								72
Źródło: DOA, 2010								

Załącznik 2.7

Mapowanie organizacyjne w dzielnicy Dailekh

Organizacje	Ważne programy	Obszary objęte programem
WFP	• Żywność dla programu pracy (4 kg ryżu/dzień na osobę) • Gotówka za pracę (2 kg ryżu i 60 NPR na osobę dziennie)	11 VDC (Baluwatar, Bhirikalikathum, Bissala, Chauratha, Gamaudi, Kusapani, Lakandra, Naumule, Pagnath, Pipalkot i Ruma)
HELVETAS	• Mikro- nawadnianie • Produkcja roślinna • Szkolenie rolników w zakresie warzyw • Programy generowania dochodów, takie jak rozwój mikroprzedsiębiorstw	5 VDC (Salleri, Naumule, Lakandra, Tolijaise, Sattla)
CEAPRED	• Rozmnażanie nasion warzyw • Produkcja świeżych warzyw • Związek z rynkiem	Kahdgawada, Dandaprajul itd.
RVWRMP-FINIDA	• Mikro- nawadnianie • Wielokrotne użycie wody • Produkcja roślinna	6 VDC (Kusapani, Bisalla, Kalika, Lalikanda, Singasain, Meleltoli)
PASRA/GTZ przez DDC	• Mikro- nawadnianie • Woda pitna	Gauri, Naulekat wieloryb, Baraha, Malika i
SIMI-Nepal	• Mikro- nawadnianie • Produkcja roślinna • Związek z rynkiem	We współpracy z DADO w różnych VDC
Powiatowy urząd ds. rozwoju rolnictwa	• Ogólne usługi doradztwa rolniczego	W całym okręgu
Rolnicze gospodarstwo badawcze	• Produkcja nasion: warzywa, kukurydza, itp.	W całym okręgu
DFID/WPZIB	• Mikro- nawadnianie • Produkcja roślinna	Podejście międzydzielnicowe jako podejście

	• Związek z rynkiem	zorientowane na popyt
Fundusz Ograniczania Ubóstwa	• program generowania dochodów • Konstrukcja DWS • Konstrukcja Latrine	Program uruchomiony w 15 VDC

Źródło: Thapa, czerwiec 2009 r.

Dodatek: 3.8
Kwestionariusze ustrukturyzowane

1. Nazwisko respondenta/głowy gospodarstwa domowego:
Zawód: Adres: VDC Stacja nr ( ) Tole:

	Nazwiska członków rodziny	Stosunki z respondentem	Płeć 1 = Kobieta 2 = Mężczyzna	Wiek (ukończony rok)	Umiejętność czytania i pisania 1=umiejętność czytania i pisania 2= analfabetyzm	Poziom wykształcenia 1=Czytanie 2=Padł	Przyczyny przedwczesnego kończenia nauki (od 5 do 15 lat)	Stan cywilny 1=Małżeństwo 2=Małżeństwo 3=Rozwód 4=Samotny	Główne zajęcie 1=Arolnictwo 2=biznes 3=Służba 4=emerytura 5- bezrobocie za granicą 6=Student 7=Praca płacowa 8=Służba 9=Bezrobocie 10=pracownicy sezonowi 11=Inne (jeśli dostępne)	Miejsce pracy 1=Willa 2=Out wsi (ta sama dzielnica) 3= Kathmandu 4=Inna dzielnica 5= Indie 6=Inne kraje

Etniczność/kasteria: Płeć: Kobieta ( ) Mężczyzna ( ) Wiek ( )

2) pochodzenie rodzinne gospodarstwa domowego (nie obejmuje córek zamężnych, ale córek rozwiedzionych, jeśli mieszkają razem)

Trzy. Wyemigrowałeś? Tak ( ) Nie ( ) Jeśli tak, proszę podać szczegóły (jeśli nie, proszę nie wypełniać pytania 3)

Wędrowne miejsce			1=Stały 2=Temczasowy	Przyczyna migracji	Jak długo to już trwa
Dystrykt	VDC/Wspólnota	Stacja nr.			

4. czy ty lub członek twojej rodziny jesteście zorganizowani w grupie? Tak ( ) Nie ( )
Jeśli tak, proszę podać następujące informacje

SN	Nazwisko członka rodziny uczestniczącego w grupach	Nazwa grupy	Stanowisko	Poziom grupy (1=okrągły, 2=VDC 3=stacja 4=społeczność 5=inne)

5. jakie jest twoje doświadczenie ze zmianami, które zaszły w tobie i w twoich rodzinach pod względem poczucia własnej wartości i w wymiarze społecznym.
Status w porównaniu do ostatnich 10 lat?

Sytuacja	Tak samo 1	Lepiej 2	Gorzej 3	Sytuacja	Taki sam1	Lepiej2	Gorszy3
Status społeczny				Uczestnictwo w procesie decyzyjnym			
Sytuacja załogi				Poczucie własnej wartości			
Dostęp do usług				Przemoc społeczna (niedotykalność, zakaz, tortury, dyskryminacja, wyzysk ekonomiczny, wykorzystywanie seksualne itp.)			
jakość usług							

6. jakie choroby są częstymi ogniskami w twojej rodzinie?
1. 2. 3. 4.
5.

6.1 Ile osób jest dotkniętych tymi chorobami średnio w ciągu roku?

6.2. Gdzie idziesz na leczenie?

7. Jaki jest stan różnych rodzajów usług rządowych w waszej społeczności?

Rodzaje obiektów usługowych	Stan: 1. wystarczający 2. niewystarczający 3. kontynuuje 4. zaniepokojony 5. łatwy 6. trudny (jeśli napisano więcej niż jeden)	Dostępny czas (w godzinach lub minutach)	Transport (1. pieszo. 2. autobusem. 3. samolotem, 4. samochodem prywatnym)	usługodawca 1. Rząd 2. pozarządowy 3. prywatny 4. instytucja finansowa 5. inny	Obecna sytuacja w porównaniu z sytuacją 10 lat temu (zaznaczyć ii)								
					Odległość			Dostępność usługi			jakość usług		
					W pobliżu	Ten sam	Szeroko	Wystarczy	Ten sam	Nie wystarczy	Dobrze	Ten sam	Gorzej
Energia elektryczna													
Telefon													
Urząd Pocztowy													
Biuro wody pitnej													
Budynek wspolnotowy													
Budynek klubu													
Szkoła													
Biblioteka publiczna													
Rynek lokalny													
Punkt zbiórki warzyw.													
Centrum odbioru mleka													
Posterunek zdrowia													
Szpital													
Prywatna klinika													
Uzdrowiciel religijny													
Lekarz ajurwedyjski													
Centrum Usług Rolniczych													
Ośrodek hodowli bydła													
JTA Rolnictwo													
JTA (weterynarz)													
Biuro													

Leśnictwa													
Nepalska firma spożywcza													
Instrument bankowy													
Pożyczka od grup													
Instrument pożyczkowy od instytucji finansowych													
Organizacje pozarządowe													
Spółdzielnie													
Inne													

8. informacje o własności gruntów

8. 1 Czy ty/członek twojej rodziny masz kraj? Tak ( ) Nie ( )

8.2 Jeśli tak, to jaki jest twój status własności ziemi?

S.N.	Grunty użytkowane	Całkowita powierzchnia	Jednostka (Ropami)	Rodzaje gruntów (Abbal/Doyam/Sim/Char)	Powierzchnia nieruchomości	Wynajęty	Wynajęty w	Obszar podwójnej własności	Produkcja (w kg)
1	Pole Paddy								
2	Bari								
3	Grunty pod dom i ogród warzywny								
4	Las								
5	*Pakho*								
6	Inne								

8.3 Czy kobieta w twojej rodzinie posiada ziemię? Tak ( ) Nie ( )

8.4 Jeśli tak, to ile ziemi należy do kobiet? J............... ....ednostka obszarowa

8.5 Jeśli nie, to jakie są powody nie zarejestrowania się pod nazwiskiem kobiety?

1..................... 2 ....

3...

8.6 Czy ziemia, którą ty i twoja rodzina posiadacie, jest wystarczająca do życia?

Tak ( ) Nie ( )

8.7 Jeśli nie, to ile ziemi potrzeba twojej rodzinie? Obszar.................................... .

8.8 Ile ziemi miałeś przed 2052 rokiem p.n.e.? J.............. ....ednostka obszarowa...................... ....

8.9 Czy wiesz o narzuconym przez rząd limicie gruntów? Tak ( ) Nie ( )

8.10 Jeśli tak, to jaka jest górna granica dla tej lokalizacji? Obszar.................. ..... (obszar/jednostka...........................)

8.11 Ile osób mogłoby zarobić na życie do tego pułapu?..................................

8.12 Czy górna granica jest wystarczająca, aby twoja rodzina mogła się utrzymać? Tak ( ) Nie ( )

8.13 Jeśli nie, to ile ziemi jest potrzebne? Jednostka powierzchniowa....................................... ....

8.14 Jaka powinna być granica państwowa dla tego miejsca, proszę wyrazić swoją opinię. Obszar............................. .

.... Jednostka................................ .

8.15 Jaki jest związek i zachowanie właściciela i najemcy ziemi?

Najlepszy		Dobrze		Najgorsze	

8.16 Czy ty lub twoja rodzina macie ugory agri. ziemi? Tak ( ) Nie ( ) Jeżeli są dostępne, należy podać następujące informacje.

Grunty ugorowane	Jednostka Kraj	Przyczyna dla terenów nieuprawianych	Dalsze planowanie wykorzystania ugorów

8.18 Czy wydzierżawiłeś rolników w swoim kraju? Tak ( ) Nie ( ) Jeśli tak, proszę wskazać obszar użytkowany przez dzierżawcę. Powierzchnia..

(jednostka..................................)

9. jaki rodzaj środków produkcji rolnej jest wymagany w celu zwiększenia wydajności (produkcji) sektora rolnego?

Odmiana dająca wysokie plony		Nowoczesne zasoby rolne (ściółka, środki owadobójcze itp.)		Nowoczesna technika i urządzenia rolnicze		Irygacja		Nawóz chemiczny i nawóz organiczny	
Gospodarstwa spółdzielcze		Rolnictwo komercyjne		Służba Rolnicza		Szkolenie		Infrastruktura rynkowa	
Taras									

<u>Bezpieczeństwo żywnościowe i kwestie dotyczące źródeł utrzymania</u>

1. Na czym przede wszystkim polega życie w twoim gospodarstwie domowym?

Rolnictwo		Hodowla bydła		Serwis		Biznes		Chałupnictwo		Inne	

2. Z czego dodatkowo żyje twoja rodzina?

Rolnictwo		Hodowla bydła		Serwis		Biznes		Chałupnictwo		Inne	

3. Ile ziemi ty i twoja rodzina wykorzystujecie do celów rolniczych? (obszar...... ....) (jednostka...... ......)

Kraj rolniczy	Khet	Bari	Pakho	Inne	
Obszar i jednostka					

4. czy podaje Pan/Pani nazwę obszaru swojej ziemi rolniczej o różnej intensywności uprawy i czy podaje Pan/Pani powody niższej intensywności uprawy?

Intensywność pomocy	Użytki rolne	Możliwy obszar rolnictwa	Rotacja upraw	Przyczyny braku trzykrotnego wzrostu
Tylko raz				
Tylko dwa razy				
Tylko trzy razy				

5. jakie produkcje rolne są w twojej rodzinie?

Kultury	Sektor rolniczy	Obszar nawadniany	Ilość produkcji rocznej	Jednostka miary	Roczne zapotrzebowan	Nadwyżka ilościowa	Niedobór	Uwagi
Paddy								
Kukurydza								
Pszenica								
Proso								
Jęczmień								
Gryka zwyczajna								
Impulsy								
Horse-gram								Gahat
fasola ryżowa								Mashyang
Rośliny oleiste								
Ziemniak								
Fasola								

Soja								
Czosnek								
Cebula								
Ginger								
Kurkuma								
Rośliny lecznicze								
Inne								

6. w ciągu ilu miesięcy w Twoim gospodarstwie domowym występuje niedobór żywności z powodu Twojego produktu, a w których miesiącach występuje niedobór żywności?

Stan bezpieczeńst wa żywnościowe go	Baisach	Jestha	Ashad	Shrawan	Bhadra	Asuin	Kartil	Mangsir	Poush	Magh	Falgun	Chaitra
Sytuacja żywnościowa												
Deficyt żywności												
Inne												

6. Jak zarządzać wydatkami rodzinnymi, gdy dochody/produkcja rolna są niewystarczające? Podaj szczegóły wraz z listą priorytetów (podaj oceny od 1 do 5, gdzie 1 jest pierwszym priorytetem, a 5 ostatnim priorytetem)

Pożyczki od banków	pożyczanie od krewnych	Sprzedaż zwierząt gospodarskich i drobiu	Sprzedaż ozdób	Praca zarobkowa w wiosce/dzielnicy	Indie/migracja zagraniczna

8. Czy stosujecie obornik i nowoczesne techniki lub materiały w celu zwiększenia produkcji rolnej? Tak ( ) Nie ( ) (jeśli tak, proszę podać szczegóły dotyczące ostatniego roku)

Nawóz	Mocznik	Fosfor	DAP	Potaż	Nawóz organiczny	Wapno	HYV	Sprzęt rolniczy	Pestycydy/środki	Techniki	Praca	Inne
Wykorzystanie ilościowe (w K.G.)												
Wydatki roczne (Rs.)												

9. Jak obecnie ocenia pan swój status ekonomiczny na podstawie ostatniej dekady?

Stan obecny						W porównaniu z ostatnią dekadą				Przyczyny wzrostu statusu ekonomicznego	Przyczyny pogorszenia się statusu gospodarczego
Reich	Medium	Niższe	medium	Biedny	notatka		Lepiej	Gorzej	Ten sam		

10 Podaj szczegóły dotyczące struktury własności i typów domu.

Rodzaje domów	Własność	Całkowita powierzchnia zajmowana przez		Towary i materiały konsumpcyjne w domu	Nie.

			dom			
W szczególności		Własność			Radio	
		Wynajem			Telewizja	
Dach blaszany/łupkowy, ale nie betonowy		Pati, Pauwa			Środki transportu (motocykl/autobus/minibus, ciężarówka	
Niebetonowy z dachem krytym strzechą		Trust Property(Guthi)			Kran wodny	
Błoto i kamień z dachem krytym strzechą/plastikiem		Inne			Nebulizator: Zbiornik na nasiona: Inni:	
Jedno piętro					-- (numer)	
Dwupiętrowy					Mobile (Nie.)	
Trzypiętrowy					Telefon, tak ( ) Nie ( )	
					Inne	

11. jeśli użyłeś drewna opałowego, to jakie są źródła? (Podać notatki w podstawie ilości, zapisać 1 dla dużej ilości i 4 dla najmniejszej ilości)

Las		Las		Wydzierżawiony		Las	

rządowy		wspólnotowy		las		prywatny	

12. Czy masz wystarczająco dużo drewna na opał dla swojej rodziny? Tak ( ) Nie ( )
Jeśli nie, to jak sobie poradzisz?
1. pozostałości z rolnictwa ( ) 2. zakup drewna opałowego ( ) 3. inne paliwa alternatywne ( )
13. jakie rodzaje zwierząt gospodarskich i drobiu posiadasz i jaki masz dochód z tych zwierząt i drobiu? (Jeśli nie masz zwierząt gospodarskich i drobiu, nie wypełniaj pytania 17)

Gatunk i zwierząt gospodarskich i drobiu	Krowa	Bull	Buffalo	Samiec bawoła	Kozioł	Owce	Drób	Świnia	Inne	Produkcja na sprzedaż (w K.G.)			
Liczba zwierząt i drobiu										Mleko i ghee	Wełna	Nawóz	Inne
Roczny dochód ze sprzedaży (Rs.)													

14. Czy masz wystarczająco dużo trawy/paszemy dla bydła? Tak ( ) Nie ( ) całkiem dostępne ( )

Źródło trawy/paszemy	Dostępność żywności, drewna, drewna opałowego (wystarczająca, niewystarczająca)	Czas potrzebny na zebranie paszy	Pasza dla zwierząt		Ograniczenie paszy, drewno, Drewno opałowe		Strach przed zbieraniem produktów leśnych		Źródło strachu: 1. Strach przed wybuchem, 2. Strach przed dzikimi zwierzętami, 3. inny
Las prywatny			Tak	Nie	Tak	Nie	Tak	Nie	
Las wspólnotowy									
Wydzierżawiony las									

Las gubernatorski									
Pozostałości po zbiorach									
Inne									

15. Czy produkujesz warzywa/owoc? Tak ( ) Nie ( ) Proszę podać następujące informacje. (Jeśli nie, nie wypełniaj Q. No 19)

Warzywa Rolnictwo	Gatunek	1	2	3............	4	5	6...
	Obszar						
	Roczny dochód ze sprzedaży (Rs)						
Owoce	Gatunek	1	2	3............	4	5	6...
	Obszar						
	Roczny dochód ze sprzedaży (Rs)						

16 Czy idziesz na targ magazynów? Tak ( ) Nie ( ) Jeśli tak, proszę podać następujące informacje.

Nazwa	Częstotliwo	Wymagany	Środki	Dostęp	Inna cena	Cele wizyty

centrum targowego	ść wizyt w centrum targowym (2 razy w tygodniu, 1 raz w tygodniu, 1 raz w ciągu dwóch tygodni, 1 raz w miesiącu)	czas(godzina)	transportu	ne towary i materiały	w porównaniu z rynkiem lokalnym (1. droga, 2. tania)	w centrum targowym (kupno i sprzedaż najważniejszych towarów i materiałów)

17 Ile pieniędzy zainwestowałeś/aś i ile pieniędzy pożyczyłeś/aś?

Cele zaciągania pożyczek w (na co)	Osoba udzielająca pożyczki lub instytut (od kogo)	Obligacja na kwotę (Rs)	Odsetki roczne (%)	Inwestycje w akcje (Rs)	Pożyczanie(Rs)	Inne(Rs.)

18. Czy ty lub któryś z członków twojej rodziny pracuje w sektorze usług? Jeśli tak, proszę podać następujące szczegóły.

serwisant				
Nazwisko członka rodziny	Nazwa Urzędu	Adres	Oznaczenie	Roczny dochód (Rs)

19. Czy dochody, które ty i członkowie twojej rodziny otrzymujesz z pracy, są wystarczające do utrzymania twojej rodziny? Tak ( ) Nie ( ) Jeśli nie, ile pieniędzy nie wystarczy rocznie (Rs.....................…)

23. Jak poradziłbyś sobie z tymi pieniędzmi?

1.

2.

20. Czy ty lub ktoś z twojej rodziny ma jakiś interes? Jeśli tak, proszę podać następujące szczegóły.

serwisant			
Nazwisko członka rodziny	Nazwa/typu przedsiębiorstwa	Adres	Roczny dochód (Rs)

21 Czy dochody Twoje i członków Twojej rodziny z działalności gospodarczej są wystarczające, aby utrzymać Twoją rodzinę? Tak ( ) Nie ( ) Jeśli nie, to ile pieniędzy nie wystarczy rocznie (Rs.............. .) Jak poradziłbyś sobie z tymi pieniędzmi?

1. 2. 3.

22 Czy Ty lub członkowie Twojej rodziny zmieniliście zawód/zawód w ciągu ostatnich 10 lat?

Tak ( ) Nie ( )

23. Jeśli to się zmieni, jaki był pana poprzedni zawód? (.......................................)

24. Możesz podać powody zmiany?

1. 2. 3.

4.

25. Czy są jakieś inne zajęcia przynoszące dochód Tobie lub członkom Twojej rodziny (powyżej 15 roku życia). Należy podać szczegółowe informacje dotyczące rocznych dochodów i wydatków. (Nie wspominając o członkach

rodziny, którzy pomagają w gospodarstwie domowym i są młodymi ludźmi/studentami)

Nazwisko członka rodziny	Wiek	Płeć	Nazwa firmy	Specjalne umiejętności i szkolenia	Data szkolenia	Rocznie		Osoba wykwalifikowana, ale bezrobotna
						Inwestycja	Dochód	Jakiego rodzaju wsparcie jest potrzebne do ćwiczeń załogi?

26. Czy zna pan plan rządu nepalskiego dotyczący perspektywy rolnictwa? Tak ( ) Nie ( ) (Jeśli nie, proszę nie zadawać pytania 27)

27 Jeśli tak, to jakie programy są wdrażane w celu poprawy bezpieczeństwa żywnościowego i środków utrzymania gospodarstw domowych w waszej społeczności?

1. 2. 3.
4. 5.

28. Jak powinna wyglądać polityka rolna rządu, aby zwiększyć bezpieczeństwo żywnościowe gospodarstw domowych i podnieść dochody?

1. 2. 3.

4. 5.

29. jak widzi pan obecny program rolniczy w swojej wiosce?

1. doskonały ( ) 2. dobry ( ) 3. sprawiedliwy ( ) 4. nie dobry ( )

5. nie wiem ( )

30. Jak myślisz, dlaczego to się stało? ---

----

(31) Jakie środki, Państwa zdaniem, zostaną podjęte w celu poprawy bezpieczeństwa żywnościowego gospodarstw domowych?

1. 2. 3.

4.

3 2. dlaczego te działania są ważne?

33. Czy odczuwaliście skutki zmian klimatycznych w swojej społeczności rolniczej? Tak ( ) Nie ( )

34. Jeśli tak, to jaki wpływ mają zmiany klimatu na produkcję rolną?

1. 2. 3.

4.

35. Czy podaje pan informacje o rocznych dochodach i wydatkach pańskiej rodziny?

Szczegóły dotyczące rocznego dochodu		Szczegóły dotyczące wydatków rocznych		Jak poradziłbyś sobie ze zbyt małą ilością
Źródło dochodu	Dochód (Rs.)	Obszar wydatków	Zagadnienia (Rs.)	

				pieniędzy?
Sprzedaż produktów rolnych i zwierzęcych		Jedzenie: Bezpieczny pokój: Wytrzyj:		
Wynagrodzenie za pracę		Edukacja		
Firma/Firma		Leczenie i medycyna		
Wynagrodzenie/zasiłek i emerytura		Działalność społeczna / kulturalna: Podatek od nieruchomości:		
Wynajem domu, maszyn, ziemi, zwierząt		Sprzęt rolniczy i hodowlany, nasiona, praca i wynajem wołów		
Zagraniczny przelew bankowy		Kupuj (telewizja, radio...)		
Inne		Inne		
Razem				

36. Jaki jest twój dochód netto lub strata za rok?

Nadwyżka roczna (Rs.)	Roczna kwota deficytu (Rs.)

37. jeżeli dodatkowe informacje...

Nazwisko badacza: Data:

Załącznik 3.9
Lista osób biorących udział w badaniu kluczowych informatorów i dyskusji w grupach fokusowych

SN	Nazwa	Adres	Uwagi
1	Padma Bahadur Singh-61	Catti VDC-9	Farmer
2	Hira Lal Sharma-41	Catti VDC-1	Farmer

3	Thakur Praksh Thapa-42	Krab cielęcy VDC-4	Farmer
4	Chitra Bahadur Magar-45	Krab cielęcy VDC-8	Dyrektorka
5	Khagendra Bdr. Thapa-46	Krab cielęcy VDC-4	Lider polityczny
6	Tek Raj Thapa-26	Krab cielęcy VDC-4	Farmer
7	Durlav Kumar Bogati-34	Win Rock International Branch Office Dailekh	Pracownicy
8	Narendra KC-36	Biuro terenowe WFP Dailekh	Pracownicy
9	Pundya Prd. Rupakheti-29	Gmina Narayan - 1	Przedsiębiorcy z sektora rolniczego (Agrovet)
10	Hom Raj Bisural-46	Odbudowa obszarów wiejskich Nepalu	Pracownicy
11	Dr. Tul Bahadur Pun-54	Stacja Badawcza ds. Rolnictwa, Dailekh	Starszy agronom
12	Surya Nath Yogi-45	Okręgowy Urząd Rozwoju Rolnictwa, Dailekh	Konsultant ds. rolnictwa
13	Ghanshyam Karki-41	Powiatowy Urząd Rozwoju Rolnictwa	Młodszy technik
14	Hari Bohara-25	Cielęcina Rab-4	Farmer
15	Til Bahadur Khadka-52	Catti VDC-9	Farmer
16	Chandra Bahadur BC-59	Catti VDC-9	Farmer
17	Bahadur Khadka-66	Catti VDC-9	Farmer
18	Tike Tamata-67	Catti VDC-9	Farmer
19	Shila Khadka-46	Catti VDC-9	Żona rolnika
20	Ratna Khadka-44	Catti VDC-9	Żona rolnika
21	Udaya Ram Jaishi-68	Catti VDC-1	Farmer
22	Jaya Lal Sharma-69	Catti VDC-1	Farmer
23	Min Bahadur Shahi-58	Krab cielęcy VDC-8	Farmer
24	Til Bahadur Sunar-54	Krab cielęcy VDC-4	Farmer
25	Chakra Bahadur Thapa-42	Calabhairab VDC-4	Farmer
26	Moti Ram Thapa-60	Calabhairab VDC-4	Farmer
27	Nanad Ram Thapa-61	Calabhairab VDC-4	Farmer
28	Keshab Raj Thapa-64	Calabhairab VDC-4	Farmer
29	Bam Bahadur Sunar-64	Calabhairab VDC-4	Farmer
30	Til Bahadur Sunar-51	Calabhairab VDC-4	Farmer
31	Dil Bahadur Shahi-45	Powiatowy Komitet Rozwoju, Dailekh	Urzędnik programowy
32	Janak Dahal-29	Catti VDC-1	rolnik/opiekun
33	Gita Sharma-28	Catti VDC-1	Farmer
34	Ratna Bahadur Sunar-42	Krab cielęcy VDC-4	Farmer
35	Narendra Thapa-38	Okręgowy Urząd Rozwoju Rolnictwa, Dailekh	Technik rolniczy
36	Nim Bahadur Shahi-39	DADO Dailekh	Technik rolniczy
37	Ptak myśliwski Pali-41	DADO Dailekh	Technik

			rolniczy
38	Gaman Singh Thapa-42	DADO Dailekh	Technik rolniczy
39	Dambar Bhandari-77	Krab cielęcy VDC-4	Farmer
40	Surya Bahadur Thapa-48	Krab cielęcy VDC-4	Farmer
41	Barma Prashad Jaishi-60	Krab cielęcy VDC-4	Farmer
42	Sum purnowy -42	Krab cielęcy VDC-4	Farmer
43	Tulsi-Neupane-25	Krab cielęcy VDC-4	Farmer
44	Kryszna Thapa-35	Krab cielęcy VDC-4	Sekretarz VDC
45	Chandra Bhandari-60	Krab cielęcy VDC-4	Farmer
46	Ram Bahadur Bhandari-45	Krab cielęcy VDC-4	Farmer
47	Karna Bahadur Thapa-52	Krab cielęcy VDC-4	Farmer
48	Moti Kala Jaishi-53	Krab cielęcy VDC-4	Żona rolnika
49	Pradżapati Jaishi-70	Krab cielęcy VDC-4	Farmer
50	Tanka Raj Neupane-18	Krab cielęcy VDC-4	Farmer
51	Mani Ram Bhandari-67	Krab cielęcy VDC-4	Farmer
52	Jagati Bhandari-37	Krab cielęcy VDC-4	Żona rolnika
53	Budhi Thapa-55	Krab cielęcy VDC-4	Farmer
54	Padma Bahadur Sharki-33	Krab cielęcy VDC-4	Farmer
55	Man Bahadur Gurung-54	Krab cielęcy VDC-8	Farmer
56	Deepak KC-28	Krab cielęcy VDC-4	Farmer
57	Radda Bahadur Khatri-55	Krab cielęcy VDC-4	Farmer
58	Tek Raj Neupane -27	Krab cielęcy VDC-4	Farmer
59	Kamala Kumari Singh-25	Catti VDC-9	Farmer
60	Nab Raj Karki-64	Krab cielęcy VDC-8	Farmer
61	Keshar Thapa-40	Krab cielęcy VDC-4	Farmer
62	Dr. Madhusudan Ghale	Nepalska Rada Badań nad Rolnictwem, Chumaltar, Lalitpur	Szef CPDD

Dodatek: 3.10

Listy kontrolne dla informacji jakościowych

Narzędzia jakościowe	Informacje, które mają być rejestrowane	Uwagi
dyskusja w grupach fokusowych/ dyskusja w grupach/ wywiad z kluczowymi informatorami	• Jaka jest dostępność żywności w waszej społeczności? • Z czego głównie żyje twoja rodzina? • Jak sobie radzisz z brakiem jedzenia? • Ile jedzenia potrzebuje twoja rodzina na dzień? • Jakie są preferowane potrawy dla twojej rodziny?	

	• Dlaczego są one preferowane? • Schematy użytkowania gruntów, rodzaje gruntów, schematy upraw, produkcja i wydajność? • Jakie kultury, rytuały są związane z produkcją żywności i działaniami związanymi z uprawą? • Jakie zewnętrzne produkty spożywcze są popularne w społeczności? • Dlaczego są one popularne w twojej społeczności? • Jaki jest związek między własnością ziemi a bezpieczeństwem żywnościowym? • Jaki jest związek między zarządzaniem a bezpieczeństwem żywnościowym? • Jak oceniają Państwo przywództwo władz linii okręgowej pod względem skuteczności dostaw żywności i innych usług socjalnych? 1. doskonały... 2. dobry... 3. sprawiedliwy ... 4. zły... 5. nie wiem... (check mark) • Dlaczego? • Jakie są skutki zmian klimatycznych w waszej społeczności? • Kim są największe ofiary zmian klimatycznych w waszej społeczności? • Bezrolny i wiejski exodus do miasta? • Brak ziemi i zróżnicowanie źródeł utrzymania? • Ruchy lądu/leasehold, opór na poziomie lokalnym i połączenia mikromacro? • Problemy z jedzeniem, krajem, kulturą, tożsamością, prestiżem? • Jaką rolę odgrywa sposób dostarczania żywności po uczciwej cenie? • Jakie są lokalne przysłowia związane z żywnością, ochroną różnorodności biologicznej i nawykami żywieniowymi? • Jakie są zdarzenia poważnej klęski żywiołowej w tym okresie, które wpłynęły na bezpieczeństwo żywnościowe i system utrzymania Wspólnoty? • Czy zna pan politykę rolną rządu Nepalu? • Jeśli tak, to w jaki sposób korzystają	

	Państwo z polityki rolnej?	
Analiza SWOC	Jakie są mocne strony, obszary wymagające poprawy, możliwości i wyzwania stojące przed społecznością w zakresie poprawy bezpieczeństwa żywnościowego i źródeł utrzymania na poziomie gospodarstw domowych i społeczności?	
Oś czasowa / trend czasowy	Historia wsi: migracja, zawłaszczanie ziemi, ruchy praw do ziemi, zmiana krajobrazu,	
związek przyczynowo-skutkowy	Jakie są główne przyczyny braku bezpieczeństwa żywnościowego w waszej społeczności? Jakie są główne skutki tych przyczyn?	
Kalendarz sezonowy	Sezonowość: Okres wystarczającego i niedostatecznego odżywiania, wzorce upraw, migracja zarobkowa, niedobór wody, wybuch chorób, cykl rytualny itp.	
Analizy drzew problemowych	Różne formy wykluczenia, trudności, ograniczenia wynikające z braku ziemi	
Mapa mobilności	Jaki jest wspólnotowy wzorzec mobilności w zakresie gromadzenia żywności i migracji zarobkowej?	
Mapa społeczna/źródłowa	Co to jest wzorzec osadnictwa, wzorzec użytkowania ziemi, wzorzec rozmieszczenia zasobów w społeczności?	
Mapa instytucjonalna/analiza interesariuszy	Jakie są aktywne instytucje we wsi? Jakie programy są prowadzone przez te instytucje w Twojej wiosce? Jaki wpływ mają te organizacje na bezpieczeństwo żywnościowe i generowanie dochodów? Jaka jest skuteczna organizacja świadcząca usługi w zakresie bezpieczeństwa żywnościowego, zdrowia, edukacji, wody pitnej, rozwoju rolnictwa itp.	
Mapowanie wydajności	Jakie są ośrodki władzy na szczeblu lokalnym i jakie są ich relacje między współpracą a sporami? Kto jest najpotężniejszy w twojej społeczności, dzielnicy, itp.? Jaki wpływ mają te ośrodki władzy na bezpieczeństwo żywnościowe i generowanie dochodów na poziomie gospodarstw domowych, społeczności lokalnych i krajowym?	
Mapowanie ról i obowiązków	Jakie role i obowiązki powinny pełnić poszczególne osoby, aby zwiększyć bezpieczeństwo żywnościowe i poprawić systemy utrzymania? Jaką rolę i odpowiedzialność powinna odgrywać Wspólnota w celu zwiększenia bezpieczeństwa	

	żywnościowego i poprawy warunków życia? Jakie zadania i obowiązki powinny mieć okręgi, aby zwiększyć bezpieczeństwo żywnościowe i poprawić system utrzymania?	
napływ i odpływ	Jaki jest napływ i odpływ żywności i produktów nieżywnościowych we Wspólnocie?	
Proporcjonalne układanie	Jakie są źródła bezpieczeństwa żywnościowego w twojej rodzinie? Jak duży jest tego udział w twojej praktyce?	
Mapowanie polityki	Jak powinna wyglądać konkretna polityka rolna rządu w celu przezwyciężenia ubóstwa i braku bezpieczeństwa żywnościowego oraz zwiększenia dochodów gospodarstw domowych? Która z istniejących polityk powinna być kontynuowana? Jaką politykę należy sformułować w celu poprawy bezpieczeństwa żywnościowego gospodarstw domowych i zwiększenia dochodów? Jaka nowa polityka rolna powinna być sformułowana? Jakie powinny być główne cele polityki rolnej?	

Załącznik 4.11

Sezonowy kalendarz Katti i wsi Kalbhairab

Działalność sezonowa	B	J	A	S	B	A	K	M	P	M	F	C
Przeszczep Paddy'ego			↔	↔								
Paddy Harvest						↔	↔	↔				
Wysiew kukurydzy		↔										
Zbiory kukurydzy					↔	↔						
Wysiew pszenicy							↔	↔				
Zbiory pszenicy	↔											
Transplantacja prosa			↔									
Zbiory prosa								↔				
Wysiew jęczmienia						↔						
Zbiory jęczmienia												↔
Siew gorczycy							↔	↔				

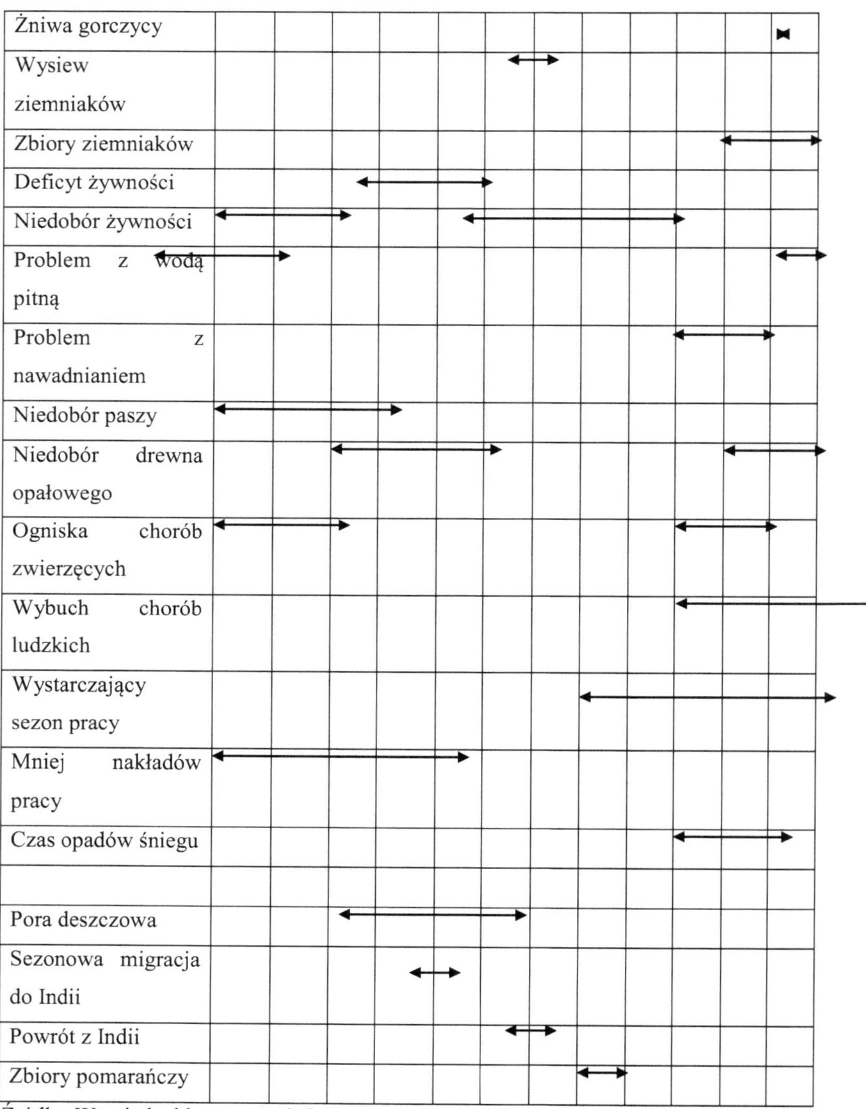

Żniwa gorczycy												
Wysiew ziemniaków												
Zbiory ziemniaków												
Deficyt żywności												
Niedobór żywności												
Problem z wodą pitną												
Problem z nawadnianiem												
Niedobór paszy												
Niedobór drewna opałowego												
Ogniska chorób zwierzęcych												
Wybuch chorób ludzkich												
Wystarczający sezon pracy												
Mniej nakładów pracy												
Czas opadów śniegu												
Pora deszczowa												
Sezonowa migracja do Indii												
Powrót z Indii												
Zbiory pomarańczy												

Źródło: Wywiad z kluczowym informatorem, Katti-9, 2011 r.

Załącznik 4.12

Mapowanie zamożności gospodarstwa domowego według klasy społecznej (N=201)

Klasy / Wskaźniki	Wysoki	Medium	Niski poziom
pierwszy dom	Dach z falistą blachą cynkową.	Dach z łupkami	Mała gliniana chata z dachem krytym strzechą. Niektórzy ludzie też mają dach z łupków.
2. własność gruntów	> 20 Ziemia nawadniana Ropani	< 10 Ropani, niektórzy nawadniani \ górą	Posiada 1-3 ziemie Ropani o niższej wartości i dzieli się gruntami ornymi.
3. hodowla zwierząt gospodarskich	2 bawoły, para wołów i 10 do 20 kóz	Niektórzy ludzie mają bawoła, 5 do 7 kóz, 5 do 7 kurczaków i świń - 1 w przypadku grupy etnicznej i Dalitów	1 do 2 kóz, 2 do 5 kurczaków, 1 świnia.
4. wodę pitną	Użyj wody dobrej jakości w ciągu 5 minut	Dostęp do wody przez co najmniej 5-10 minut	Słaby dostęp do wody, 10 do 20 minut od domu, czas oczekiwania w porze suchej wynosi 25 minut.
5. odprowadzanie ścieków	Dostęp do toalety i brak otwartych jelit	Dostęp do toalet i niewielka praktyka otwartego defekacji	Większość ma dostęp do toalety, a otwarte wypróżnienia są rzadko praktykowane.
6. edukacja	Wykształcenie wyższe, uczęszczanie do szkół prywatnych i publicznych	Karnet do 12 klas, uczęszczanie do szkoły publicznej	Dostęp do edukacji podstawowej w szkołach publicznych
7. zakłady opieki zdrowotnej	Dostęp do dobrze wyposażonych szpitali i prywatnych klinik.	Korzystanie z państwowego / pod-zdrowia i prywatnej kliniki.	Dostęp do placówek służby zdrowia / subzdrowia. Głównie zależny od uzdrowicieli wiary
8. główne zajęcie	Urzędnik państwowy i rolnictwo o	pracownicy rolni i wiejscy	Portier pracuje, pracuje z powodu braku ziemi i

	wysokiej własności gruntów		ryzykownych prac.
9. równowaga sił	Dostęp do przywódców politycznych, służb rządowych i kluczowych stanowisk w społeczeństwie.	Mniejszy dostęp do przywódców politycznych i służb rządowych.	Niewielki dostęp do centrów władzy i jest wykorzystywany przez przywódców politycznych jako bank wyborczy i nie ma kluczowej pozycji w społeczeństwie
10. samowystarczalność żywnościowa	10-12 miesięcy samowystarczalność żywnościowa i sprzedaż nadwyżek zbóż spożywczych	6-9 miesięcy samowystarczalność żywnościowa, zakup żywności w miesiącach deficytu	1-3 miesiące samowystarczalność żywnościowa i chroniczny brak bezpieczeństwa żywnościowego.
11. gotówka w kasie	Operacje na rachunku bankowym, trzymaj do NPR 1, 00.000,00 Kwota i oprocentowanie pożyczki 36-60% w skali roku.	Brak posiadania gotówki, zaciągania pożyczek od pożyczkodawców i grup oszczędnościowo-pożyczkowych	Brak holdingów gotówkowych i pożyczek od kredytodawców pieniężnych w wysokości od 1 000 do 5 000 NPR rocznie. Zorganizowany w grupie oszczędnościowo-kredytowej.
12. własne ozdoby	8-10 g złota, 0,5-1 kg srebra	1-5 g złota, 100-200 g srebra	Ornamenty pokryte wyłącznie złotem
13. własne radio	Drogie radio i telewizja	mają chińskie radio	Niektóre gospodarstwa domowe posiadają radio
14. własny telefon komórkowy	mają 4-5 telefonów komórkowych w domu.	mają 2-3 telefony komórkowe	Niektóre gospodarstwa domowe mają telefon komórkowy
15. własny panel słoneczny	Dostęp do energii elektrycznej w przypadku VDC w Kalabrii. Użycie panelu słonecznego do oświetlenia w Katti	Korzystanie z elektryczności w VDC, w Kalabrii. Dostęp do paneli słonecznych w przypadku Katti VDC	Dostęp do panelu słonecznego w przypadku VDC w Katti. Jednak w przypadku Kalbhairab nie ma dostępu do energii elektrycznej ze

			względu na brak pieniędzy.
16. małżeństwo	Małżeństwo z wysoką klasą	Małżeństwo z klasą średnią	Małżeństwo z biednymi ludźmi
17. wydatki na festiwal	Wydać 25000-50.000 NPR podczas *Dashai* i *Dipawali*	Wydaj 5000-10,000 NPR podczas *Dashai* i *Dipawali*	Podczas gdy *Dashai* i *Dipawali produkują do* 1.000-3000 NPR.
18. możliwości zatrudnienia	Dostęp do Malezji i państw Zatoki Perskiej. Zarobić NPR 100.000-200000,00	Dostęp do Surat (Indie), zarobić NPR 50,000 - 60,000	Dostęp do Himachal Pradesh, Uttar Pradesh i Uttarakhanda w Indiach, zarobić 20000-25000 NPR rocznie
19. produkcja zbóż spożywczych	Ryż, pszenica, kukurydza, warzywa, owoce	ryż, kukurydza, trawa krabowa i pszenica, niewiele warzyw	Kukurydza, trawa krabowa, ryż, pszenica, jęczmień, warzywa letnie itp.
20. ubrania	Drogie ubrania / Luksusowe ubrania	Stosowanie ubrań niskiej jakości.	Stosowanie odzieży o bardzo niskiej jakości
21. spożycie żywności	Stosować zbilansowaną dietę (chleb ryżowy, rośliny strączkowe, warzywa, mięso, mleko, ghee oraz jogurt)	Spożywaj ryż, chleb, kaszę, rośliny strączkowe, warzywa, od czasu do czasu mięso.	Suche pieczywo z solą i chili, małe ilości warzyw i mięsa podczas uroczystości
22. uprzejmość	Dobra gościnność i kultywowany język.	Używaj naturalnego języka i wyrażaj swoje frustracje.	Używaj wspólnego języka i wyrażaj gniew, rany i frustrację z osobami z zewnątrz.
23. podatność na zagrożenia	Mniej podatny na klęski żywiołowe, ponieważ źródło dochodu znajduje się poza rolnictwem.	Wrażliwe na klęski żywiołowe i konflikty.	Bardzo podatny na klęski żywiołowe ze względu na złą sytuację gospodarczą.
24. populacja	20 %	35 %	45 %

Źródło: Dyskusja w grupach fokusowych/ bezpośrednia obserwacja, 2011 r.

Załącznik 4.13
Czasowy rozwój presji demograficznej i bezpieczeństwa żywnościowego na przestrzeni dziesięcioleci

stan utrzymania / lata	Ludność	produkcja żywności	Hodowla bydła	Las	Uwagi
2007 BS	10	20	19	15	Samowystarczalność żywnościowa na poziomie Wspólnoty
2028	12	10	10	18	głód z powodu długiej suszy w miesiącu *Bhadra - Kartik*
2036	14	18	15	20	Żywność importowana z zewnątrz
2046	15	20	15	20	Ten sam
2062	18	15	15	20	Grunty odłogowane z powodu konfliktów i niedoborów żywności na poziomie wspólnotowym
2067	20	15	10	20	Zmniejszenie liczby zwierząt gospodarskich z powodu niedoboru siły roboczej i zwiększonego wykorzystania nawozów chemicznych. Brakowało jednak żywności na poziomie gospodarstw domowych i społeczności lokalnych.

Źródło: Wywiad z kluczowymi informatorami, 2011 r.

Uwaga: Dla każdej czynności wystawiono pełną 10-stopniową ocenę.

Wyższy wynik poprawia pozycję, a niższy zmniejsza pozycję. Jest to metoda oceny PRA, która daje obraz względnych zmian w procesie rozwoju w społeczności.

Załącznik 5.14

Temporalny rozwój dziesięcioletniego konfliktu zbrojnego w dystrykcie Dailekh

Data	Wydarzenia	Skutki społeczne
2052 (1996)	Wojna ludowa zaczęła się w Rolpa, Rukum i Sindhuli.	Konflikt zbrojny rozpoczął się w Nepalu pod kierownictwem Komunistycznej Partii Nepalu (maoistów).
2056 (2000)	Zaobserwowano konflikt zbrojeniowy w Dailekh	Zaobserwowano wybuch bomby w lesie i program kulturalny.
2057 (2001)	Zaatakował posterunek policji w wiosce *Naumule*.	W sumie zginęło 32 policjantów i 2 maoistów. Posterunek policji jest całkowicie wypalony i wzmógł terror wśród ludności.
2058-2060 (2002-2004)	Wszystkie wiejskie posterunki policji w powiecie zostały wycofane i ufortyfikowane.	Brak obecności sił bezpieczeństwa w wioskach, co doprowadziło do zwiększonego braku bezpieczeństwa i zapotrzebowania na Levis/granty od ludności. Uprowadzenia i wpływy maoistyczne wzrosły na obszarach wiejskich. Biuro Komitetów Rozwoju Wsi zaatakowało

2061-2062 (2005/2006)	Został utworzony rząd ludowy i jest widoczny w dzielnicy. Dziennikarz Dekendra Thapa został zabity przez Maoistów (*Srawan* 2061). Aktywność armii i maoistów wzrosła w szczytowej fazie. Dyrektor okręgowy został również zmuszony do udzielenia dotacji maoistom.	Opinia publiczna w Dullu zaprotestowała przeciwko maoistom i utworzyła komitet protestacyjny. Wielu ludzi zostało zabitych przez armię i maoistów. Łącznie 400-500 rodzin wysiedlonych z komitetów rozwoju wsi *Salleri* i *Naumule.* Armia utworzyła grupę obserwacyjną i rozprowadzała broń do walki z Maoistami. W sumie 32 osoby zostały zabite przez milicję. Rozpoczęła się kampania maoistów, w której przez cały czas brała udział kadra z każdej rodziny.
2062/ 2063 (2006)	Popularny ruch w całym kraju.	Koniec konfliktu zbrojnego i początek procesu pokojowego w Nepalu.

Źródło: Wywiad z kluczowymi informatorami, 2011 r.

Załącznik 5.15
Najlepsze praktyki wspólnotowe

Działalność	Najlepsze praktyki wspólnotowe
1. uprawa zbóż	1) uprawa międzyplonów fasoli, soi i rzepaku w uprawach kukurydzy, które wykorzystują bakterie do wprowadzania azotu atmosferycznego do gleby Korzystne bakterie pozostają w korzeniach roślin strączkowych, takich jak fasola, soja, rzepak itp., przyczyniając się do poprawy żyzności gleby poprzez naturalne procesy. 2. konserwacja na miejscu lokalnych nasion ryżu, *ghaiya* (ryżu górskiego), pszenicy, kukurydzy, jęczmienia, prosa lisiego, gryki itp.

	3) mieszana uprawa grochu, ciecierzycy, gorczycy i soczewicy ze zbiorami pszenicy Praktyka ta wydaje się dobrze przystosowana do wiązania azotu atmosferycznego w glebie przez korzenie roślin strączkowych, które dzięki naturalnym procesom poprawiają jej żyzność.
2. uprawa warzyw	1) mieszana uprawa roślin strączkowych, takich jak fasola i gorczyca z ziemniakami 2) konserwacja na miejscu lokalnych nasion warzyw, takich jak ogórek, szynka grzebieniasta, szynka gorzka, dynia, szynka popielata, szynka gąbczasta, rzodkiewka, musztarda szerokolistna itp.
3.sadownictwo	1) uprawa kurkumy, imbiru pod drzewem pomarańczowym, która wykorzystuje teren i zwiększa wydajność roślin na jednostkę powierzchni oraz dochody rolników 2. konserwacja in-situ pomarańczy, cytryny, gruszki, śliwki, brzoskwini, bananów, guawy itp. przez rolników.
4. bulwy	1) mieszana uprawa fasoli (*bakulla)*, rzodkiewki i kultur musztardy z ziemniakami 2. ochrona in-situ lokalnych nasion ziemniaka, Kolokasia, pochrzynu przez rolników, którzy przyczyniają się do zachowania różnorodności biologicznej w rolnictwie.
5.hodowla zwierząt gospodarskich	1. selekcja miejscowych kóz do hodowli 2) selekcja produktywnych kóz lokalnych, które mają charakter genetyczny i rodzą dwa razy w roku dwoje lub troje dzieci na raz 3. ochrona lokalnych ras bydła, bawołów, kóz itp. w gospodarstwie. Te rasy lokalne są krajowym kapitałem dla krzyżowania ras odpornych na choroby, adopcji w lokalnym stanie i zarządzaniu itp.
6. system Parmy w przesadzaniu i zbieraniu	Praktyka systemu parmeńskiego (wymiana pracy) nadal istnieje we wspólnocie podczas sadzenia ryżu i zbiorów

roślin	głównych upraw, takich jak ryż, kukurydza, pszenica itp.
7. ochrona ludności	Wspólnotowy system współpracy i pomocy w przypadku katastrof, takich jak pożary, osunięcia ziemi, powodzie i wybuch epidemii chorób.
8.*ból ziarna*	*Paincho* zbożowe (wymiana zboża) podczas niedoborów żywności jest praktykowane tam, gdzie lepsze klasy dostarczają zboże do klasy o niskich dochodach podczas niedoborów żywności, a klasa o niskich dochodach zwraca zboże po zebraniu plonów sezonowych. Zazwyczaj odbywa się to z bliskimi krewnymi w społeczności.
9. utrzymanie kanałów nawadniających	Praktyka utrzymywania kanału irygacyjnego zarządzanego przez rolników jest dominująca w społeczności.
10. utrzymanie dróg	Praktyka utrzymania dróg nadal istnieje w społeczności. Odbywa się to przed świętem *Dashain.*
11. wsparcie dla zwalczania chwastów	Istnieje praktyka polegająca na tym, że członkowie społeczności uczestniczą w zwalczaniu chwastów. Krewni nakładają *tika* na pannę młodą i czyszczą stopę panny młodej pieniędzmi i metalem szlachetnym.
12 Pomoc przy ceremonii pogrzebowej	Istnieje praktyka uczestniczenia parafian w ceremonii pogrzebowej.
13. opieka nad pacjentami	Istnieje praktyka opieki nad poważnymi pacjentami i sprowadzania ich do szpitala na leczenie przez parafian.
14) Leśnictwo wspólnotowe	Udział w grupie komunalnych użytkowników lasu w celu ochrony, użytkowania i zagospodarowania lasu lokalnego, co zwiększa koronowanie lasu, pochłanianie dwutlenku węgla, ochronę przyrody, ochronę wód glebowych oraz zaopatrzenie w drewno opałowe, drewno, paszę i odpady itp.
15. gospodarka agroleśna	Sadzenie drzew pastewnych w szkółce w *Bari* i na terenach przygranicznych, które dostarczają paszę dla zwierząt gospodarskich, drewno opałowe i drewno. Kontroluje również erozję gleby, sekwestrację węgla, natlenianie itd.

	Uważa się, że jest to zrównoważone podejście do systemu rolnego opartego na rodzimej wiedzy technicznej.
16) ochrona i stosowanie roślin leczniczych	Praktyka ochrony, stosowania i zarządzania ziołami leczniczymi w lesie i na prywatnej ziemi wydaje się być starożytną praktyką, która sprzyjała rodzimej wiedzy technicznej w zakresie taniej technologii. Leki ziołowe są stosowane przez ludność wiejską do leczenia chorób zwierząt i roślin oraz do przechowywania ziarna w celu ochrony przed owadami. Obecnie stała się ona źródłem dochodu dzięki sprzedaży roślin leczniczych na rynku, co przyczyniło się do bezpieczeństwa żywnościowego i utrzymania ludności wiejskiej.
17. plantacja bambusa	Plantacja bambusa na peryferyjnym obszarze z oznakami erozji jest praktykowana w środowisku rolniczym. Ta praktyka jest dobra do kontroli erozji gleby, zaopatrzenia w surowce do budowy domów, przemysłu chałupniczego, drewna opałowego, paszy, itp. Jest to źródło dochodu dla bezpieczeństwa żywnościowego i utrzymania ludności wiejskiej.
18. podejście do systemów rolniczych	Podejście systemu rolnego zostało przyjęte przez ludność wiejską, która włączyła zboża, warzywa, zwierzęta gospodarskie, leśnictwo i agroleśnictwo do zrównoważonego rolnictwa. To wydaje się mieć sens ekologiczny.
19. rolnictwo ekologiczne	Ogólnie rzecz biorąc, ludzie na wsi przyjęli rolnictwo ekologiczne. Istnieje praktyka minimalnego stosowania nawozów chemicznych i środków owadobójczych w gospodarstwie. Ludność wiejska zdała sobie sprawę, że stosowanie nawozów chemicznych nie jest zrównoważone. Dlatego tendencja do stosowania nawozów chemicznych w uprawach maleje.
20 Tworzenie grup	Na obszarach wiejskich większość rolników znalazła się w

producentów/spółdzielni	grupach/spółdzielniach producentów pod względem produkcji warzyw, hodowli zwierząt, systemów oszczędnościowych i kredytowych, grup użytkowników leśnictwa wspólnotowego, grup matek itp. które poprawiły harmonię społeczną, rozwój zarządzania, nawyki oszczędnościowe i dostęp do rynku wśród mężczyzn i kobiet.
21.nawyk żywieniowy	W powiecie Dailekh mieszkańcy wsi woleli chleb do obiadu, co jest dobre z punktu widzenia zdrowia publicznego.
22 Karmienie piersią	Praktyka karmienia dzieci piersią przez wiejskie kobiety okazała się powszechna w badanych obszarach, które dobrze nadają się do wzmocnienia odporności dzieci.
23. ochrona źródeł wody	Ochrona tradycyjnych studni i małych strumieni przez ludność wiejską w badaniu znalazła powszechną praktykę, która jest dobra dla zarządzania zasobami naturalnymi. Studzienki i strumienie te są często wykorzystywane przez ludność wiejską, gdy dopływ wody z kranu zostaje wstrzymany z powodu złych praktyk w zakresie konserwacji i zarządzania.
24. zachowanie lasu wokół świątyni	Powszechną praktyką jest zachowanie lasu w pobliżu świątyni, gdzie las był chroniony z wiarą, że drzewa nie zostaną wycięte w imię Boga.
25. zbiór wody w stawie	Ludność wiejska zaczęła zbierać niewielkie ilości wody w stawie i woda ta jest używana do nawadniania upraw warzyw na wsi *Bari*. Przyczyniło się to do zwiększenia produkcji warzyw i dochodów gospodarstw domowych.

Źródło: Bezpośrednia obserwacja w terenie, dyskusja w grupach, 2011 r.

Załącznik 5.18

Analiza mocy w bezpieczeństwie żywnościowym i źródłach utrzymania

Centra energetyczne	Strategie	Charakter władzy	źródła energii	Potencjalny wpływ na bezpieczeństwo żywnościowe/ Utrzymanie
Rząd Nepalu	łagodzenie ubóstwa	Postanowienie konstytucyjne,	Armia, policja, itp.	+ Ve
Zjednoczona Komunistyczna Partia Nepalu (Maoista)	propagować komunizm poprzez demokrację wielopartyjną	Przepis konstytucyjny, siła lewicowa	Mandat ludu, największa partia w parlamencie i wsparcie dla biednych i klasy średniej	+ Ve
Kongres Nepalski	Promowanie demokracji i pluralizmu	Przepis konstytucyjny, centralna siła prawa	Wsparcie międzynarodowe, druga co do wielkości partia w parlamencie, wsparcie klasy bogatej i średniej	+ Ve
Nepalska Partia Komunistyczna (UML)	Promowanie demokracji i pluralizmu	Przepis konstytucyjny, lewica centralna	Wsparcie międzynarodowe, trzecia co do wielkości partia w parlamencie, wsparcie ubogich i klasy średniej	+Ve
Nepalska	Promowanie	Przepis	Wsparcie dla	+Ve

Partia Pracy i Chłopów	socjalizmu demokratycznego	konstytucyjny, siła lewicowa	chłopów i klasy robotniczej	
Rastriya Prajatantra Party, Nepal	Promowanie nacjonalizmu i status quo	Postanowienia konstytucyjne, przemoc ultraprawicowa	Klasa Feudalna i zwolennicy monarchii	-Ve
Darczyńcy	Zmniejszanie ubóstwa, promowanie demokracji i gospodarki rynkowej	Prawo międzynarodowe i członek Organizacji Narodów Zjednoczonych	Prawo międzynarodowe, kapitał i potęga technologiczna	+Ve
Organizacja Narodów Zjednoczonych ds. Wyżywienia i Rolnictwa	Pomoc techniczna dla państw członkowskich w zakresie produkcji żywności i rozwoju rolnictwa	organizacja stowarzyszona Organizacji Narodów Zjednoczonych	Karta Narodów Zjednoczonych, prawo międzynarodowe	+Ve
Światowy Program Żywnościowy	Wsparcie poprzez pomoc żywnościową	organizacja stowarzyszona Organizacji Narodów Zjednoczonych	Tak samo jak powyżej	+Ve w okresie niedoboru żywności, ale , -Ve aspekty produkcji żywności
Dealer	Osiąganie	Siła rynkowa	kapitał, towary i	+Ve

	zysków		usługi, stowarzyszenie	
Przedsiębiorstwa wielonarodowe	Osiąganie zysków	Gospodarka rynkowa i prawo międzynarodowe	Kapitał, technologie i produkty	+Ve/-Ve
Kraje sąsiadujące	Chwytanie zasobów naturalnych i bezpieczeństwo na granicach	Wpływ i misja dyplomatyczna	kapitał, stosunki społeczno-kulturalne, technologie i rozwój gospodarczy	+Ve/-Ve
Obce kraje	Promowanie demokracji i gospodarki rynkowej	Wpływ i misja dyplomatyczna	Status, pieniądze, technologie i rozwój gospodarczy	+Ve
Okręgowy Komitet Rozwoju	łagodzenie ubóstwa	Ustawa o samorządach lokalnych	Ustawa o zarządzaniu lokalnym, Federacja	+Ve
Powiatowy Urząd Rozwoju Rolnictwa	Rozwój rolnictwa i poprawa bezpieczeństwa żywnościowego	Rządowy organ wykonawczy	Ustawodawstwo krajowe, grupy/spółdzielnie	+Ve
Bank Rozwoju Rolnictwa	łagodzenie ubóstwa	bank państwowy	Kapitał, instytucja kredytowa	+Ve
Nepalskie Towarzystwo Żywieniowe	Dystrybucja żywności wśród osób	Władza rządu	dystrybucja żywności na obszarach	+Ve

	najbardziej potrzebujących		oddalonych	
Komitety Rozwoju Wsi	Rozwój lokalny	Najniższa jednostka administracyjna i rozwojowa rządu	Ustawa o samorządach lokalnych	+Ve
Nieobecni właściciele	status quo	Feudalistyczna, naturalna władza, wpływ na partie polityczne	Bogactwo, powiązania polityczne i status społeczny	-Ve
Mężczyźni	Dominacja mężczyzn	Kontrola nad zasobami/dominansem	Patriarchalne przekonania, religie itp.	-Ve
Kobiety	Zwiększenie udziału w procesie decyzyjnym	50 procent ludności	Ochrona prawna, stowarzyszenie	+Ve
Rolnicy	Wzrost produkcji żywności i dochodów z działalności rolniczej	producenci żywności i produktów rolnych	Stowarzyszenie rolników i duża liczba osób w społeczeństwie	+Ve
Organizacje wspólnotowe	Rozwój samopomocy	Wspólnota	Wsparcie lokalnej ludności, wiedza lokalna, stowarzyszenie	+Ve
I/NGO	Opieka społeczna i	Prawodawstwo	Ludzie ze społeczności,	+Ve/-Ve

	podnoszenie świadomości		wsparcie międzynarodowe	
Dalit	Wolność od dyskryminacj i społecznej	Związki według liczby, umiejętności i wiedzy	Pracownicy, nic do stracenia, rany, gniew, pragnienie zmiany	+Ve
Grupy etniczne	promowanie tożsamości kulturowej	Stowarzyszenie , według liczby, wiedzy, języka	Pragnienie zmiany, złość, rany, skojarzenia/bandaż	+Ve
Biedni ludzie	rozwój społeczno-gospodarczy	Stowarzyszenie , według liczby, gniewu, urazy	Pracownicy, nic do stracenia, gniew, rany i pragnienie zmiany	+Ve
Media	Podnoszenie świadomości	Nadawane wiadomości i poglądy	Informacja, stowarzyszenie, związki polityczne	+Ve
Pijacy i przestępcy	Niepokoje społeczne	lokalne powiązania z partiami politycznymi	Kapitał, siła mięśni, itp.	-Ve

Źródło: Wywiad z kluczowymi informatorami, 2011 r.

Załącznik 5.19

Dzika żywność jadalna stosowana przez Wspólnotę

Nazwa Nepalu	Nazwa naukowa	pas agroekologiczny	Używane części roślin
1. Gittha	*Czeska ruguloza*	1250 m	Bulwy są jedzone jak ugotowane z popiołem

Drugi Tarul	*Dioscorea spp.*	1200-1400 m	Bulwa
3.Tyaguna/Bhyakur	*Dioscorea bulbifera*	1200-1400 m	Bulwa
4. jamun	*Eugenia jambolana*	<1000 m	Owoce
5. Chadżuri	*feniks humilis*	<1000 m	Owoce
6. Khaniyu	*Ficus semicordata*	1200 m	Owoce
7. timila	*fikus auriculata*	1200 m	Owoce
8. Kane	*Commelina bengalensis*	1200 m	Liście są używane jako warzywa
9. Sishnu	*pokrzywka dioikowa*	1200- 1500 m	Liście i delikatne łodygi są spożywane jako warzywa.
10. stały/ Niguro	*Dryoathyrium boryanum*	1200-1500 m	liście i łodygi są używane jako warzywa
11. Karkalo	*esculenta colocasia*	1000 m	Liście są używane jako warzywa
12. Ghangaru	*Mikrofilus z Cotoneaster*	1400 m	Owoce
13. Chutra	*Berberis asiatica*	1200 m	Owoce
Czternaste Tesu	*Diospyros malbarica*	1200 m	Owoce spożywane na surowo
15. Bank	*Arisaema flavum*	1200 m	Kufer
16. Caphal	*Myrica esculenta*	1500 m	Owoce
17 Aaisalu	*rubus ellipticus*	1200 m	Jagoda spożywana na surowo
18 Bedulo	*fikus palmat*	1200 m	Owoce
19 Kimbu	*Morus alba*	1000-1400 m	Owoce
20. Chyau	*Agaricus spp.*	1200 m	Cały zakład
21. Dimur	*kukurydza capitata*	1200 -1300 m	Dojrzałe owoce są jedzone
22.bel	*Aegle marmelos*	1200 m	Owoce
23. Amala	*emblica officinalis*	1200-1300 m	Owoce
24 maja	*pirus pashia*	1500 m	Owoce
25. Chiuri	*Bassia butyracea*	1250 m	Owoce są spożywane

			na surowo
26. Fipal	*fikus religijny*	1400 m	Owoce są spożywane na surowo
27. Koiralo	*Bauhinia variegata*	1300-1400 m	Kwiaty są wstawiane
28. Bethe Sag	*Album Chenopodium*	1200 m	Liście
29. alfons	*Amaranthus spinosus*	1200 m	Liście i delikatne łodygi są spożywane jako warzywa.
30.Khole Sag	*intermedialna barbara*	1200 m	Liście spożywane jako warzywa
31 Gane Ko Sag	*Houttunia cordata*	1200 m	Delikatne liście są spożywane jako warzywa
32.pudina/ojciec chrzestny	*mentha spicata*	1200 m	Liście i delikatna łodyga
33 Timur	*Zanthoxylum armatum*	1200 m	Użycie owoców jako *Chatni*
34. Tejpat	*Cinnamomomomum tamala*		Liście i kora są używane jako przyprawa.

Źródło: Dyskusja w grupach fokusowych, 2011 r.

Załącznik 5.20

Drzewa paszowe wykorzystywane we Wspólnocie

Nazwa lokalna	Nazwa naukowa	pas agroekologiczny	Części roślin wykorzystywanych do produkcji pasz
1. Chanayo	*Ficus semicordata*	Middle Hills	Liście
2. Bedulo	*fikus palmata*	Middle Hills	Liście
3.bhimal	*Grewia optiva*	Middle Hills	Liście
4. timilo	*fikus auriculata*	Middle Hills	Liście
5. simtaro/Bhimsenpati	*Buddleja azjatycka*	Middle Hills	Liście
6. Gayo	*bridelia retusa*	Middle Hills	Liście
7. Kutmero	*Litsea monopetala*	Middle Hills	Liście i delikatna łodyga
Chiuri 8	*Bassia butyracea*	Middle Hills	Liście
9. Khari	*Celtis australes*	Middle Hills	Liście
10. Saj	*terminalia alata*	Middle Hills	Liście
11. Bansh	*Bambusa spp.*	Middle Hills	Liście
12. sól	*Shorea robusta*	Pogórze - Środkowe Wzgórza	Liście
13 Roino/Rohini	*Mallotus philippinensis*	Middle Hills	Liście
14.włosy	*Anogeissus latifolia*	Middle Hills	Liście
15 Bakaino	*Melia azadirach*	Middle Hills	Liście
16. Pipal	*fikus religijny*	Middle Hills	Liście

17 Kabhro	*Lakier Ficus*	Middle Hills	Liście
18 Koiralo	*Bauhinia variegata*	Middle Hills	Liście
19 Totke	*ficus hispida*	Middle Hills	Liście
20 Tunezja	*toona ciliata*	Middle Hills	Liście
21. sirish	*albicia procera*	Middle Hills	Liście
22.	*Bombax ceiba*	Middle Hills	Liście
23 maja	*pirus pashia*	Middle Hills	Liście
24. Aap	*Lupa indica*	Pogórze - Środkowe Wzgórza	Liście
25 Kimbu	*Morus alba*	Middle Hills	Liście
26. Mauwa	*basia latifolia*	Middle Hills	Liście
27. Nigalo	*trzy-host stachyum falcatum*	Middle Hills	Liście
28 Painyu	*Prunus cerasoides*	Middle Hills	Liście
29. Guran	*Rododendron Arboretum*	Middle Hills	Liście
30.khirra	*Holorrhena antidysenterica*	Middle Hills	Liście
31 Siyali	*Vitex negundo*	Middle Hills	Liście
32.neem	*Azadirachta indica*	Pogórze - Środkowe Wzgórza	Liście
33. Chanayo	*Ficus semicordata*	Middle Hills	Liście

34 Banjh	*Quercus lanata*	Średnie wzgórza - wysokie wzgórza	Liście
35. Githi	*Czeska ruguloza*	Middle Hills	Liście
36. dudhilo	*Ficus neriifolia (Ficus neriifolia)*	Middle Hills	Liście
37 Timur	*Litsea cubeba*	Middle Hills	Liście
38. chhap	*Michelia champaca*	Pogórze - Środkowe Wzgórza	Liście
39. Katus	*Castanopsis tribuloides*	Średnie wzgórza - wysokie wzgórza	Liście
40. Ipil-Ipil	*Leucaena lecocephala*	Pogórze - Środkowe Wzgórza	Liście i delikatna łodyga

Źródło: Dyskusja w grupach fokusowych, 2011 r.

Załącznik 5.21

Trawy używane we Wspólnocie

Nazwa lokalna	Nazwa naukowa	pas agroekologiczny	Możesz użyć
1. Banso	*digitaria ciliaris*	Z przedgórza - wysokie wzgórza	Dobra karma dla bydła
2. kuro jhar	*Desmodium laxiflorum*	Tak samo jak powyżej	Pasza dla zwierząt gospodarskich
3. Pati	*Pałeczki*	1000-1800 m	Pasza dla zwierząt

	Wikstroemii		gospodarskich
4. ramnaulo	*persicaria nepalensis*	1200-2000 m	Tak samo jak powyżej
5.capo/kapu	*rumex hatatus*	*1500-2300 m*	Trawa w porze suchej
6.kharo/khar	*Galinsoga parviflora*	1000 -1700 m	Pasza dla zwierząt gospodarskich
7. Babiyo	*Eulaliopsis binata*	1000 -1500 m	Pasza dla zwierząt gospodarskich
8. amrisho	*Thysanolaena-Maxima*	Pogórze - wysokie wzgórza	Pasza dla zwierząt gospodarskich
9. Gujale	*Drymaria-Diandra*	Średnie wzgórza - wysokie wzgórza	Pasza dla zwierząt gospodarskich
10. musekharki	NA	Wzgórza stóp - wysokie wzgórza	Pasza dla zwierząt gospodarskich
11. dubo	*Cynodon daktylowy*	Tak samo jak powyżej	Pasza dla zwierząt gospodarskich
12. Buki	*komelina paludosa*	Wysokie wzgórza	Pasza dla zwierząt gospodarskich
13. siru	*imperata cylindryczna*	Pogórze - Środkowe Wzgórza	Pasza dla zwierząt gospodarskich

Źródło: Dyskusja w grupach fokusowych, 2011 r.

Załącznik 5.22
Ranking preferencyjny drzew paszowych

Drzewa paszowe	1. Khari	2. kutmiro	3. Bedulo	4. Dudhilo	5. Timilo	6. Kavro	7. Bhimal	Razem Wynik	Ranking
1. Khari	X	2	3	3	3	6	1	4	**III**
2. kutmiro	X	X	2	2	2	6	2	5	**II**
3. Bedulo	X	X	X	4	3	6	3	2	**V**
4. dudhilo	X	X	X	X	4	6	4	3	**IV**

5. timilo	X	X	X	X	X	6	7	0	**VII**
6 Kavro	X	X	X	X	X	X	6	6	**I**
7 Bhimal	X	X	X	X	X	X	X	1	**VI**

Źródło: Dyskusja grupowa, 2011 r.

Załącznik 5.23
Rośliny lecznicze stosowane przez Wspólnotę

Nazwa Nepalu	Nazwa naukowa	pas agroekologiczny	Używane części roślin
1. Kurilo	*mięsień szparagowy*	1250 m	Stosowanie bulw/korzeni w celu zwiększenia wydzielania mleka
2. satuwa	*Polifilla paryska*	1200-1400 m	Bulwa
3. Sungava	*Dendrobium densiflorum*	1200-1400 m	Cały zakład
4. Kaulo	*Michelia kisopa*	<1000 m	Kora
5. chutro	*Berberis asiatica*	<1500 m	Kora
6 Samayo	*waleriana jatamansii*	1200 m	Korzenie
7. allo	*Girardinia diversifolia*	1200 m	Fiber
8. Tejpat	*Cinnamomomomum tamala*	1200-1500 m	Liście są używane do herbaty i przypraw, są aromatyczne, karmiące i przydatne do zwalczania mdłości i wymiotów.
9. Basak	*Dichroa februfuga*	1400 m	liście na gorączkę
10. Banmara/Rutado	*Eupatorium adenoforum*	1200 m	Użycie arkuszy do Krwawienie kontrolne

11. Siltimur	*Lindera neesiana*	1200 m	Stosowanie owoców do przypraw i bólów brzucha
12. Ban Lasun	*nepalenza liliowa*	1400-3000 m	Cały zakład
13. Bhakki Amilo	*Rhus javanica*	1500 m	Nasiona do zwalczania gorączki
14. Chiplekira		1200 m	Zastosowanie do zwalczania malarii i toniku
15. biraloganu	*Stephania glandulifera*	1200 m	Tonik dla zwierząt gospodarskich
16. Boketimur	*Zanthoxylum armatum*	1000-2500 m	Stosowanie owoców do przypraw i bólów brzucha
17 Panchamle	*Dactylorhiza hatagirea*	1200 m	Zastosowanie do toniku
18 Silajit		1200 -1300 m	Zastosowanie do toniku
19. Dżamun	*Syzygygium cumini*	1200 m	Użycie kory do kontroli biegunki
20. Balet	NA	1200-1300 m	Zastosowanie dla kobiet przy porodzie
21 Ajambari/Bezaram	NA	1500 m	Użycie soków komórkowych do utwardzania śruby pierścieniowej
22. Pakhanved	*Cylates of Bergenia*	900 -3500 m	Stosować na hemoroidy, dyzenterię i tonik.
23. boyho	*Kalamus Acorus*	300-4000 m	Stosować na kaszel, zapalenie oskrzeli itp. Może być używany do kontroli pluskiew.

Źródło: Dyskusje grupowe, 2011 r.

Załącznik 5.24

Analiza zarządzania w kontekście bezpieczeństwa żywnościowego

Kryteria	zdecydowanie zgadzać się	Czy zgadzasz się	Rysunek	Nie zgadzają się	Zdecydowanie nie zgadzają się	Uzasadnienie
Rolnicy otrzymują ulepszony materiał siewny z Departamentu Rolnictwa				√		Większość z nich Rolnicy nie otrzymują ulepszonych nasion z biur rolniczych/ośrodków usług rolniczych.
Biuro Rolnicze organizuje regularne szkolenia dla rolników			√			Nieaktywny
JTA odwiedza naszą wioskę co miesiąc					√	Nieregularne wizyty na polach rolników
Technicy rolni, którzy pomagają rolnikom w zwalczaniu owadów i szkodników w uprawach					√	Tak samo jak powyżej
Nawóz jest łatwo dostępny na wiejskim rynku.				√		Brak dostępu do rynku
Dojazd do drogi we wsi		√				Trwa budowa drogi wiejskiej

dostęp do rynku w celu sprzedaży zbóż, warzyw, mleka itp.		√				Rynek jest daleko od wioski
Magazyn żywności znajduje się w pobliżu wioski. w celu zapewnienia żywności w okresie deficytu					√	We wsi nie ma żadnego magazynu.
VDC wspiera budowę kanału irygacyjnego w wiosce			√			Brak wsparcia w chwili obecnej
Rząd poważnie traktuje rozwój rolników					√	Nie ma żadnych środków
Ludzie są zadowoleni z usług rządu w wiosce.			√			Ludzie nie są bezpośrednio faworyzowani
Partie polityczne podnoszą głos na rzecz chłopów				√		Nie w działaniu
Rolnicy wykonują dobrą robotę, zwiększając lokalną produkcję		√				Rolnicy mają

żywności.						
Organizacje pozarządowe wspierają rolników w zwiększaniu produkcji żywności i generowaniu dochodów z rolnictwa		√				Program jest realizowany do pewnego stopnia
Rolnicy znają plan dotyczący perspektywy rolniczej				√		Brak szkoleń dla konsultantów
W wiosce istnieją możliwości uzyskania niezależności		√				Do pewnego stopnia rolnicy uprawiają komercyjną produkcję warzyw i sprzedają mleko, zboża, inwentarz żywy itp.

Źródło: Dyskusja w grupach fokusowych, 2011 r.

Załącznik 5.25
Napływ i odpływ żywności i produktów nieżywnościowych we Wspólnocie

Napływ surowców	Odpływ surowców
1.ryż	1. soja
2. sól	2. ghee
3. olej	3.on kozy
4. kluski	4. lokalne kurczęta
5.mydła	5. ziołowe produkty lecznicze
6.cukier	6. duża pokrzywa
7. soczewka	7. Pomarańcza
8. fasola	8.mleko
9.ciecierzyca	9. kalafior i fasola
10. papier	
11. ściereczki	
12. bateria	

13. radio	
14.telefon komórkowy	
15.latarka	
16.buty	
17. sandały	
18.tworzywa sztuczne	
19.obserwować	
20.leki	
21. sprzęt rolniczy	
22.materiały piśmienne	
23.dekoracje	
24.miedź	
25.żelazo	
26.alkohol	
27.herbata	
28. ciasteczka	
29. przyprawy	
30.cukiernia	
31.cement	
32. pręty żelazne	
33.arkusze CGI	
34.rury i kształtki z polietylenu	
35.naczynia do gotowania	
36.moduły słoneczne	
37.świece	
38,Mecze	
39.garnki plastikowe	
40Glass	
41.naczynia stalowe	
42 Pasta do zębów i pędzel	
43. nawozy chemiczne	
44. niewielka ilość środków owadobójczych	
45. zimne napoje	
46. ulepszone nasiona warzyw	

Źródło: Dyskusje grupowe, 2011 r.

Załącznik 5.26

Ceny towarów rolnych (Rs/Kg)

Łańcuchy wartości / Surowce	Farmer's Award	Łączna cena sprzedaży	Cena sprzedaży	Uwagi
1. ryż	40	42	45	3,5 Kg = 1 Pathi
2. kukurydza	18	20	22	3 Kg = 1 Pathi

3. pszenica	32	34	36	3 Kg = 1 Pathi
4. mąka pszenna	20	22	25	
trawa krabowa	20	22	25	4 kg = 1 Pathi
6. jęczmień	20	22	25	4 kg = 1 Pathi
7. gryka	-	-	-	-
8. mąka gryczana	-	-	-	-
9. soja	40	42	45	3 kg = 1 Pathi
10. czarny gram	120	125	130	3 kg = 1 Pathi
11. fasola	100	105	115	4 kg = 1 Pathi
12. soczewka	100	120	130	4 kg = 1 Pathi
13. gram konia	-	-	-	-
14. groszek	45	50	55	3,5 kg = 1 Pathi
15. krowie klepki	100	105	115	4 kg = 1 Pathi
16. ziemniak	15	20	25	
17. kolokasja	30	35	40	
18. imbir	35	40	45	
19. kurkuma	180	200	250	
20. mroźny	200	205	220	
21-szy sezam,	-	150	180	
22. perilla (silam)	200	205	220	
23. kalafior	20	25	30	
24. kapusta	15	20	25	

25. rzodkiewka	10	15	20	
26. capsicum	55	70	90	
27. orzeszki ziemne	-	200	230	
28. korzeń ignamu	15	20	30	
29. słodki ziemniak	20	25	30	
30. Niger	20	25	30	5 kg = 1 pathi
Pomarańczowy 31.	30	35	40	
32. mięso kozie	300	350	380	
33. rodzimy kurczak	300	350	380	
34. cytryna	25	30	35	
35. ghee	280	290	350	
36. miód	400	450	500	
37. mleko	40	45	50	
38. jogurt	40	45	50	

Źródło: Dyskusja w grupach fokusowych, 2011 r.

Załącznik 5.27
Ranking preferencyjny instytucji lokalnych

Lokalne obiekty	SHP	RDS C-Coop	RD PSC	Agri. Centrum Serwisowe	L/usługa magazynowania Centrum	CD F	CFUG	Razem Wynik	Ranking
1. stanowisko sub-zdrowotne	X	1	1	1	1	1	1	6	**I**
2. rolnicze spółdzielnie oszczędnościowo-kredytowe	X	X	2	2	2	2	2	5	**II**

3. centrum obsługi wiejskiej Dev't People's Service Centre	X	X	X	3	3	3	3	4	**III**
4. centrum serwisowe dla rolnictwa	X	X	X	X	5	6	7	0	**VII**
5. centrum obsługi weterynaryjn ej	X	X	X	X	X	6	7	1	**VI**
6. Wspólnotow y Fundusz Rozwoju	X	X	X	X	X	X	7	2	**V**
7) grupa użytkownikó w leśnictwa wspólnotow ego	X	X	X	X	X	X	X	3	**IV**

Źródło: Dyskusja w grupie, 2011 r.

Załącznik 6.28
Schemat łańcucha wartości Orange

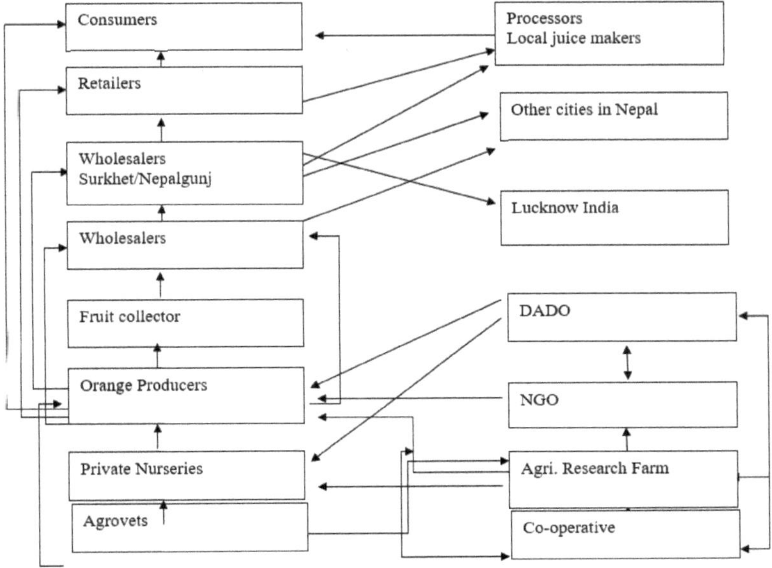

Załącznik 6.29

Strategie wspólnotowe w zakresie produkcji żywności

Działalność wspólnotowa	Cele Wspólnoty	Co jeszcze należy zrobić?	Co należy zacząć robić?	Co należy przestać robić?
Komercyjna uprawa warzyw	zwiększyć dochody	Ekspansja uprawy warzyw na dużą skalę	Budowa kanału irygacyjnego	Nadmierne stosowanie środków owadobójczych i pestycydów w świeżych warzywach
Hodowla kóz	zwiększyć dochody	Zwiększenie liczby kóz w gospodarstwie w celu uzyskania większych dochodów	Komercyjna hodowla kóz	Nie ubijaj kozy
Poprawa w zakresie hodowli zwierząt gospodarskich	zwiększyć dochody	-	Rozpoczęcie hodowli krów rasy Jersey w celu zwiększenia produkcji mleka	Rolnictwo na własne potrzeby
Pszczelarstwo	zwiększyć dochody	-	Rozpoczęcie działalności pszczelarskiej w celu komercyjny	Nie należy stosować środków owadobójczych i pestycydów w uprawach

			m	
Uprawa ziemniaków	Zwiększenie bezpieczeństwa żywnościowego i dochodów z rolnictwa	-	Komercyjna uprawa ziemniaków poprzez wykorzystanie odmian odpornych na łamanie się	Rolnictwo na własne potrzeby
Rolnictwo kolokasyjskie	Zwiększenie dochodów i bezpieczeństwa żywnościowego	-	Rolnictwo kolokasyjskie w celu zwiększenia bezpieczeństwa żywnościowego i wysokiej wydajności na jednostkę powierzchni	Grunty ugorowane
Uprawa cytryny	zwiększyć dochody	-	Rozpoczęcie komercyjnej uprawy cytryn	-
Rolnictwo imbirowe/Turmeryka Łacińska	zwiększyć dochody	-	Komercyjna uprawa imbiru i kurkumy	Rolnictwo na własne potrzeby
Uprawa cebuli i czosnku	zwiększyć dochody	-	Komercyjna uprawa	Rolnictwo na własne potrzeby

			cebuli i czosnku	
Rolnictwo w Timurze na gruntach marginalnych	zwiększyć dochody	-	Plantacja w Timurze na gruntach marginalnyc h	-
groszek i ciecierzyca	Zwiększenie dochodów i żyzności gleby	-	Skalowanie uprawy grochu i ciecierzycy ciecierzycy	Rolnictwo na własne potrzeby
Ochrona miejscowej plazmy bakteryjnej	Zachowanie różnorodnośc i biologicznej	uprawa lokalnych odmian ryżu, pszenicy, kukurydzy, sorgo, jęczmienia itp.	-	Gotowy materiał siewny zbóż i warzyw
Stosowanie obornika/obornik a kompostowego i organicznych środków owadobójczych/p estycydów	Hodowla bezpiecznej żywności dla zdrowia publicznego	Zwiększone wykorzysta nie nawozów organicznyc h	-	Nadmierne stosowanie niezrównoważonej dawki nawozu chemicznego w uprawach
Uprawa międzyplonów kukurydzy	Wzrost produkcji żywności i żyzności	Uprawa międzyplon ów soi, fasoli,	-	Monokultury

	gleby	ziemniaków , rzodkiewek, kolokasji itp.		
Plantacja trawy miotłowej	Zwiększenie dochodów z rolnictwa i produkcji pasz.	-	Sadzenie trawy miotłowej w szkółkach i na terenach marginalnych w Bari	Niepełne wykorzystanie gruntów marginalnych i obszarów rowu

Źródło: Dyskusja w grupie, 2011 r.

Załącznik 6.30

Dystrybucja żywności do pracy w ramach rozwoju obszarów wiejskich

Działania w ramach polityki rozwoju	**Wynik**	**Procent**	**Uwagi**
1. droga wiejska	9	36	Budowa dróg wiejskich
2. budynek szkoły	3	12	Budowa budynku szkolnego
3. małe nawadnianie	5	20	Budowa powierzchniowych kanałów nawadniających
4. plantacja	1	4	zalesianie na jałowej ziemi
5. żywienie dzieci szkolnych	4	16	Dostarczanie młodzieży szkolnej mąki i oleju do gotowania.
6. opieka zdrowotna dla matki i dziecka	3	12	Program żywieniowy
Razem	**25**	**100**	

Źródło: Wywiad z kluczowymi informatorami, 2011 r.

Załącznik 6.31

Analiza luk w głównych organizacjach działających w dziedzinie bezpieczeństwa żywnościowego

Nazwa	Kluczowy program	Luki
Pomoc na działania Nepal	Kampania na rzecz prawa do pożywienia	Brak promocji rynkowej opartej na łańcuchu wartości.
FAO	Pomoc techniczna w zakresie żywności i rolnictwa	Niski priorytet dla wsparcia wspólnotowego
GTZ	Zmniejszenie ubóstwa, oszczędności/kredyty, bezpieczeństwo żywnościowe, infrastruktura pracochłonna	Brak wsparcia dla badań w dziedzinie rolnictwa i budowania potencjału MOAC.
SNV-Nepal	Analiza łańcucha wartości w rolnictwie i NTFP, turystyce, leśnictwie, szkoleniu wykwalifikowanych pracowników.	Niewielki nacisk na długoterminowe badania i rozwój w dziedzinie rolnictwa.
DFID	Utrzymanie i leśnictwo, program wsparcia wspólnotowego.	Brak wsparcia dla długoterminowych badań rolniczych mających na celu rozwój odmian roślin odpornych na owady, choroby i suszę.
MoLD	Program "Żywność dla pracy", program rozwoju samorządu lokalnego na szczeblu lokalnym.	Brak wsparcia dla produkcji rolnej.
Oxfam	Program wsparcia utrzymania, bezpieczeństwo żywnościowe, mikro-nawadnianie, zbieranie wody deszczowej do stawu w celu ochrony wód przydennych.	Brak promocji rynkowej towarów rolnych w oparciu o łańcuch wartości.
Działanie praktyczne	Program wsparcia utrzymania, bezpieczeństwo żywnościowe, zmniejszanie ryzyka związanego z klęskami żywiołowymi	Brak dostępu do bardzo ubogich i zmarginalizowanych grup.
RRN	Utrzymanie i bezpieczeństwo żywnościowe, programy oszczędnościowe/kredytowe, nawadnianie na małą skalę, produkcja świeżych warzyw itp.	Brak promocji rynkowej opartej na łańcuchu wartości towarów rolnych w celu zwiększenia bezpieczeństwa żywnościowego.
WFP	Program "Food for Work".	Brak bezpośredniego wsparcia dla środków utrzymania i produkcji roślinnej.
Ministerstwo Rolnictwa i Spółdzielczości (Departament	Rozwój rolnictwa i generowanie dochodów, rozwój rolnictwa	-Istnieje luka w polityce bezpieczeństwa żywnościowego. -brak dostępu do usług w

Rolnictwa i Departament Zwierząt Gospodarskich)		zakresie upowszechniania wiedzy rolniczej dla ubogich rolników w Nepalu.
Nepalska Rada ds. Badań Naukowych w dziedzinie Rolnictwa	Badania rolnicze nad uprawami, ogrodnictwem, hodowlą zwierząt, paszami i paszami	-Mniej uwagi poświęca się badaniom nad mniej korzystnymi uprawami, takimi jak proso lisogonowe, bulwy, jęczmień, gryka i drobni producenci rolni. -luka w finansowaniu badań zorientowanych na popyt i doboru odmian w społecznościach lokalnych.
Nepalskie Towarzystwo Żywieniowe	Dystrybucja żywności w dzielnicy, w której występuje niedobór żywności, z dopłatami do kosztów transportu	Brak zaopatrzenia w żywność na odległych obszarach wiejskich (w oparciu o siedzibę powiatu)
Jałówki International	Program zabezpieczenia środków do życia poprzez hodowlę zwierząt.	Brak produkcji zbóż i warzyw w celu zwiększenia liczby drobnych rolników.
LWF Nepal	utrzymanie dzięki szkoleniom w zakresie zasobów naturalnych i rozwoju umiejętności, bezpieczeństwa żywnościowego	Brak promocji rynkowej opartej na łańcuchu wartości oraz dokumentacji dobrych praktyk.
Helwety -Nepal	Środki utrzymania poprzez szkolenie w zakresie rozwoju zasobów naturalnych i umiejętności, mikro-nawadniania, zbierania wody deszczowej itp.	Rzecznictwo i lobbing w celu wpływania na politykę i praktykę rządu.
National Cooperative Federation Ltd.	promocja spółdzielni, szkolenia i rozwój potencjału spółdzielni itp.	-luka w monitorowaniu, nadzorowaniu, raportowaniu i dokumentowaniu najlepszych praktyk oraz wymianie doświadczeń z szerszym gronem odbiorców. -reliniując rolnictwo spółdzielcze w celu zwiększenia bezpieczeństwa żywnościowego gospodarstw domowych i dochodów rolniczych.
ICIMOD	Środki utrzymania Badania / publikacje, reprezentowanie interesów i lobbing na rzecz ludności górskiej	Brak wspólnotowego długoterminowego programu bezpieczeństwa żywnościowego.
Biuro Okręgowe	Utrzymanie prawa i porządku,	-Luka w dobrym zarządzaniu.

	dobrego zarządzania, bezpieczeństwa, itp.	-luka w nadzorze rynku i działaniach naprawczych.
Sektor prywatny	Odpowiedzialność społeczna, obsługa klienta i zyskowność itp.	-Utrata odpowiedzialności społecznej. -utrata uczciwego handlu (system syndykatów transportowych podniósł ceny żywności i innych produktów.
Rynek	obsługa klienta, uczciwy handel i rozsądne marże zysku, itp.	-Złagodzone ceny, rynek monopolowy itp. -luka w standardowej jakości dostaw towarów i usług.
DDC i VDC	Wspólnotowy program rozwoju skupia się głównie na projektach infrastrukturalnych	brak programu bezpieczeństwa żywnościowego dla osób ubogich w celu przezwyciężenia braku bezpieczeństwa żywnościowego i głodu.
Powiatowy Urząd Rozwoju Rolnictwa	Usługi doradcze dla gospodarstw rolnych	Brak zasięgu usług w zakresie upowszechniania wiedzy rolniczej w odległych wioskach i wśród ubogich rolników. -wizyty doradców ds. rolnictwa na miejscu w celu zajęcia się kwestiami bezpieczeństwa żywnościowego -luka w konkretnych programach bezpieczeństwa żywnościowego. -Za mało małych systemów irygacyjnych, by zwiększyć bezpieczeństwo żywnościowe gospodarstw domowych.
departament ds. zwierząt gospodarskich w hrabstwie	Usługi doradcze w zakresie zwierząt gospodarskich i opieki weterynaryjnej	-luka w konkretnym programie bezpieczeństwa żywnościowego. -brak służb weterynaryjnych w odległych społecznościach. -luka w programie rolno-leśnym w celu zwiększenia produkcji mięsa i produktów mlecznych w gminach.
Wspólnota	Rolnictwo na własne potrzeby	-nieświadomi tego, że są zorganizowani w grupy produkcyjne zajmujące się

		komercyjną uprawą warzyw i produkcją mleczną. -Plan produkcji. -brak zainteresowania młodzieży rolnictwem.
Rolnicy indywidualni	rolnictwo na własne potrzeby i wiara w fatalizm.	-nieużywanie ulepszonych nasion i zbieranie wody deszczowej. -Opóźnienie wprowadzenia innowacyjnych technologii rolniczych. -utrata komercyjnego rolnictwa z planem produkcji.

Źródło: Wywiad z kluczowymi informatorami, obserwacja bezpośrednia, 2011 r.

Załącznik 6.32
Wydajność zakładu na jednostkę powierzchni (Mt/ha)

Główne kultury	Średnia krajowa	Okręg Średnia	Obszar badań	różnorodność kulturowa
1.ryż	2.56	2.25	1.40	Lokalizacje
2. kukurydza	2.04	1.53	0.90	Lokalizacje
3.pszenica	2.16	0.65	0.72	Lokalizacje
4. trawa krabowa	1.1	0.90	1.20	Lokalizacje
5. jęczmień	1.9	0.92	1.60	Lokalizacje
6. ziemniak	12.66	12.30	12	Lokalizacje
7. musztarda	0.9	0.65	0.72	Lokalizacje
8. orzeszek ziemny	1.62	1.40	0.80	Lokalizacje
9. soczewka	1.42	0.85	0.64	Lokalizacje
10. sezam	0.9	0.40	0.30	Lokalizacje
11.ciecierzyca	1.4	0.61	1.05	Lokalizacje
12. soja	1.7	0.80	1.44	Lokalizacje
13.czarny gram	1.2	0.75	0.48	Lokalizacje
14. groszek	2.6	0.76	0.70	Lokalizacje
15. cowpeas	2.5	-	0.80	Lokalne lato

Źródło: NARC, 2008, DADO, 2009, badanie terenowe, 2011 r.

Glosariusz

Glosariusze zostały opracowane na potrzeby przedstawionego poniżej opracowania badawczego.

Dostęp: jest to zdolność do wykorzystania zasobów w celu prowadzenia zrównoważonego życia i utrzymania się mężczyzn i kobiet.

Rolnictwo się zmienia: Rolnik Change Maker jest animatorem, który wzmacnia i organizuje ubogich rolników, aby przekształcić rolnictwo na własne potrzeby w rolnictwo komercyjne w celu zmiany życia drobnych rolników.

Usługi doradcze dla gospodarstw rolnych: Usługi oferowane rolnikom, zwykle przez rząd, w formie przekazywania informacji, nowych pomysłów, metod i porad dotyczących stosowania nawozów, zwalczania szkodników, poprawy hodowli zwierząt gospodarskich, agroleśnictwa, metod ochrony gleby, pozasezonowej produkcji warzyw, zbierania wody deszczowej, prostej księgowości w celu promowania plonów rolnych.

Postawa: Postawa lub odczucie jednostki, grupy lub społeczeństwa w odniesieniu do takich kwestii jak bogactwo materialne, ciężka praca, oszczędzanie na przyszłość, dbanie o bogactwo i dzielenie się nim itp.

Możliwości: są to istniejące mocne strony wśród jednostek i grup społecznych. Są one związane z zasobami materialnymi i fizycznymi ludzi, ich umiejętnościami, ich zasobami społecznymi oraz ich przekonaniami i postawami. Są one budowane na przestrzeni czasu i określają zdolność ludzi do radzenia sobie z kryzysami i ich odporność na nie.

Kartel: organizacja producentów, którzy zgadzają się na ograniczenie produkcji swoich produktów w celu podniesienia cen i zysków. Praktyka ta jest powszechna na rynku nepalskim.

Społeczność: Społeczność jest zdefiniowana jako złożona i zazwyczaj obejmuje kilka różnych grup osób o różnych zainteresowaniach.

Komercjalizacja rolnictwa: ma na celu uczynienie z rolnictwa lukratywnego zajęcia, komercjalizację poprzez lepsze ceny, poziom produkcji z ekonomią skali, dostęp do rynku, tworzenie możliwości eksportowych, itp.

Rozwój gospodarczy społeczności: jest to działanie podejmowane przez społeczność lokalną w celu stworzenia możliwości gospodarczych i poprawy warunków społecznych w sposób zrównoważony. Jako jeden z aspektów lokalizacji gospodarki, rozwój gospodarczy społeczności jest procesem zorientowanym na społeczność, który łączy w sobie rozwój społeczny i gospodarczy w celu promowania dobrobytu gospodarczego, społecznego, środowiskowego i kulturowego społeczności.

Kontrola: jest to zdolność mężczyzn i kobiet do decydowania o wykorzystaniu zasobów w celu zapewnienia sobie utrzymania i dobrobytu.

Kodowanie: proces definiowania kategorii dla odpowiedzi na pytania, takich jak Mężczyzna = 1 i Kobieta = 2, a następnie klasyfikacji każdej odpowiedzi do kategorii.

Przekrojowy projekt badawczy: Projekt badań społecznych, w którym uczestnicy z dwóch lub więcej grup są mierzeni mniej więcej w tym samym czasie. W tym projekcie badawczym dokonuje się porównań w zależności od wieku, klasy, płci, kasty/etniczności, itp.

Podział pracy: są to działania społeczno-gospodarcze prowadzone przez kobiety i mężczyzn w domu i w społeczeństwie, na które wpływają normy społeczne, kultura, religia, wartości itp.

Ekosystem: jest definiowany jako dynamiczny kompleks społeczności roślin, zwierząt i mikroorganizmów oraz ich nieożywionego środowiska współdziałających jako jednostka funkcjonalna. Zasady zrównoważonego rozwoju ekosystemów obejmują

1. Ekosystemy wykorzystują światło słoneczne jako źródło energii.
2. Ekosystemy usuwają odpady i uzupełniają składniki odżywcze poprzez recykling wszystkich elementów.
3. Wielkość populacji konsumentów w ekosystemach jest utrzymywana w taki sposób, aby nie dochodziło do nadmiernego wypasu i innych form nadmiernego użytkowania.
4. Ekosystemy wykazują wysoką odporność, gdy są narażone na zakłócenia.
5. Ekosystemy są zależne od różnorodności biologicznej.

Upodmiotowienie: jest definiowane jako rozszerzenie zdolności ludzi do podejmowania strategicznych decyzji życiowych w kontekście, w którym wcześniej odmawiano im tej zdolności.

Równość: jest mierzona jako równość wyników dla grup, szczególnie w instytucjach takich jak szkoły lub firmy. Równość zaczyna się od równych szans, a jeśli instytucja jest zróżnicowana i włączająca, prowadzi do równych wyników dla wszystkich grup.

Badania poszukiwawcze: Badanie przeprowadzone w dziedzinach, w których wcześniejsza wiedza na temat badanego przedmiotu jest bardzo niewielka. Cel badań poszukiwawczych obejmuje

-Diagnoza sytuacji

- Przesiewanie Alternatywy

-Odkrywanie nowych pomysłów

Badania poszukiwawcze są prowadzone w celu ukierunkowania badacza i badania. Jest to zatem ważna metoda, aby dowiedzieć się, co się dzieje, zobaczyć nowe odkrycia, zadać pytania i ocenić zjawiska w nowym świetle.

Głód: jest to absolutny brak żywności, który dotyka dużą populację przez długi okres czasu. To katastrofa braku bezpieczeństwa żywnościowego. Jest ona w dużej mierze spowodowana działalnością człowieka, ze względu na niską świadomość, złe zarządzanie i nadmierną eksploatację zasobów naturalnych.

Kapitał finansowy: jest zasobem pieniężnym dostępnym dla ludzi, takim jak oszczędności, pożyczki lub regularne przelewy bankowe lub emerytury, który zapewnia im różne środki utrzymania.

Żywność: jest niezbędnym składnikiem odżywczym dla życia, ochrony, prestiżu społecznego, rozwoju fizjologicznego, radości, szacunku, miłości i kultury jednostki, aby utrzymać swoje życie i środki do życia w społeczeństwie.

Bilans żywności: przedstawia kompleksowy obraz struktury podaży i wykorzystania żywności w danym kraju w danym okresie. Bilans żywności musi uwzględniać wszystkie produkty żywnościowe uwzględnione w konsumpcji i powinien wykazywać ilości każdego produktu żywnościowego w bilansie. Aby zapewnić wiarygodne szacunki dotyczące średniej krajowej podaży żywności i dostępnych składników odżywczych w przeliczeniu na mieszkańca, należy wykorzystać dokładną liczbę ludności ogółem oraz odpowiednie wskaźniki ekstrakcji, wskaźniki wysiewu, wskaźniki marnotrawstwa i współczynniki przeliczenia składników odżywczych.

Dostępność całkowitej podaży danego towaru jest określana za pomocą następującej techniki.

Dostępność towaru = rodzima podaż żywności - strata - popyt na paszę - produkcja żywności/nieżywności - popyt na nasiona.

Płeć: Płeć jest związana z tym, jak jesteśmy postrzegani i jak od nas oczekuje się, że będziemy myśleć i działać jako kobiety i mężczyźni ze względu na sposób, w jaki społeczeństwo jest zorganizowane. Płeć jest również o tym, kto ma władzę.

Relacje między płciami: są to relacje społeczne między mężczyznami jako płci i kobietami jako płci, które tworzą i powielają systematyczne różnice w pozycji mężczyzn i kobiet

Gospodarstwo domowe: Gospodarstwo domowe jest jednostką produkcyjną społeczeństwa, w której członkowie gospodarstwa domowego mają wspólną kuchnię. Jest to jednostka analityczna do zbierania danych na miejscu.

Kapitał ludzki: umiejętności, wiedza, zdolność do pracy i dobre zdrowie są ważne dla zdolności do realizowania różnych strategii w celu zapewnienia sobie środków do życia.

Głód: jest bolesnym doznaniem spowodowanym mimowolnym brakiem jedzenia, który z czasem prowadzi do niedożywienia.

materiał siewny mieszańca: materiał siewny produkowany przez krzyżowanie roślin lub roślin różnych gatunków w drodze badań naukowych

Zastąpienie przywozu: celowe dążenie do zastąpienia dużego przywozu do konsumentów poprzez wspieranie powstawania i rozwoju krajowych sektorów przemysłu, takich jak sektor jabłek, butów, pomarańczy, ryżu itp.

Ochrona in situ: oznacza ochronę ekosystemów i siedlisk przyrodniczych oraz utrzymanie i odtworzenie żywotnych populacji gatunków w ich naturalnym otoczeniu oraz, w przypadku gatunków uprawnych, w środowisku, w którym wykształciły one swoje charakterystyczne cechy genetyczne.

Skala Likerta: Mierzy ona skalę postaw opracowaną przez socjologa Rensisa Likerta, w której postawy są mierzone za pomocą standardowych kategorii odpowiedzi, takich jak "zdecydowanie zgadzam się", "neutralnie", "nie zgadzam się" i "zdecydowanie nie zgadzam się".

Utrzymanie: jest zdefiniowane jako umiejętności, aktywa, w tym zasoby materialne i społeczne oraz działania niezbędne do utrzymania się. Utrzymanie się jest trwałe, jeśli jest w stanie poradzić sobie ze stresem i wstrząsami, a także utrzymać lub poprawić swoje umiejętności i aktywa teraz i w przyszłości, bez naruszania zasobów naturalnych.

Strategie utrzymania: Składają się one ze strategii radzenia sobie, strategii adaptacyjnych i strategii akumulacji. Strategie kopiowania wykorzystują majątek gospodarstwa domowego do przetrwania, co z kolei pogłębia ubóstwo lub pogarsza sytuację życiową. Strategie adaptacyjne to takie, które koncentrują się przede wszystkim na utrzymaniu bazy aktywów gospodarstw domowych na podobnym poziomie. Strategie kumulacyjne nie tylko utrzymują bazę aktywów gospodarstw domowych, ale także ją ulepszają, co prowadzi do zmniejszenia ubóstwa. Ponieważ konteksty są dynamiczne, strategie stosowane przez gospodarstwa domowe nie mogą pozostać statyczne.

Kapitał naturalny: jest definiowany jako zasoby pochodzące z ziemi, wody, dzikiej przyrody, różnorodności biologicznej, środowiska naturalnego itp.

Kapitał fizyczny: to podstawowa infrastruktura, taka jak transport, schronienie, woda, energia i komunikacja, a także urządzenia produkcyjne i środki produkcji, które umożliwiają ludziom zarabianie na życie.

Wola polityczna: zdecydowane dążenie osób posiadających władzę polityczną do osiągnięcia pewnych celów gospodarczych, takich jak eliminacja nierówności, ubóstwa i bezrobocia poprzez różne reformy struktur społecznych, gospodarczych i instytucjonalnych. Brak woli politycznej jest często wymieniany jako jedna z głównych przyczyn niepowodzenia wielu planów rozwoju.

Test wstępny: Jest to test terenowy przyrządu do zbierania danych. W tym teście przyszły poziom zmiennej można przewidzieć za pomocą bieżącego pomiaru tej samej lub innej zmiennej.

produkty podstawowe: Produkty pochodzące ze wszystkich zawodów związanych z wydobyciem surowców - rolnictwo, pozyskiwanie drewna, rybołówstwo, górnictwo i kopalnictwo; żywność i surowce.

Moc: Moc jest definiowana jako zdolność do uczynienia rzeczy niepodlegającymi dyskusji. Instytucje są relacjami władzy, co oznacza, że ucieleśniają relacje władzy i kontroli.

Proporcja: Ta miara jest ułamkiem, więc liczba jest jedną z dwóch obserwowanych częstotliwości, a mianownik jest sumą obserwowanych częstotliwości. Proporcja dwóch obserwacji jest wyrażona jako ułamek 1, a suma zawsze wynosi 1.

Pozycja: to pozycja kobiet w społeczeństwie w stosunku do mężczyzn lub na odwrót.

Produkcja: jest definiowana jako produkcja towarów i usług w celu uzyskania dochodu lub zapewnienia środków utrzymania, które są uznawane i cenione przez jednostki i społeczeństwa, w szczególności w statystykach krajowych, głównie jako praca.

Ubóstwo: jest przejawem bezsilności i zaprzeczenia podstawowych praw jednostki, grupy, kasty i pochodzenia etnicznego, takich jak głód, choroby i przedwczesna śmierć, brak świadomości, bezbronność, dyskryminacja kastowa i płciowa oraz brak bezpieczeństwa społecznego, odmowa godności i inne przejawy deprywacji. Ubóstwo różni się w zależności od miejsca, czasu i głębokości. Jest on coraz bardziej złożony, zależny od kontekstu, względny i dynamiczny.

Pułapka na ubóstwo: Słaba równowaga dla rodziny, społeczności lub narodu, która wiąże się z błędnym kołem, w którym ubóstwo i niedorozwój tworzą coraz więcej ubóstwa i niedorozwoju, często z pokolenia na pokolenie.

Polityka redystrybucji: polityka mająca na celu zmniejszenie nierówności w dochodach i rozszerzenie możliwości gospodarczych w celu wspierania rozwoju. Przykáady obejmują politykĊ progresywnego podatku dochodowego, Ğwiadczenie usáug finansowanych z tego podatku na rzecz osób z grup o niĪszych dochodach, politykĊ rozwoju obszarów wiejskich, która koncentruje siĊ na podniesieniu poziomu Īycia ubogich na obszarach wiejskich poprzez reformĊ gruntów oraz inne formy redystrybucji bogactwa i aktywów.

Zasoby: Odnosi się do dostępu ludzi do kapitału, który obejmuje dochody, ziemię, kredyt, żywność itp., w wyniku czynników społeczno-ekonomicznych i stopnia kontroli zmian w zasobach na każdym poziomie analizy.

Powielanie: to opieka i utrzymanie gospodarstwa domowego i jego członków, np. gotowanie, mycie, sprzątanie, rodzenie dzieci, opieka nad dziećmi, utrzymanie domu itp. Działania te nie są liczone jako wartość pieniężna w społeczeństwie. Są to jednak ważne zadania społeczne dla zarządzania rodziną i utrzymania społeczeństwa.

Odporność: Odnosi się do zdolności systemu do absorbowania zakłóceń i reorganizacji podczas zmian, tak aby zachować te same funkcje i strukturę.

Rozwój obszarów wiejskich: jest szerokim terminem obejmującym takie obszary jak rozwój rolnictwa, kształcenie nieformalne i kształcenie dorosłych, praktyki zdrowotne, zatrudnienie kobiet, mikrokredyty, mobilizacja społeczna, system rolny, udział ludzi w rozwoju obszarów wiejskich, źródła utrzymania na wsi itp.

Rozwój obszarów wiejskich: jest zdefiniowany jako wielowymiarowy, który obejmuje poprawę świadczenia usług, lepsze możliwości generowania dochodów i lokalnego rozwoju gospodarczego, poprawę infrastruktury fizycznej, spójność społeczną i bezpieczeństwo fizyczne w społecznościach wiejskich, aktywną reprezentację w lokalnych procesach politycznych i skuteczne świadczenie usług na rzecz grup znajdujących się w trudnej sytuacji. Rozwój obszarów wiejskich odnosi się zatem do wszystkich tych działań, które mają wpływ na dobrobyt ludności wiejskiej, w tym na zapewnienie podstawowych potrzeb i usług, tj. dostępu do żywności, produktywnego zatrudnienia, usług zdrowotnych, zaopatrzenia w wodę, podstawowej infrastruktury - dróg oraz rozwoju kapitału ludzkiego poprzez edukację. Może to również odnosić się do zakresu podejmowania decyzji, wzmacniania pozycji osób ubogich na obszarach wiejskich, równości płci i usług w zakresie upowszechniania wiedzy rolniczej w celu promowania zmian technologicznych prowadzących do zwiększenia wydajności i ostatecznie do poprawy dobrobytu społeczno-gospodarczego ludności wiejskiej.

Wzór: Te osoby lub przedmioty są wybierane z populacji, która ich interesuje.

Skalowanie: Technika skalowania jest metodą pomiaru ludzkich zachowań za pomocą precyzyjnej skali.

Poczucie własnej wartości: to poczucie godności, którym cieszy się społeczeństwo, gdy jego systemy i instytucje społeczne, polityczne i gospodarcze promują szacunek, godność, integralność, samostanowienie itp. jednostki.

Płeć: to biologiczna różnica między mężczyznami i kobietami Różnice płci polegają na tym, że mężczyźni produkują spermę, kobiety karmią dzieci piersią; mężczyźni i kobiety mają różne ciała, różne hormony, różne chromosomy. Różnice płciowe są takie same na całym świecie. Ale bycie mężczyzną czy kobietą jest bardzo różne w różnych kulturach. Płeć jest faktem w biologii człowieka, gdzie płeć jest konstruktem społecznym.

Kapitał społeczny: jest definiowany jako zasoby społeczne, które obejmują sieci, członkostwo w grupach użytkowników/organizacjach społecznych, spółdzielniach, relacje oparte na zaufaniu i dostęp do szerszych instytucji społecznych, z których ludzie korzystają w poszukiwaniu źródła utrzymania.

Klasa społeczna: to społeczne rozróżnienie i podział, który wynika z nierównego podziału nagród i zasobów, takich jak własność, władza i prestiż.

Podstawowa żywność: Podstawowa żywność spożywana przez dużą część ludności danego kraju (np. ryż w Nepalu).

Rolnictwo na własne potrzeby: Rolnictwo, w którym produkcja roślinna, hodowla bydła i inne rodzaje działalności są prowadzone głównie na potrzeby własne, charakteryzujące się niską wydajnością, ryzykiem i brakiem bezpieczeństwa.

Ankieta: Jest to podejście badawcze, w którym dane są zbierane w sposób systematyczny z zazwyczaj stosunkowo dużej próby.

Zrównoważone użytkowanie: jest definiowane jako użytkowanie składników różnorodności biologicznej w sposób i w tempie, które nie prowadzi do długotrwałego spadku różnorodności biologicznej, a tym samym utrzymuje jej potencjał w zakresie zaspokajania potrzeb i aspiracji obecnych i przyszłych pokoleń.

Zrównoważony rozwój: jest to proces trwałych zmian, który zaspokaja potrzeby teraźniejszości bez uszczerbku dla zdolności przyszłych pokoleń do zaspokajania własnych potrzeb.

Triangulacja: jest to wykorzystanie różnych źródeł, metod i rodzajów informacji w celu weryfikacji i uzasadnienia badania; do krzyżowego sprawdzania i walidacji danych i informacji w celu ograniczenia stronniczości.

Łańcuch wartości: odnosi się do sekwencji procesu produkcji od nakładów do produkcji, przetwarzania, wprowadzania do obrotu/dystrybucji i konsumpcji. Systematycznie bierze pod uwagę wszystkie etapy procesu produkcyjnego i analizuje powiązania i przepływy informacji w łańcuchu. Określa on również mocne strony i obszary do poprawy w tym procesie.

Zmienna: Wszystko, co może przybrać różne wartości.

Vicious circle: jest to sytuacja samonapędzająca się, w której istnieją czynniki, które mają tendencję do utrwalania pewnego niepożądanego zjawiska, np. niskie dochody w ubogich społecznościach prowadzą do niskiego poziomu konsumpcji, co następnie prowadzi do złego stanu zdrowia i niskiej wydajności pracy, a w konsekwencji do utrzymywania się chronicznego ubóstwa.

Podatności: są to czynniki długoterminowe, które osłabiają zdolność ludzi do radzenia sobie z nagłymi lub przedłużającymi się sytuacjami kryzysowymi. Sprawiają one również, że ludzie są bardziej narażeni na katastrofy. Istnieją one już przed wystąpieniem katastrofy, przyczyniają się do zwiększenia jej dotkliwości, utrudniają skuteczną pomoc w przypadku katastrofy i są kontynuowane po jej wystąpieniu.

Referencje

AAN i SAWTEE. (2004). *Nepal w WTO, perspektywy utrzymania i bezpieczeństwa żywnościowego*. Kathmandu: Action Aid-Nepal and South Asia Watch on trade, economy and the environment.

Adhikari, J. (2008). *Reformy rolne w Nepalu - Problemy i perspektywy*. Kathmandu: Nepalski Instytut Studiów Rozwojowych i Pomocy dla Działania.

Adhikari, J i Hans, G. B. (1999). *Kryzys żywnościowy w Nepalu: Jak pracują rolnicy*. New Delhi: Wykwalifikowani wydawcy.

ABPMDD. (2010). *Biuletyn informacyjny dla marketingu rolniczego*. Lalitpur: Agri. Dyrekcja ds. Promocji Przedsiębiorczości i Rozwoju Marketingu, Harihar Bhawan, Lalitpur, Nepal.

Amatya, S.M. (nd). *Systemy i praktyki agroleśnicze w Nepalu*. Kathmandu: Centre for Forest Research and Survey.

ANGOC. (2005). *Perspektywy azjatyckich organizacji pozarządowych w zakresie reformy rolnej i dostępu do ziemi*. Filipiny: Azjatycka koalicja organizacji pozarządowych na rzecz reformy rolnej i rozwoju obszarów wiejskich.

ANGOC, IRED Asia i PCD Forum. (1993). *Ekonomia, ekologia i duchowość: w kierunku teorii i praktyki zrównoważonego rozwoju*. Manila, Filipiny: ANGOC, IRED Asia i PCD Forum.

ADB I ICIMOD. (2006). *Ocena oddziaływania na środowisko Nepalu, pojawiające się problemy i wyzwania*. Kathmandu: Azjatycki Bank Rozwoju i Międzynarodowe Centrum Zintegrowanego Rozwoju Górskiego.

ADB. (2007). *Nepal Quarterly Economic Update, Asian Development Bank, grudzień 2007 r.* Kathmandu: Asian Development Bank.

APROSC i John Mellor Associates Inc. (1995). *Plan Nepalu dla perspektywy rolniczej*. Kathmandu: APROSC i John Mellor Associates Inc.

Akhter, F. (2001). Umieszczenie ludzi w centrum. *Journal for Development*. Stowarzyszenie na rzecz Rozwoju Międzynarodowego. Londyn: Publikacje SAGE. 1011-6370 (200112) 44:4; 52–55; 020158.

Andersen, P. P. (2002). Zrównoważone bezpieczeństwo żywnościowe: wyjście poza utarte szlaki. *Journal for Development*. Stowarzyszenie na rzecz Rozwoju

Międzynarodowego. Londyn, Thousand Oaks, CA i New Delhi: publikacje SAGE. 1011-6370 (200206) 45:2; 89–95; 024397.

Arce, A. (2003). Konflikt wartości w interwencjach rozwojowych: Rozwój Wspólnoty i podejście do zrównoważonego życia. *Community Development Journal*, 38, (3).199-212.

Ashley & Carney. (1999). *Zrównoważone źródła utrzymania: Lekcje z wczesnych doświadczeń*. Londyn: DFID.

Balakrishnan, R. (2005). *Kobiety wiejskie a bezpieczeństwo żywnościowe w Azji i na Pacyfiku: perspektywy i paradoksy*. Publikacja RAP 2005/30. Bangkok: Biuro regionalne FAO ds. Azji i Pacyfiku.

Bajracharya, B., Shrestha, A.B. & Rajbhandari, L. (2007). *Wybuchy jeziora lodowcowego w regionie Sagarmatha. Ocena ryzyka za pomocą GIS i modelowania hydrodynamicznego*. Kathmandu: Górskie badania i rozwój.

Baker, T. L. (1999). *Robiąc badania społeczne*. Singapur: McGraw-Hill College.

Baral, L. R. (2009). "Huntington i świat zaburzeń". *The Kathmandu Post,* 1 stycznia 2009.

Baskota, S. (2009). *Metodologia badawcza*. Kirtipur: Nowe księgarnie Hira.

Beniston, M., Diaz, H.F. & Bradley, S. (1997). *Zmiany klimatyczne w górach wysokich: Przegląd zmian klimatycznych*.

Bista, D. B. (1990). *Fatalizm i rozwój, walka Nepalu o modernizację*. Hyderabad, Indie: Orient Longman Limited, Pp. 131-132.

Bose, T.K. (1985). *Owoce Indii: tropikalne i subtropikalne*. Kalkuta, Indie: Naya Prokash.

Cameron, J. (1995). *Bezpieczeństwo żywnościowe. Opracowanie techniczne dotyczące perspektyw dla rolnictwa*. Kathmandu: Centrum serwisowe dla projektów rolniczych.

Carney, D. (1998). *Zrównoważone źródła utrzymania na obszarach wiejskich: Jaki wkład możemy wnieść?*
Londyn: DFID.

----(2002). *Podejście do zrównoważonych źródeł utrzymania: postęp i szanse na zmiany*. Londyn: DFID.

CBS. (1995). *Książeczka statystyczna.* Kathmandu: Centralne Biuro Statystyczne, Nepal.

----(2004). *Badanie dotyczące poziomu życia w Nepalu (2003/04).* Kathmandu: Centralne Biuro Statystyczne, Nepal.

----(2005). *Rozwój ubóstwa w Nepalu (1995-1996 i 2003-2004).* Kathmandu: Centralne Biuro Statystyczne, Nepal.

----(2006). *Statystyki środowiskowe Nepalu.* Kathmandu: Centralne Biuro Statystyczne, Nepal.

----(2007). *Metadane dla krajowych statystyk rolnych w Nepalu.* Kathmandu: Centralne Biuro Statystyczne, Nepal.

----(2008). *Sprawozdanie z nepalskiego badania siły roboczej.* Kathmandu: Centralne Biuro Statystyczne, Nepal.

---- (2010). *Nepal w liczbach. Kathmandu*: Główny Urząd Statystyczny.

----(2011). *Nepalski Standard Studiów nad Życiem - III* Kathmandu: Centralne Biuro Statystyki.

Chapagain, B.K. Subedi, R. i Sharma, N. (2009). Zbadanie lokalnej wiedzy na temat zmian klimatycznych: kilka refleksji. *Journal of Forest Action and Livelihood, Volume 8, February 2009.* Kathmandu: Forest Action.

Chaudhary, P. i Aryal, K. P. (2009). Globalne ocieplenie w Nepalu: wyzwania i potrzeby polityczne. *Journal of Forests and Livelihoods, Vol.8, February 2009.* Kathmandu: Action Forest.

Chambers, R. (1992b). *Metody analizy przez rolników: wyzwanie zawodowe. Dokument na 12. doroczne sympozjum Stowarzyszenia na rzecz FSR/E.* USA: Michigan State University, 13-18 września.

Chambers, R. (1997). *Czyja rzeczywistość się liczy? Pierwszy i ostatni.* Londyn: tymczasowe uwolnienia technologii.

Chapagain, D. P. & Phuyal, H. (2003). *Przegląd polityki rolnej i systemu prawnego w Nepalu.* Rzym: FAO.

Chapagain, P. S. (2009). *Zrozumienie pracy w gospodarstwie i zmian w rolnictwie w Dolinie Górnego Manangu, znaczenia i procesu.* Praca doktorska niepublikowana, Wydział Nauk Humanistycznych i Społecznych, TU.

Chhetri, A. i Maharjan, K.L. (2006). Brak bezpieczeństwa żywnościowego i strategie kopiowania na obszarach wiejskich Nepalu: Studium przypadku Dailekh w regionie rozwoju środkowo-zachodniego. *Journal for International Development and Cooperation.* Tom 12, nr 2, 2006, s. 25-45. Japonia: University of Hiroshima.

Clapp, J. (2004). *Polityczna ekonomia pomocy żywnościowej w dobie biotechnologii rolniczej.* Kanada: Programy na rzecz międzynarodowego rozwoju i badań nad środowiskiem, Uniwersytet w Trydencie.

CLDP. (2009). *Strategia promowania prywatnej praktyki weterynaryjnej i doradztwa w ramach wspólnotowego projektu rozwoju zwierząt gospodarskich.* Lalitpur: Community Livestock Development Project, Project Management Unit, Harihar Bhawan, Nepal.

----(2010). *Sprawozdanie roczne 2010 r.* Lalitpur: Community Livestock Development Project, Project Management Unit, Harihar Bhawan, Nepal.

CSRC. (2007). Ruch praw do ziemi w Nepalu, refleksje. Kathmandu: Centrum Samowystarczalności Społecznej.

Dahal, H. i Khanal, D.R. (2010). *Ramy bezpieczeństwa żywnościowego i dostosowania do zmian klimatu: kwestie i wyzwania. Dokument został przedstawiony na drugim warsztacie dla zainteresowanych stron na temat KPRU w sektorze rolnym w dniu 23 lutego 2010 r.* Kathmandu: MOAC. http//www.moac.gov.np został uruchomiony 13/07.2010 r.

Dahal , H. Pokhrel, D. M. i Pandey, B. (2011). *Krajowy program adaptacji do zmian klimatycznych, bezpieczeństwa żywnościowego i zarządzania różnorodnością biologiczną w Nepalu. Prezentacja na specjalnym seminarium informacyjnym CGRFA-13 na temat zmian klimatu i zasobów genetycznych dla żywności i rolnictwa: stan wiedzy, zagrożenia i możliwości, FAO, Rzym, 16 lipca 2011 r., Red Room (A-121).* Kathmandu: MOAC. http//www.moac.gov.np dostępny dnia 23/08/2011 r.

David, S. i Adhikari, J. (2003). *Conflict and Food Security in Nepal: A Preliminary Analysis.* Kathmandu: Odbudowa wsi w Nepalu.

NIE ŻYJE. (2010). *Roczne sprawozdanie okresowe 2066/67.* Lalitpur: Dział monitoringu i oceny. Lalitpur: Ministerstwo Rolnictwa, Harihar Bhawan, Nepal.

DFID. (2007). *Tymczasowy plan pomocy krajowej na lata 2007-2009.* Kathmandu: Brytyjski Departament Rozwoju Międzynarodowego (DfID), Nepal

Diaz, H.F. & Bradley, s. (1997). *Wahania temperatury w ostatnim stuleciu w miejscach wysokogórskich. Zmiany klimatyczne.*

Delli, P. (1989). Udział społeczeństwa, zarządzanie konfliktami: środki na rzecz EQ i celów społecznych. *Journal for Planning and Management of Water Resources* 115 (1), 31-42.

De Waal, A. (1997b). A Reassessment of the Claims Theory in the Light of Recent Famines in Africa". *Rozwój i zmiany*, tom 21, nr 3.

DDC. (2011). [19.] *Rada Dzielnicowa 2067*. Dailekh: biuro rejonowego komitetu rozwoju. Plan roczny i budżet są przedstawiane na posiedzeniu Rady DDC.

Dhakal, S. (2011). Prawo własności *ziemi i reformy rolne w Nepalu*. Kathmandu: Centrum samowystarczalności społecznej.

DOA & SNV. (2009). *Wysokiej jakości produkty rolne i NTFP w zachodnim Nepalu*. Kathmandu: Ministerstwo Rolnictwa i holenderska organizacja rozwoju.

Dooley, D. (2007). *Metody badań społecznych*. New Delhi: Prentice Hall of India.

Powiatowy Urząd Rozwoju Rolnictwa. (2008). *Roczny program rozwoju rolnictwa i statystyki: Przegląd*. Dailekh: Okręgowy Urząd Rozwoju Rolnictwa.

Ebi, K. L., Waldmeister, R., z H. , A. & Corvalan, C. (2007). *Skutki zdrowotne zmian klimatycznych w regionie Himalajów Hinduskich Kush*. Kathmandu: Eko-zdrowie.

EC i INSEC. (2007). Zagrożenie *życia, wynika ze środkowo-zachodniego Nepalu*. Kathmandu: Centrum usług dla sektora nieformalnego.

Komisja Europejska. (2007). *Krajowy dokument strategiczny Nepalu na lata 2007-2013*. Kathmandu: Biuro Komisji Europejskiej w Nepalu.

EC. (2008). *Fact sheet, Climate change: The challenges for agriculture*. Bruksela: Komisja Europejska, Rolnictwo i rozwój obszarów wiejskich.

Eriksson, M. (2006). *Zmiany klimatyczne i ich wpływ na zdrowie człowieka w Himalajach*. Kathmandu: ICIMOD, Sustainable Mountain Development in the Greater Himalayan Region.

Eisner, E. W. (1990). *Znaczenie alternatywnych paradygmatów dla praktyki. W: Guba E G (red.)*. Dialog Paradygmatu. Newbury Park: Publikacje Mądrych.

Ellis, F. (2000). *Życie na wsi i różnorodność w krajach rozwijających się*. Oxford: Oxford University Press.

FAO. (1993a). *Strategie na rzecz zrównoważonego rolnictwa i rozwoju obszarów wiejskich (SARD): rola rolnictwa, leśnictwa i rybołówstwa.* Rzym: Rola rolnictwa, leśnictwa i rybołówstwa: FAO, passim, wskaźniki produkcji rolnej.

FAO. (2002). FAOSTAT. dostępny na stronie http://www.faostat.fao.org./default.htm; cytowany w Ramachandranie, 2008.

FAO. (2004). Brak *bezpieczeństwa żywnościowego i podatność na zagrożenia w Nepalu: profile siedmiu wrażliwych grup.* Dokument roboczy ESA nr 04-10 (Rzym): Organizacja Narodów Zjednoczonych do spraw Wyżywienia i Rolnictwa.

FAO i WFP. (2007). *Rynek żywności i rolnictwa w Nepalu.* Kathmandu: Organizacja Narodów Zjednoczonych ds. Wyżywienia i Rolnictwa i Światowy Program Żywnościowy.

FAO. (2008). *Stan braku bezpieczeństwa żywnościowego na świecie: wysokie ceny żywności oraz zagrożenia i możliwości związane z bezpieczeństwem żywnościowym.* (Rzym): FAO

FAO & SAARC, (2008). *Sprawozdanie końcowe - Regionalne strategie i programy bezpieczeństwa żywnościowego w państwach członkowskich SAARC.* Biuro regionalne FAO ds. Azji i Pacyfiku w Bangkoku, Kathmandu: Sekretariat SAARC.

Francisco, J. (2000). Bezpieczeństwo żywnościowe. *Journal of Development, The Society for International Development.* Londyn: SAGE publications, 1011-6370 (200006) 43:2; 88-90; 012997.

Farrington J. i Bebbington, A. (1993). *Niechętni partnerzy? Organizacje pozarządowe, stan i zrównoważony rozwój rolnictwa.* Londyn: Rutyna.

Farrington, J. (2001). Zrównoważone źródła utrzymania, prawo i nowa architektura pomocy. *Perspektywy dotyczące zasobów naturalnych*, nr 69.

Flinn, J. C. i De Datta, S. K. (1984). *Trendy w nawadnianych plonach ryżu pod intensywną uprawą w filipińskich stacjach badawczych.* Badania terenowe 9, 1-15.

Francis, C. A. i Hildebrand, P. F. (1989). *Badania nad systemami rolnymi - rozszerzenie i koncepcja zrównoważonego rozwoju.* FSRE Newsletter 3: 6-11. USA: University of Florida, Gainsville.

Francisco, J. (2000). Bezpieczeństwo żywnościowe. *Journal of Development.* Stowarzyszenie na rzecz Rozwoju Międzynarodowego. SAGE publications, London, 1011-6370 (200006) 43:2; 88-90; 012997.

Gauchan, D. (2008). Rozwój rolnictwa w Nepalu: przyczynianie się do wzrostu gospodarczego, bezpieczeństwa żywnościowego i ograniczania ubóstwa. *NepJol, Socioeconomic Development Panorama,* Tom 1, nr 3(2008) s. 49-64.

Gaur, A. C. i Verma, L. N. (1991). *Zintegrowany składnik odżywczy dla roślin w dominujących mieszankach roślinnych w Indiach. W: Doświadczenia azjatyckie w zakresie zintegrowanych składników odżywczych dla roślin: Report on Expert Consultations of the Asian Network for Organic and Organic Fertilizers. Biuro regionalne ds. Azji i Pacyfiku (RAPA0.* Bangkok: FAO.

Rząd Nepalu. (2006). *Badanie dotyczące ludności i zdrowia w Nepalu.* Kathmandu: Ministerstwo Zdrowia i Ludności.

Zielony, D. (2008). *Od ubóstwa do władzy: jak aktywni obywatele i skuteczny status mogą zmienić świat.* Oxford: Oxfam International.

Griffin, D. (1998). *Globalizacja rolnictwa: zagrożenie dla bezpieczeństwa żywnościowego?* USA: Institute for Agricultural and Trade Policy. http://www.iatp.org/TRIPs99, Minneapolis.

Gurung, H. (1989). *Nepal: Wymiary rozwoju.* Kathmandu.

Hachhethu, K. (2009). *Budynek państwowy w Nepalu, stworzenie funkcjonującego państwa.* Kathmandu: Program na rzecz umożliwienia państwu działania.

Harcourt, W i Elena, M-M. (2001). Ludzie zamiast towaru: Polityczne wyzwanie związane z bezpieczeństwem żywnościowym. *Journal of Development, The Society for International Development,* London, Thousand Oaks, CA i New Delhi: SAGE Publications, 1011-6370 (200112) 44:4; 3-5; 020138.

HMG, Wydział Roślin Leczniczych. (1982). *Dzikie zakłady spożywcze Nepalu.* Kathmandu: Wydział Roślin Leczniczych.

Hobbelink H, Vellve, R i Abraham, M. (1990). *W ramach Bio-Rewolucji.* Penang i Barcelona: IOCU & GRAIN.

Hussein, K. (2002). *Podejścia do kwestii utrzymania w porównaniu: Wieloagencyjny przegląd obecnej praktyki*. Londyn, Wielka Brytania: DFID.

International Research Centre for Development. (1990). *Gleby, osady, erozja i żyzność w Nepalu*. Ottawa, Ontario. IDRC.

ICIMOD, CBS i SNV. (2003). *Dzielnice w Nepalu, wskaźniki rozwoju*. Kathmandu: ICIMOD, CBS i SNV, Nepal.

IPCC. (2001). *Climate Change 2001: The Scientific Basis, Working Group Contribution to the Third Assessment Report of the Intergovernmental Panel on Climate Change*. USA: University of Cambridge Press.

IPCC. (2007). *Wkład grupy roboczej II do czwartego sprawozdania z oceny Międzyrządowego Zespołu ds. Zmian Klimatu (IPCC)*. USA: Prasa Uniwersytetu w Cambridge.

Irini, M i Kiyoshi, T. (2004). *Poverty, livelihoods and household typologies in Nepal, ESA Working Paper* No.04-15. Rzym: Department of Agricultural and Development Economics, FAO of the United Nations.

ISRC. (2008). *Profil Komisji Rozwoju Wsi Nepalu: Baza danych o rozwoju społeczno-gospodarczym w Nepalu*. Kathmandu: Centrum intensywnych studiów i badań.

Jaishi, M. (2011). Przyszłość źródeł utrzymania na obszarach, na których występują niedobory zasobów dla grup zmarginalizowanych. *Participation, A Nepalese Journal of Participatory Development*, Volume 13, No. 12 July 2011.

Johnson, A.G. (1995). *Słownik socjologii Blackwella*. New Delhi: Publikacje na temat światopoglądu.

Kanel, N. R. (2009). *Format rozprawy doktorskiej*. Kathmandu, Kirtipur: Dziekanat, Wydział Nauk Humanistycznych i Społecznych, Uniwersytet Tribhuvan.

Kaini, B.R. (2006). *Nepalma Krishi Bikash: Prayash ra Upalabdhi*. Lalitpur: Prasa drukarska Sidhartha.

Karki A. i Seddon, D. (red.) (2003). *Wojna Ludowa w Nepalu: Perspektywy lewicy*. Delhi: Wykwalifikowani wydawcy.

Karki, A. (2003). *"A radical reform agenda for conflict resolution in Nepal" w Karki, A. and Seddon, D. (red.). A People's War in Nepal: Left Perspectives*. New Delhi: Wykwalifikowani wydawcy.

Kathmandu Post. (2008). Rosnące ceny żywności. Kathmandu: *Kathmandu Post*. Publikacje Kantipur, 6 maja 2008 r.

Kathmandu Post. (2011). *Depozyty w Co-Ops*. Kathmandu: Publikacje Kantipur, 21 sierpnia 2011.

Keen, D. (1994). *The Benefits of Famine: A Political Economy of Famine and Relief in Southwestern Sudan, 1983-1989*. Princeton, NJ: Princeton University Press.

Kenmore, P. E. (1984). Regulacja liczby ludności roślin strączkowych na polach ryżowych na Filipinach. *Journal of Plant Protection in the Tropics*, 1 (1), 19-37.

----(1991). W *jaki sposób rolnicy uprawiający ryż oczyszczają środowisko, zachowują różnorodność biologiczną, produkują więcej żywności i osiągają większe zyski*. Indonezyjski model IPM-A dla Azji. Manila: FAO.

Knutsson, P. (2006). Podejście oparte na zrównoważonych źródłach utrzymania: Ramy oceny integracji wiedzy. *Przegląd Ekologii Człowieka*, tom 13, nr 1.

Kumar, D. (2009). Spotkanie Marginalizm: Wykluczenie społeczne Hill-Dalitów w okręgu Surkhet. *Contributions to Nepalese Studies, Journal of the Centre for Nepal and Asian Studies*, Volume 36 Special Edition.

Kumar, s. (2002). *Metody uczestnictwa społeczności: Kompletny przewodnik dla praktyków*. New Delhi: Vistar Publications.

Le Billon, P. (2000). *Polityczna ekonomia wojny: co muszą wiedzieć agencje pomocowe*. Network Paper 33. Londyn: ODI. Longley, C.

Lester, R. B. (1990). *"Iluzja postępu", Stan świata*. Nowy Jork: Norton, s. 3.

Lisa C. S. i Elizabeth, M. B. (2005). *Czy większa siła decyzyjna kobiet jest związana z ograniczeniem dyskryminacji ze względu na płeć w Azji Południowej?* Washington, D.C.: International Research Institute for Food Policy.

Liu, C i Weng, B. Q. (1991). *Funkcje i potencjał nawozów organicznych i obornika organicznego w produkcji rolnej - nowe modele i badania w Fujia, Chiny. W: Asian Experiences in Integrated Plant Nutrition: Report of the Expert Consultation of the Asian Network for Organic and Organic Fertilizers*. Bangkok: Biuro Regionalne ds. Azji i Pacyfiku (RAPA), FAO.

Lokschin, M; Bontch, O, M; Glinskaya, E. (2007). *Migracja zarobkowa i ograniczanie ubóstwa w Nepalu. Dokument roboczy Banku Światowego nr* 4231 *w sprawie badań nad polityką,* maj. Washington DC: Bank Światowy.

Strażnik LDC. (2008). *Kryzys żywnościowy - obrona suwerenności żywnościowej w krajach najsłabiej rozwiniętych: pytania i problemy organizacji społeczeństwa obywatelskiego.* Kathmandu: Międzynarodowy Sekretariat Obserwatorium Krajów Najsłabiej Rozwiniętych.

Maharjan, K. L & Joshi, N.P. (2010). Związek między ubóstwem dochodowym a brakiem bezpieczeństwa żywnościowego na obszarach wiejskich, na Dalekim Wschodzie, w niskich pasmach górskich Nepalu. *Nepalski Dziennik Rozwoju i Studiów Wiejskich.* Publikacja wydawana dwa razy w roku przez Centralny Departament Rozwoju Obszarów Wiejskich TU. Tom 7 nr 1 styczeń-czerwiec 2010.

Manandhar, N. P. (2002). *Rośliny i ludzie w Nepalu.* Portland, Oregon, USA: Prasa drzewna.

Marshall, G. (1998). *Oxfordzki słownik socjologii.* Nowy Jork: Oxford University Press.

Menezes, F. (2001). Umieszczenie ludzi w centrum. *Zeitschrift für Entwicklung, The Society for International Development.* Londyn: Publikacje SAGE. 1011-6370 (200112) 44:4; 29–33; 020146.

Mitra, A und Rahman, R. S. (2002). *"Mapping the Profile of Learners - PLCEHD-2 - A Study in Three Districts of Bangladesh", mimeo.* Dhaka: DFID Bangladesch.

Mitra, A. (2008 a). *"Evaluation of gender caste and growth - Subnational study of West Bengal" (mimeo).* New Delhi: IFAD.

---- (2008(b). *"Social and gender aspects in the target area" (Mimeo) Working Paper* No. 1. Indie: Convergence of agricultural interventions in the districts of Maharashtra, IFAD.

Mittal, S i Sethi, D. (2009). *Food Security in South Asia: Issues and Opportunities,* Working Paper No. 240, New Delhi: Indian Council for Research on International Economic Relations, September.

Mitra, A. (2010). Bezpieczeństwo żywnościowe w Azji Południowej: dokument podsumowujący. New Delhi: Niezależny konsultant.

MOAC. (1996). *Plan perspektywiczny dla rolnictwa (1996-2016).* Kathmandu: Ministerstwo Rolnictwa i Spółdzielczości, rząd Nepalu.

----(2002). *Przegląd wyników sektora rolnego, sprawozdanie końcowe.* Kathmandu: MOAC, rząd Nepalu.

---- (2004). *Krajowa polityka rolna 2061.* Kathmandu: Ministerstwo Rolnictwa i Spółdzielczości, rząd Nepalu.

MOHP. (2007). *Program sektora ochrony zdrowia w Nepalu: szóste wspólne sprawozdanie roczne (JAR)/przegląd śródokresowy grudzień 2007* r. Kathmandu: Ministerstwo Zdrowia i Ludności, rząd Nepalu.

Mool, P.K., Bajracharya, S.R. i Joshi, S.P. (2001). Inwentaryzacja *lodowców, jezior lodowcowych i wybuchów jezior lodowcowych Monitoring i system wczesnego ostrzegania przed powodziami w Himalajach Hinduistycznych Kush, Nepal.* Kathmandu: ICIMOD.

Mukherjee, A. (2007). Mikropoziom bezpieczeństwa *żywnościowego we współczesnych Indiach: Perspektywy braku bezpieczeństwa żywnościowego.* Bangkok: Departament Ubóstwa i Rozwoju, Komisja Gospodarcza i Społeczna Narodów Zjednoczonych ds. Dostępny na stronie: http://enrap.org.in/PDFFILES/Food Security in contemporary India.pdf, ostatni dostęp 3.8.2011.

Mukherjee, N. (2002). *Nauka uczestnicząca i działanie z wykorzystaniem 100 metod terenowych.* New Delhi: Wydawca Concept.

Nakkiran, S. i Ramesh. G. (2010). *Metody badawcze w rozwoju obszarów wiejskich.* New Delhi: Szczegółowe i dogłębne publikacje PVT. LTD.

NARC. (2008). *Najważniejsze wyniki badań NARC (2002-03-2006/07).* Kathmandu: Nepal Agricultural Research Council.

Nepalskie organizacje pozarządowe Komitet Działania na rzecz Światowego Szczytu Żywnościowego. (1996). *Bezpieczeństwo żywnościowe w Nepalu: perspektywa organizacji pozarządowej.* Kathmandu: Nepalska organizacja pozarządowa Komitet Działania na rzecz Światowego Szczytu Żywnościowego.

NPC. (2003). *Dziesiąty plan pięcioletni (2002-2007), reforma i zarządzanie gruntami.* Kathmandu: Narodowa Komisja Planowania w Nepalu.

NPC. (2003): *Population Monograph of Nepal Volume* I. Kathmandu: Central Bureau of Statistics, Secretariat of the National Planning Commission.

----(2005). *Plan dziesiąty (2002-2007*). Kathmandu: Narodowa Komisja Planowania w Nepalu.

NPC i UNO (2005). *Nepalskie milenijne cele rozwoju:* Kathmandu: GON, NPC/United Nations Country Team Nepal *(2005).*

----(2005). *Nepalskie milenijne cele rozwoju:* Krajowa Komisja Planowania Kathmandu w Nepalu.

NPC. (2007). Trzyletni plan przejściowy (2007/2008-2009/2010). Kathmandu: Narodowa Komisja Planowania w Nepalu.

---- (2010). *Atlas bezpieczeństwa żywnościowego w Nepalu.* Kathmandu: Food Security Monitoring Task Force, National Planning Commission, World Food Programme i Nepalese Development and Research Institute.

----(2010). *Dokument koncepcyjny dotyczący planu trzyletniego (*2010/11-2012/13). Kathmandu: Krajowa Komisja Planowania.

NPC, WFP i NDRI. (2010). *Atlas bezpieczeństwa żywnościowego w Nepalu.* Kathmandu: National Planning Commission, Food Security Monitoring Task Force, World Food Programme oraz Nepal Research Institute for Development.

NSET. (2008). *Ostateczny projekt krajowej strategii zarządzania ryzykiem katastrofy.* Kathmandu: UNDP, rząd Nepalu, NSET.

NESAC. (1996): *W sprawozdaniu dotyczącym strategii krajowej Dalitów.* Kathmandu: Action Aid Nepal, Care Nepal i Save the Children.

Oliver, P. (2005). *Napisz swoją rozprawę.* New Delhi: Vistar Publications.

OPHI, i UNDP. (2010). *Oxford i UNDP wprowadzają lepszą metodę pomiaru ubóstwa.* 14 lipca 2010 r. Londyn: Oxford Poverty and Human Development Initiative, Oxford University and UNDP. http:// www.ophi.org.uk.

Oxfam GB. (2008). *Przemyślenie katastrofy w Nepalu.* Kathmandu: Komunikat prasowy Oxfam GB w Nepalu, 8 lipca 2008 r.

Pandey, D. R. (1999). *Nepal zawiódł w rozwoju.* Kathmandu: Centrum Południowej Azji.

Pandey, R. S. (2007). Środki utrzymania *w Nepalu.* Kathmandu: Narodowe Centrum Badań nad Paszą i Grasslandem, Nepal.

----(2004). "Waste Management Practice and Health Effects: A Case of Kathmandu Metropolitan City, Nepal". *The Himalayan Review* 35-36 (2004-05) 33-47.

----(2006). *Continuity and change in the livelihoods of poor urban dwellers: A case study on waste workers and scavengers in Kathmandu, Nepal*: A mini-research, submitted to the Secretariat of the Commission for University Grants, Sanothimi, Kathmandu

Plunkett, D. L. (1993). *Nowoczesna technologia produkcji roślinnej w Afryce: warunki dla zrównoważonego rozwoju.* Genewa: Fundacja Sasakawa Africa.

Pyakuryal, K. N. (1995b): *Poverty in Nepal, Technical Background Paper for the Agricultural Perspective Plan.* Kathmandu: Centrum serwisowe dla projektów rolniczych.

Pyakuryal, B, Thapa, Y.B. i Roy, D. (2005). *Liberalizacja handlu i bezpieczeństwo żywnościowe w Nepalu.* Kathmandu: IFPRI, Wydział Handlu Rynkowego i Instytucji, październik.

Padilla, H. (1992). *Wysokie i stabilne plony: tarasy ryżowe Bontoc. W: Hiemstra W, Reijntjes C i Van der Wert E (red.) Niech rolnicy osądzą.* Londyn: publikacje informatyczne.

Palaniappan, S. P. i Annadurai, K. (2007). *Rolnictwo ekologiczne: teoria i praktyka.* India Jodhpur: Wydawnictwo naukowe.

Pant, P. R. (2010). *Badania z zakresu nauk społecznych i pisanie prac dyplomowych.*

Kathmandu: Wydawnictwo Akademickie Buddy i Dystrybutorzy Pvt.

Parr, J. F., Padendick, R. I, Youngberg, I. G i Meyer R. E. (1990). *Zrównoważone rolnictwo w Stanach Zjednoczonych. W: Edwards C A, Lal R, Madden P, Miller R H i Haus G (red.) Sustainable Agricultural Systems.* Ankeny, Iowa: Towarzystwo Ochrony Gleby i Wody.

Środki praktyczne. (2009). *Zmienność czasowa i przestrzenna zmian klimatycznych w stosunku do Nepalu (1976-2005).* Kathmandu: Biuro Środków Praktycznych w Nepalu.

---- (2010). *Zrozumienie zarządzania katastrofami w praktyce w odniesieniu do Nepalu.* Kathmandu: Środki praktyczne Biuro Nepalu.

Pretty, J. N. i Chambers, R. (1993a). *W kierunku paradygmatu uczenia się: Nowy profesjonalizm i instytucje dla zrównoważonego rolnictwa.* Brighton, Wielka Brytania: IDS Discussion Paper DP 334. IDS.

Pretty, J. N. i Shah, P. (1994). *Ochrona gleby i wody w XX wieku: A History of Compulsion and Control.* Seria badawcza nr 1 Centrum Historii Wiejskiej. Czytanie. ZJEDNOCZONE KRÓLESTWO: Uniwersytet Czytelniczy.

Nicea, J.N. (1995). Rolnictwo regeneracyjne: Polityka i praktyka na rzecz zrównoważonego rozwoju i samowystarczalności. Indie: Wydawnictwo Vikash PVT. LTD.

Ranabhat, T. B. (2008). *Zatrudnienie zagraniczne w kontekście nepalskim, referat przedstawiony na konferencji regionalnej NRN.* 24-25 maja 2008 r. Kathmandu: Nepalskie Stowarzyszenie Zagranicznych Agentów Zatrudnienia.

Regmi, M.C. (1962-66): *Real Estate and Taxation in Nepal, 4 vol.* Berkeley: Instytut Studiów Międzynarodowych, USA.

Regmi, M.C. (1978). Strzechotkowane *chaty i stiukowe pałace.* New Delhi: Wydawnictwo Vikas.

Regmi, B.R. Thapa, L, Suwal, R. Khadka, S. Sharma, G.B. i Tamang, B.B. (2009). Zarządzanie różnorodnością biologiczną: Szansa na włączenie do głównego nurtu polityki adaptacji do zmian klimatycznych w społecznościach lokalnych. *Journal of Forests and Livelihoods.* Tom 8, luty 2009.

Rodale, R. (1990). *Zrównoważony rozwój: szansa na przywództwo. W: Edwards C.A, Lal R, Madden P, Miller R H and Haus G (eds) Sustainable Agricultural Systems. Ankeny.* Iowa: Towarzystwo Ochrony Gleb i Wód.

Rolling, N. (1994). *Platformy do podejmowania decyzji dotyczących ekosystemów.* W: Fresco l (red.) Przyszłość kraju. Chi Chester: John Wiley i Sons.

Rosset, P. (2000). Wielorakie funkcje i zalety rolnictwa na małą skalę w kontekście światowych negocjacji handlowych. *Journal for Development.* Stowarzyszenie na rzecz Rozwoju Międzynarodowego.

RRN. (2009). *Food Security and Vulnerability in Nepal, studium przypadku wybranych VDC w okręgach Surkhet i Dailekh.* Kathmandu: Odbudowa wsi w Nepalu.

RRN i CECI. (2007). *Strategie rozwoju dla nowego Nepalu: debata krajowa oparta na wynikach konferencji krajowej, która odbyła się w dniach 21-22 grudnia 2006 r.* Kathmandu: Nepal w odbudowie wsi.

RRN i AAN. (2002). *Food Security in Nepal: Civil Society Perspective, Summary Report of the Consultative Workshop to Assess Commitments and Plan of Action of the World Food Summit, 1996.* Kathmandu: Nepal: Rural Reconstruction & Aid for Action Nepal.

SAARC. (2010). *Die South Asia Association of Regional Countries Food Bank.* Kathmandu: SAARC-Sekretariat.

Seddon, D i Adhikari, J. (2003). *Conflict and Food Security in Nepal, A Preliminary Analysis.* Kathmandu: Odbudowa wsi w Nepalu.

Seddon, D. and Adhikari, J. (2005): *The Consequence of a Conflict: Livelihoods and Development in Nepal.* Londyn: dokument roboczy ODI 185

Sen, A. K. (1981). *Ubóstwo i głód: esej o uprawnieniach i deprywacji.* Oksford: Clarendon Press.

----(1990). *Żywność, gospodarka i wymagania.* W J. Dreze i A.K. Sen (red.). Polityczna ekonomia głodu, 1, 34-50.

----(1999). *Rozwój jako wolność.* New Delhi: Oxford University Press, s. 178-179.

Sharma, DK. (2009). *Stagnacja rolnicza i ubóstwo w Terai w Dang, Nepal: Apolityczne podejście ekonomiczne.* Praca doktorska niepublikowana, Wydział Nauk Humanistycznych i Społecznych, TU.

Shiva, B. (2002). *Śmierć głodowa, przepełnione sponsoringiem: Jak globalizacja okrada Hindusów z jedzenia. W Shiva, Bandana i Gitanjali, Bedi (red.), Sustainable agriculture and food security: the effects of globalisation (PP.466-470).* New Delhi: Publikacje mądrych mężczyzn.

Shrestha, A. B., Cameron, P.W., Jack, E. D. & Paul, A.M. (2000). Wahania opadów w Himalajach i ich otoczeniu: Analiza oparta na zapisach temperatury z Nepalu. *International Journal of Climate, 20,* s. *317-327.*

Shrestha, G. K. (1998). *Rozwój owoców w Nepalu - przeszłość, teraźniejszość i przyszłość.* Kathmandu: Technica Group.

Singh, R.B. (2009). *"Raport regionalny w sprawie badań w dziedzinie rolnictwa na rzecz rozwoju w regionie Azji i Pacyfiku".* New Delhi: GCARD 2010.

Singh, C, Sagar, P i Rajbir, S. (2009). *Nowoczesne techniki uprawy roślin.* New Delhi: Oxford & IBH Publishing Co.PVT. LTD.

Somekh, B i Lewin, C. (Eds.) (2005). *Metody badawcze w naukach społecznych.* New Delhi: Vistar Publications.

Subedi, B. P; Subedi, V. R; Dawadi, P. P; oraz Pandey, R. (2007). Struktura własności *gruntów w środkowo-zachodnim Nepalu: Ustalenia z badania wybranych VDC.* Kathmandu: Ustalenia z badania wybranych VDC: Centrum usług dla sektora informacji.

Thakur, R.B., Phulara, N.K. i Rana, D. (2009). Globalny scenariusz skutków zmian klimatu. *Nepalski Dziennik Rozwoju i Studiów Wsi, tom 1 (styczeń-czerwiec 2009).*

Thapa, N. B. (2005). *Monitorowanie uczestniczące, sprawozdawczość i ocena: Pomiar jakościowych zmian społecznych.* Kathmandu: Sudeepa publications.

----(2006). *Etnobotania i ochrona bioróżnorodności: Trwałe źródło utrzymania wśród Tamangów.* Kathmandu: Sudeepa publications.

----(2009). Brak bezpieczeństwa żywnościowego w Dailekh Ludzie w Dailekh żyją z głodu. *uczestnictwo. A Nepalese Journal of Participatory Development, Volume 11, No. 11, 20 August 2009.*

----(2009). *Dobrobyt dzięki wiejskiemu rolnictwu.* Kathmandu: Sudeepa publications.

----(2011). Reorientacja programowania środków utrzymania w gospodarstwie domowym w kierunku bezpieczeństwa żywnościowego gospodarstw domowych. *uczestnictwo. A Nepalese Journal of Participatory Development,* Volume 13, No. 12, July 2011.

Trzeci projekt rozwoju hodowli zwierząt. (2004). *Raport końcowy projektu.* Lalitpur: Project Management Unit, Harihar Bhawan, Nepal.

Uniwersytet Tribhuvan. (2009). *Materiały źródłowe, pisanie wniosków i inne działania badawcze.* Kathmandu: Dziekanat, Wydział Nauk Humanistycznych i Społecznych, Uniwersytet Tribhuvan, Kirtipur.

Todaro, M.P. (1977). *Rozwój gospodarczy w Trzecim Świecie.* Londyn: Longman.

Todaro, M. P. & Smith, S. C. (2011). *Rozwój gospodarczy.* New Delhi: Dorling Kindersley (Indie) Pvt . Ltd.

UNDP, (2004). *Sprawozdanie w sprawie rozwoju społecznego w Nepalu: Upodmiotowienie i redukcja ubóstwa.* Kathmandu: UNDP Nepal.

----(2005). *Sprawozdanie na temat rozwoju społecznego w Nepalu.* Kathmandu: UNDP

Nepal.

----(2002). *Outlook Environment 3.* Nairobi, Kenia: Program Środowiskowy ONZ.

----(2007). *Human Development Report 2007/2008.* Nowy Jork: United Nations Development Programme.

USAID. (1992). *Definicja polityki USAID: definicja terminu "bezpieczeństwo żywnościowe".* Washington DC: United States Agency for International Development (USAID).

Wallace, M.B. (1987). *"Food Price Policy in Nepal", Research Report Series,* No. 3 Kathmandu: HMG-USAID-GTZ-IDRC-FORD WINROCK project.

WFP i EK. (2006). *Nepal: Comprehensive Analysis of Food Security and Vulnerability, grudzień.* Kathmandu: Światowy Program Żywnościowy Narodów Zjednoczonych (WFP).

WFP i FAO, (2007). *Rynki żywności i rolnictwa w Nepalu.* Kathmandu: WFP i FAO, (2007).

WFP i NDRI. (2008). *Wstępne wyniki, ocena wpływu na rynek i ceny Nepalu.* Kathmandu: WFP i Nepal Development Research Institute.

WFP i OCHA. (2007). *Wpływ konfliktu i priorytety pomocy.* Kathmandu: Światowy Program Żywnościowy ONZ i Biuro Koordynacji Spraw Humanitarnych.

WFP. (2008). *Raport Market Watch, luty.* Kathmandu: Światowy Program Żywnościowy ONZ.

WFP. (2008). *Alarm bezpieczeństwa żywnościowego: Wzgórza i góry Dalekiego i Środkowego Zachodu, system monitorowania i analizy bezpieczeństwa żywnościowego.* Kathmandu: Światowy Program Żywnościowy ONZ, aktualizacja awaryjna z dnia 4 czerwca 2008 r.

----(2008). *Wycena rynkowa i cenowa Nepalu.* Kathmandu: UNWFP i Nepal Development Research Institute.

----(2008). *Przejście do Indii, Migracja jako strategia radzenia sobie w czasach kryzysu w Nepalu.* Kathmandu: Światowy Program Żywnościowy Nepal.

Wilkinson, T.S. & Bhandarkar, P.L. (1992). *Metodologia i techniki badań społecznych.* Delhi: Wydawnictwo Himalajskie.

Wily, L.A. Chapagai, D. i Sharma, S. (2008). *Reformy rolne w Nepalu, skąd one pochodzą i dokąd zmierzają?* Kathmandu: Autorzy.

Bank Światowy. (1986). *Ubóstwo i głód: kwestie i opcje dotyczące bezpieczeństwa żywnościowego w krajach rozwijających się.* Washington DC: Bank Światowy.

----(2008). *World Development Report: Agriculture for Development.* Washington, DC: Bank Światowy.

----(1994a). *World Development Report.* Oxford: Oxford University Press.

----(1993). *Przegląd sektora rolnego.* Washington DC: Department of Agriculture and Natural Resources (Departament Rolnictwa i Zasobów Naturalnych). Strona internetowa: www.worldbank.org

----(2004). *Strategia pomocy dla* Nepalu na lata *2004-2007* Sprawozdanie nr 26509 NEP. Kathmandu: Biuro Banku Światowego w Nepalu.

----(2011). *Konflikt, bezpieczeństwo i rozwój.* Waszyngton, DC: Bank Światowy, World Development Report.

WSFS, (2009). *Światowy Szczyt Bezpieczeństwa Żywnościowego, Karmienie Świata, Eliminacja Głodu.* 16-18 listopada 2009 r., Rzym: Organizacja ds. Wyżywienia i Rolnictwa.

Jung, H. (2001). *Ocena bezpieczeństwa żywnościowego w sytuacjach kryzysowych: Podejście do bezpieczeństwa życia.* Londyn: Overseas Development Institute.

Młody, P. V. (1992). Badania *naukowe i społeczne.* New Delhi: Prentice Hall of India.

Pociąg, s. (2006). Monga Seasonalny brak bezpieczeństwa żywnościowego w Bangladeszu - zebranie informacji. *The Journal of Social Studies*, No. 111, July-Sept. 2006. Dhaka: Centre for Social Studies.

Treść

Printed by Books on Demand GmbH, Norderstedt / Germany